"十三五"国家重点出版物出版规划项目　世界名校名家基础教育系列

国家级精品课程教材

国家级资源共享课程教材

工程振动测试技术

主编　刘习军　张素侠

参编　徐家福　刘　鹏　商开然　相林杰

机 械 工 业 出 版 社

本书采用模块式结构，介绍了有关工程振动测试技术的基本理论及现代工程测试技术在工程中的应用。本书内容丰富，通俗易懂，由浅入深，以务实为根本，主要包括：传感器、测试系统和激振设备的工作原理，基本参数的测量，数字信号分析，虚拟仪器，实验模态分析简介，参数识别，小波变换简介，表面振动波的测试，激光测振仪的工作原理和工程振动测试技术在工程应用中的实例。

为方便广大读者对振动测试技术的概念理解，天津大学的国家资源共享课"工程振动与测试"（http：//www. icourses. cn/coursestatic/course_2244. html）上发布了教学全程录像，供读者免费观看学习。

本书既可作为高等工科院校本科生或研究生的工程振动测试技术课程的教材或教学参考书，也适合于从事机械、航空、航天、船舶、车辆、建筑和水利等行业的工程技术人员在进行实验研究工作中参考。

图书在版编目（CIP）数据

工程振动测试技术/刘习军，张素侠主编. —北京：机械工业出版社，2016.7（2022.8重印）

"十三五"国家重点出版物出版规划项目. 世界名校名家基础教育系列　国家级精品课程教材

ISBN 978-7-111-54240-7

Ⅰ.①工… Ⅱ.①刘… ②张… Ⅲ.①工程振动学 – 振动测量 – 高等学校 – 教材 Ⅳ.①TB123

中国版本图书馆 CIP 数据核字（2016）第 156985 号

机械工业出版社（北京市百万庄大街 22 号　邮政编码 100037）
策划编辑：姜　凤　责任编辑：姜　凤　李　乐
责任校对：杜雨霏　封面设计：张　静
责任印制：常天培
固安县铭成印刷有限公司印刷
2022 年 8 月第 1 版第 4 次印刷
184mm×260mm · 16 印张 · 384 千字
标准书号：ISBN 978-7-111-54240-7
定价：45.00 元

电话服务　　　　　　　　　网络服务
客服电话：010-88361066　　机 工 官 网：www.cmpbook.com
　　　　　010-88379833　　机 工 官 博：weibo.com/cmp1952
　　　　　010-68326294　　金 书 网：www.golden-book.com
封底无防伪标均为盗版　　机工教育服务网：www.cmpedu.com

前　言

　　随着生产技术的发展，动力结构有向大型化、高速化、复杂化和轻量化发展的趋势，由此而带来的振动问题更为突出。解决振动问题主要有两种方法——理论方法和实验方法，两种方法具有相辅相成的作用，它们的结合运用是解决工程振动的有效方法。

　　用实验的方法解决振动问题经历了半个世纪的发展过程，直到20世纪70年代以后，振动测试技术才进入了一个重要的发展时期。在这一时期，由于计算机的快速发展以及快速傅里叶变换的普遍应用，各种基于数字信号处理原理的频率分析仪以及以计算机为核心的多功能信号分析软件大量涌现，从而大大加强了对工程振动信号时域及频域的分析功能。由于有关软件功能的不断完善，在测试过程中只要掌握振动理论，并熟悉有关仪器、设备的工作原理以及操作步骤和要求，根据激励和响应的关系，就能很容易地通过计算机软件进行模态分析而得到各阶振动模态特性。此外，为环境模拟实验需要而发展起来的振动控制原理与技术，为机器设备故障诊断而发展起来的各种振动状态监测与分析系统，都是振动测试应用的重要方面。振动测试是一种解决工程振动问题的好方法，随着科学技术的发展，它已成为一门综合性学科，并深入到各科技、生产领域，是解决结构设计、设备运行、产品试制中有关振动问题的必不可少的手段。因此，为解决现代科学技术和工程实际问题中的振动问题，掌握工程振动测试技术是十分必要的。

　　由此，许多学校在力学、机械、航空、航天、船舶、车辆、建筑、土木和水利等各专业开设了相关的振动测试技术课程，为适应工程建设的需要，天津大学的国家资源共享课"工程振动与测试"在网上（http://www.icourses.cn/coursestatic/course_2244.html）发布了教学全程录像，以及几个典型教学实验（如中华文物龙洗和编钟实验）的全程录像，解决了此课程的实验问题，以方便大家以网络形式学习，为全程教育提供了平台。为满足教学和工程建设的需求，本书在编写中本着由浅入深、通俗易懂的原则，以务实为根本，着重介绍了有关的基本概念和原理，从而避免了烦琐的数学推导。

　　本书对振动测试系统着重介绍其工作原理和应用：如对有些仪器，着重用框图说明电路各环节的作用，而不涉及具体的线路图；对传感器，主要用示意图说明其工作原理，而不涉及其实际结构。上述处理可为工程技术人员的初学和应用创造有利条件。

　　考虑到部分读者可能对振动基本理论不甚熟悉，这将影响对测试技术的理解和应用。为此，本书在第1章中用通俗易懂的方式对有关振动的基本理论和概念进行了简单介绍，以建立振动理论与测试技术的相互联系。

　　随着现代科学技术的迅猛发展，先进的测试与传感技术不断涌现，测试仪器和设备不断更新换代，所以本书在编写方法上：一是为读者自学、深造和拓宽知识打下坚实的基础；二是大胆地推陈出新，注意引进新方法、新技术和新科技成果，根据工程振动测试技术的特点精选内容，结合工程实际，反映现代分析方法和工程测试技术的发展等。

　　本书共分11章：第1章介绍了机械振动的基本理论，它是工程振动测试技术的理论基础。第2章介绍了振动测试中的基本方法，包括工程振动测试的基本原理、测试系统的组成和技术性能等。第3章介绍了传感器的机械接收原理和机电变换原理，包括机械式、压电式、电阻应变式、电感式、电容式、电动式等传感器的工程应用。第 4 章介绍了振动测试仪器及设备的工作原理，其中包括微分、积分放大器，滤波器，激振器、振动台、力锤等激振设备，并重点讨论了不同激励形式的激振器和振动台的工作原理和适用范围，以及振动测试系统的校准。第 5 章介绍了数据采集与信号的傅里叶分析原理；阐述了模数、数模转换，频率混淆与采样定理，泄漏与窗函数，傅里叶变换，快速傅里叶变换等基本概念；讨论了工程实际中对采样频率的要求和窗函数的选择。第 6 章介绍了虚拟仪器技术，并以虚拟仪器开发平台为研究对象，讲述了有关软件的使用方法，重点讲解了数据分析模块的基本功能。第 7 章介绍了实验模态分析，阐述了单自由度系统传递函数和多自由度系统传递函数矩阵的物理意义，介绍了模态参数识别的基本方法和在环境模态下的模态分析方法。第 8 章介绍了小波分析及其在基本参数识别和结构损伤识别方面的应用。第 9 章介绍了基本振动参数的实验方法等实例。第 10 章介绍了表面振动波的非接触测试方法。第 11 章介绍了激光测振原理及应用，其中重力波测试技术和激光测振技术是近年来在振动测试领域发展起来的新技术，并得到迅速的普及和应用。各章之中还包含部分工程应用实例。为便于学习，本书还配有相应的习题等。欲观看有关讲课视频录像和实验视频录像，可登录（http：//www.icourses.cn/coursestatic/course_2244.html）网站，选择国家资源共享课"工程振动与测试"课程的第 2 部分。

本书的主要内容是对多年振动测试技术课程讲授经验的总结，是在编者较早编写的《工程振动与测试技术》和《工程振动理论与测试技术》基础上改编而成的，增加了小波变换、虚拟仪器、表面振动波的非接触测试方法和激光测振仪等在工程上应用的新内容，并对其他章节进行了大幅度修改，有关专家经过详细审阅，提出了非常宝贵的意见，在此谨向他们表示衷心的感谢。

在使用本书相关资源的过程中，若读者有任何建议或意见，请联系我们（lxijun@tju.edu.cn），在此深表感谢。

本书第 1、2、4、5、7、9、11 章由刘习军执笔，第 3 章由徐家福执笔，第 6 章由刘鹏执笔，第 8 章由商开然、相林杰执笔，第 10 章由张素侠执笔，最后由刘习军、张素侠统稿。

本书可作为高等工科院校本科生和研究生的工程振动测试技术课程的教材或教学参考书，也可供从事机械、航空、航天、船舶、车辆、建筑和水利等行业的从事振动测试工作的工程技术人员参考。

限于水平，错误与不妥之处在所难免，恳请广大同行及读者指正。

编　者

引　言

　　工程振动测试技术是一门综合性技术，它集振动理论、动态测试技术、数字信号分析和系统参数识别技术等学科于一身，通过理论分析与试验研究相结合以达到工程测试的目的。

　　振动理论是以物理系统为研究对象，通过物理参数建立运动微分方程，利用矩阵理论求出固有频率和主振型，再利用主振型进行坐标变换，求得主振型坐标下的响应，通过反变换回到物理坐标，即可求得物理坐标下的响应结果。而工程振动测试技术是振动理论的逆向思维，它是由测得的响应求出固有频率和主振型等物理系统的物理参数，所以振动理论在测试过程中起着指导作用，对于工程技术人员来说，只有掌握了振动理论的基本概念，才能深入地开展试验研究。

　　现代的测试技术中，动态测试的地位越来越重要，动态测试技术是人们认识客观事物的手段，测试技术包含测量技术与试验技术，在动态测试过程中，需要借助专门设备，通过合适的试验和必要的数据处理，求得所研究对象的有关的振动信号。即首先要解决传感器的信号接收问题，然后利用一定的专门设备将其信号进行转换、传输、放大、滤波和采样，使其转换为能进一步进行数字信号分析的数字信号。在此过程中测试设备和测试技术起着关键作用。

　　数字信号分析是将由测试设备获得的复杂数字信号分解为若干简单信号的叠加，其分析手段是采用傅里叶分析和小波分析等分析方法，通过数字信号分析，抓住信号的主要成分进行处理和传输，使复杂问题简单化。所以数字信号分析方法是解决所有复杂问题最基本、最常用的方法。

　　系统参数识别的主要任务是从测试所得到的数字信号中，确定振动系统的动态参数，如固有频率、振型、阻尼比、质量及刚度等。因为无论是对简单结构，还是复杂结构或其中的某个部件，确定振动系统的动态参数是非常重要的。例如，一座桥梁或者一台机器，当受到外力激励后，所发生的位移－时间历程就包含了描述该系统的固有频率和阻尼比的信息。因此，对所测得的位移－时间信号进行实验模态分析或小波分析，就可以获得该系统的动态参数。

　　总之，在解决实际工程问题的过程中，理论分析的结果是否正确要通过实验验证才能确定，而实验中的结果是否正确也要用理论分析来解释。并且实验中的工程振动测试技术是建立在振动理论之上的，测点的确定、仪器的选择要在振动理论概念的指导下进行，所以实验数据的采集和分析处理是振动测试技术的关键，而工程振动测试技术是解决工程振动问题的重要手段之一。

　　本书就是介绍如何通过以上所述的振动理论、动态测试技术、数字信号分析和系统参数识别等各种技术手段和理论得到系统的动态响应数据，如何分析处理这些实验数据而识别出系统的动态参数，为解决各种复杂结构与机械系统的振动问题提供理论依据。

目　　录

第 1 章
振动的基本理论

机械振动是指物体在其稳定的平衡位置附近所做的往复运动。这是物体的一种特殊形式的运动。运动物体的位移、速度和加速度等物理量都是随时间往复变化的。

机械振动是一种常见的物理现象，如桥梁、机床的振动等。一方面，振动的存在会影响机器的正常运转，使机床的加工精度、精密仪器的灵敏度下降，严重的还会引发机器或建筑结构的毁坏；另一方面，人们利用机械振动现象的特征，设计制造了众多的机械设备和仪器仪表，如振动筛、振动打桩机、混凝土振捣器等。

为了便于研究振动现象的基本特征，需要将研究对象进行适当地简化和抽象，形成一种分析研究振动现象的理想化模型，即振动系统。振动系统可以分为两大类：连续系统与离散系统。具有连续分布的质量与弹性的系统，称为连续弹性体系统，在实际工程结构中，例如板壳、梁、轴等的物理参数一般是连续分布的，因此，这样的模型系统称为连续系统或分布参数系统。其运动方程是偏微分方程。

对连续系统通过有限元进行简化，形成有限个弹簧 – 质量的离散系统。离散系统是由有限个惯性元件、弹性元件及阻尼元件等组成的系统，这类系统称为集中参数系统。所建立的振动方程是常微分方程。离散系统又称为多自由度系统，它的最简单的情况是单自由度系统。所谓系统的自由度数，是指在具有完整约束的系统中，确定其位置的独立坐标的个数。

实际振动系统是很复杂的，可分为线性系统和非线性系统。线性系统是在系统的运动微分方程式中，只包含位移、速度的一次方项。如果还包含位移、速度的二次方或高次方项则是非线性系统。工程实际中有很多振动系统（例如单摆）未必是线性系统，但是，在微幅振动的情况下，略去高次项，线性化系统就是它在微幅振动时的理想化模型。因此，振动系统按运动微分方程的形式分为，线性振动：描述其运动的方程为线性微分方程，相应的系统称为线性系统。线性振动的一个重要特性是线性叠加原理成立。非线性振动：描述其运动的方程为非线性微分方程，相应的系统称为非线性系统。非线性振动叠加原理不成立。

振动系统按激励的性质可分为，固有振动：无激励时系统所有可能的运动的集合。固有振动不是现实的振动，它仅反映系统关于振动的固有属性。自由振动：激励消失后系统所做的振动，是现实的振动。受迫振动：系统在确定性的激励下所做的振动。自激振动：系统受到由其自身运动诱发出来的激励作用而产生和维持的振动，这时系统包含有补充能量的能源。例如，演奏提琴所发出的乐声，就是琴弦做自激振动所致。再如，车床切削加工时在某种切削用量下所发生的激励的高频振动，架空电缆在风作用下所发生的与风向垂直的上下舞动以及飞机机翼的颤振等，都属于自激振动。参数振动：激励因素以系统本身的参数随时间变化的形式出现的振动。秋千在初始小摆角下被越荡越高就是参数振动的例子。

1.1　振动系统的组成

任何力学系统，只要它具有恢复力（弹性）和惯性力（质量）及激振力，都可能发生振动，这种力学系统称为振动系统。一般来说，振动系统主要由弹簧、质量、阻尼器和激振力系统组成。

1. 弹簧

弹簧是产生恢复力的弹性部件，通常假定弹簧是没有质量的，若考虑质量一般用近似方法将其等效作用于相应的质量块上，因而作用于弹簧两端的力大小相等并且方向相反。弹簧力可认为与伸长量成正比，比例系数称为弹性系数（或刚度系数），它可以是线性的也可以是非线性的。

2. 质量

质量决定系统的惯性并使物体保持运动状态，弹簧为系统提供的恢复力作用于具有质量的物体上并总是指向平衡位置。振动系统是在惯性力和弹簧力的作用下进行往复运动的。因此，应用能量观点来说，弹簧具有的能量为弹性势能，质量具有的能量为动能，产生的振动过程就是两种能量的反复交换。

3. 阻尼

阻尼是对振动系统中产生的阻尼力的总称，阻尼是客观存在的，产生阻尼的因素比较多，如流体对运动物体的阻力、组成结构的分子之间的作用对物体所形成的阻力等都称为阻尼力。一般来说，阻尼力是速度的函数并与速度的方向相反，可能是线性的也可能是非线性的，在机械振动系统中，阻尼只能消耗能量。

4. 激振力

激振力是振动系统之外的物体对振动系统的作用，是对振动系统进行能量补充的系统，也是引起系统振动的主要原因，产生激振力的原因很复杂，形式多样，要根据具体问题具体分析，但形成的激振力数学形式有以下几种：

（1）周期函数形式的力　周期函数是定义在（$-\infty$，$+\infty$）区间，每隔一定时间 T 按相同规律重复变化的函数。

$$f(t) = f(t + mT) \qquad (m = 0, \pm 1, \pm 2, \cdots)$$

（2）正弦函数形式的力

$$f(t) = F\sin\omega t$$

如旋转机械由于偏心所引起的惯性力等。

（3）周期性矩形波形式的力

$$F(t) = \begin{cases} f_0 & 0 < t < \pi \\ -f_0 & \pi \leqslant t < 2\pi \end{cases}$$

（4）冲击函数形式的力　冲击函数也称单位脉冲函数，用 $\delta(t)$ 表示，它具有以下性质：

$$\delta(t-\tau) = \begin{cases} 0 & t \neq \tau \\ \infty & t = \tau \end{cases}$$

且

$$\int_{-\infty}^{+\infty} \delta(t-\tau)\,\mathrm{d}t = 1$$

如由敲击、碰撞所引起的冲击力等。

1.2 单自由度系统的振动

在工程上有许多问题通过简化，用单自由度系统的振动理论就能得到满意的结果。因此，以弹簧－质量系统为力学模型，揭示单自由度振动系统的规律、特点，可为进一步研究复杂振动系统奠定基础。

1.2.1 自由振动方程

以图 1-1 所示的弹簧－质量系统为研究对象。取物块的静平衡位置为坐标原点 O，x 轴方向铅直向下为正。当物块在静平衡位置时，由平衡条件列平衡方程为

$$\sum F_x = 0, \qquad mg - k\delta_{\mathrm{st}} = 0 \qquad (1\text{-}1\mathrm{a})$$

式中，δ_{st} 称为弹簧的静变形。

当物块偏离平衡位置为 x 距离时，物块的运动微分方程为

$$m\ddot{x} = -k(x+\delta_{\mathrm{st}}) + mg \qquad (1\text{-}1\mathrm{b})$$

将式（1-1a）代入式（1-1b），再两边除以 m，并令

$$p_{\mathrm{n}} = \sqrt{\frac{k}{m}} \qquad (1\text{-}2)$$

则式（1-1b）可写成

$$\ddot{x} + p_{\mathrm{n}}^2 x = 0 \qquad (1\text{-}3)$$

式（1-3）称为无阻尼自由振动微分方程。设式（1-3）的通解为

$$x = C_1 \cos p_{\mathrm{n}} t + C_2 \sin p_{\mathrm{n}} t$$

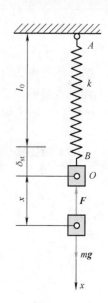

图 1-1 弹簧－质量系统

其中 C_1 和 C_2 为积分常数，由初始条件 $t=0$ 时，$x=x_0$，$\dot{x}=\dot{x}_0$。得

$$C_1 = x_0, \quad C_2 = \frac{\dot{x}_0}{p_{\mathrm{n}}}$$

代入得

$$x = x_0 \cos p_{\mathrm{n}} t + \frac{\dot{x}_0}{p_{\mathrm{n}}} \sin p_{\mathrm{n}} t \qquad (1\text{-}4)$$

式（1-4）也可写成以下形式：

$$x = A\sin(p_{\mathrm{n}} t + \alpha) \qquad (1\text{-}5)$$

其中

$$\begin{cases} A = \sqrt{x_0^2 + \left(\dfrac{\dot{x}_0}{p_n}\right)^2} \\ \alpha = \arctan\left(\dfrac{p_n x_0}{\dot{x}_0}\right) \end{cases} \qquad (1\text{-}6)$$

式（1-4）、式（1-5）是振动方程解的两种形式，称为**自由振动**。

振动的**周期**

$$T = \frac{2\pi}{p_n} = 2\pi\sqrt{\frac{m}{k}} \qquad (1\text{-}7)$$

振动的**固有频率**

$$f_n = \frac{1}{T} = \frac{p_n}{2\pi} = \frac{1}{2\pi}\sqrt{\frac{k}{m}} \qquad (1\text{-}8)$$

振动的**固有圆频率**

$$p_n = 2\pi f \qquad (1\text{-}9)$$

例 1-1　设有一均质等截面悬臂梁如图 1-2a 所示，梁端有一集中质量 M，梁单位长度质量为 m。若考虑梁的质量，试求梁的等效质量和系统的固有频率。

解：假设梁在自由振动中的动挠度曲线和悬臂梁自由端有集中载荷 Mg 作用下静挠度曲线相同，由材料力学可知，悬臂梁自由端的挠度为

$$y_0 = \frac{Mgl^3}{3EJ}$$

任一截面 x 处的挠度可表示为 y_0 的函数

$$y = \frac{3lx^2 - x^3}{2l^3} y_0$$

在振动时，y、y_0 均是变量，则有

$$\dot{y} = \frac{3lx^2 - x^3}{2l^3} \dot{y}_0$$

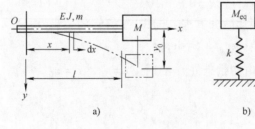

a)　　　　　　　　　　b)

图 1-2　等截面悬臂梁

梁的动能为

$$T_s = \frac{1}{2}\int_0^l m\,\mathrm{d}x\,\dot{y}^2 = \frac{1}{2}m\left(\frac{\dot{y}_0}{2l^3}\right)^2\int_0^l (3lx^2 - x^3)^2\,\mathrm{d}x = \frac{1}{2}\frac{33}{140}ml\dot{y}_0^2$$

式中，ml 为梁的质量，因此梁的等效质量为

$$m_{eq} = \frac{33}{140}ml$$

则图 1-2a 所示的系统可以简化为图 1-2b 所示的单自由度系统。其质量为

$$M_{eq} = M + m_{eq} = M + \frac{33}{140}ml$$

弹性系数为

$$k = \frac{Mg}{y_0} = \frac{3EJ}{l^3}$$

则系统的固有频率为

$$f_n = \frac{1}{2\pi}p_n = \frac{1}{2\pi}\sqrt{\frac{3EJ/l^3}{M + \frac{33}{140}ml}}$$

1.2.2　有阻尼系统的衰减振动

在自由振动中，振动的振幅是不变的，但是，实际系统中由于阻尼力的作用，振幅将逐渐衰减，最后趋于零而停止振动。例如，黏性阻尼力在低速（小于 0.2m/s）运动中与速度的一次方成正比，这种阻尼称为线性阻尼，数学表达式为

$$\boldsymbol{F}_R = -c\,v \tag{1-10}$$

式中，负号表示阻尼力 $\boldsymbol{F}_R$ 的方向总是与物体的速度方向相反；c 称为黏性阻尼系数，单位是 N·s/m。

图 1-3 所示为一有阻尼的弹簧 – 质量系统的简化模型。物块的下部表示阻尼器。仍以静平衡位置 O 为坐标原点，x 轴铅直向下为正，则利用式（1-1）的结果，经整理物块的运动微分方程为

$$m\ddot{x} = -c\dot{x} - kx$$

将上式两边同除以 m，并令

$$p_n^2 = \frac{k}{m}, \quad 2n = \frac{c}{m}$$

其中 n 称为衰减系数，它的单位是 1/s。上式可写成

$$\ddot{x} + 2n\dot{x} + p_n^2 x = 0 \tag{1-11}$$

这就是有阻尼的自由振动微分方程。它的解在 $n<p_n$，$n>p_n$，$n=p_n$ 三种情况下分别进行讨论。

（1）$n<p_n$，即小阻尼的情形

根据微分方程理论，方程（1-11）的通解为

$$x = e^{-nt}(C_1\cos p_d t + C_2\sin p_d t) \tag{1-12}$$

式中，C_1、C_2 是两个积分常数，当 $t=0$ 时，$x=x_0$，$\dot{x}=\dot{x}_0$，得到

$$C_1 = x_0, \quad C_2 = \frac{nx_0 + \dot{x}_0}{p_d}$$

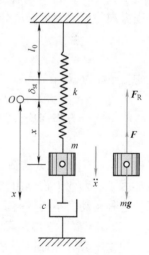

图 1-3　有阻尼系统

式（1-12）可写成以下形式：

$$x = A\mathrm{e}^{-nt}\sin(p_\mathrm{d}t + \alpha)\tag{1-13}$$

式中，

$$\begin{cases} A = \sqrt{x_0^2 + \dfrac{(\dot{x}_0 + nx_0)^2}{p_\mathrm{d}^2}} \\[3mm] \tan\alpha = \dfrac{x_0 p_\mathrm{d}}{\dot{x}_0 + nx_0} \end{cases}\tag{1-14}$$

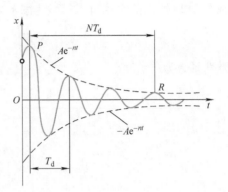

与式（1-13）对应的时间历程曲线如图 1-4 所示，可以看到，物块在平衡位置附近做往复运动，具有振动的性质。但它的振幅不是常数，随时间的推延而衰减，通常称为衰减振动。

衰减振动的圆频率为

$$p_\mathrm{d} = p_\mathrm{n}\sqrt{1 - \left(\dfrac{n}{p_\mathrm{n}}\right)^2} = p_\mathrm{n}\sqrt{1 - \zeta^2}\tag{1-15}$$

图 1-4　有阻尼振动

式中，

$$\zeta = \dfrac{n}{p_\mathrm{n}}\tag{1-16}$$

它等于衰减系数 n 与系统的无阻尼自由振动固有圆频率 p_n 之比，称为阻尼比。阻尼比是振动系统中反映阻尼特性的重要参数，在小阻尼情况下 $\zeta < 1$。

由式（1-13）可以看出，衰减振动的振幅随时间按指数规律衰减。设经过一个周期 T_d，在同方向的相邻两个振幅分别为 A_i 和 A_{i+1}，即得

$$\eta = \dfrac{A_i}{A_{i+1}} = \mathrm{e}^{nT_\mathrm{d}}\tag{1-17}$$

式中，η 称为振幅减缩率或减幅系数。

（2）$n > p_\mathrm{n}$　大阻尼的情形

根据微分方程理论，方程（1-11）的通解为

$$x = \mathrm{e}^{-nt}\left(C_1\mathrm{e}^{\sqrt{n^2 - p_\mathrm{n}^2}t} + C_2\mathrm{e}^{-\sqrt{n^2 - p_\mathrm{n}^2}t}\right)\tag{1-18}$$

式中，C_1、C_2 是积分常数，由运动的初始条件确定。在式（1-18）中，已不含时间简谐函数的因子。因此，物体由初始条件激励产生的运动，随着时间的增大，将逐渐地趋于平衡位置。这种运动已不再具有振动的性质了。

（3）$n = p_\mathrm{n}$　临界阻尼的情形

根据微分方程理论，方程（1-11）的通解为

$$x = \mathrm{e}^{-nt}(C_1 + C_2 t)\tag{1-19}$$

式中，C_1、C_2 为积分常数，由运动的初始条件确定。这种情形与过阻尼的情形相似，运动已无振动的性质。所以，后面所讨论的振动问题若不进行特殊说明都是小阻尼情形。

值得注意的是，临界情形是从衰减振动过渡到非周期运动的临界状态。因此，这时系统的阻尼系数是表征运动规律在性质上发生变化的重要临界值。设 c_c 为临界阻尼系数，由于

$\zeta = \dfrac{n}{p_\mathrm{n}} = 1$，即

$$c_c = 2nm = 2p_n m = 2\sqrt{km} \tag{1-20}$$

可见，c_c 只取决于系统本身的质量与弹性系数。有

$$\frac{c}{c_c} = \frac{2nm}{2p_n m} = \frac{n}{p_n} = \zeta$$

ζ 即阻尼系数与临界阻尼系数的比值，这就是 ζ 称为阻尼比的原因。

1.2.3　简谐激励作用下的受迫振动

当在系统上施加激振力或激励位移等外部激励时。系统产生持续振动，这类在外部激励作用下所产生的振动称为受迫振动。如图 1-5 所示，设在具有黏性阻尼的振动系统上，作用有一简谐激振力

$$F_S = H\sin\omega t$$

其中，H 为激振力的幅值，ω 为激振力的圆频率。以平衡位置 O 为坐标原点，x 轴铅垂向下为正，则利用式（1-1）的结果，经整理物块的运动微分方程为

$$m\ddot{x} = -c\dot{x} - kx + H\sin\omega t$$

将上式两边同除以 m，并令

$$p_n^2 = \frac{k}{m}, \ 2n = \frac{c}{m}, \ h = \frac{H}{m}$$

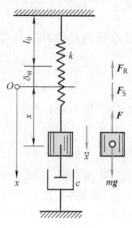

图 1-5　受迫振动系统

其中 h 表示单位质量受到的激振力的幅值。于是，上式可写为

$$\ddot{x} + 2n\dot{x} + p_n^2 x = h\sin\omega t \tag{1-21}$$

这是单自由度受迫振动微分方程，它的解由两部分组成：

$$x(t) = x_1(t) + x_2(t)$$

其中 $x_1(t)$ 是齐次微分方程的通解，$x_2(t)$ 是非齐次方程的特解。设特解为

$$x_2(t) = B\sin(\omega t - \varphi)$$

则方程（1-21）的解可表示为

$$x(t) = x_1(t) + x_2(t) = Ae^{-nt}\sin(p_d t + \alpha) + B\sin(\omega t - \varphi) \tag{1-22}$$

由此看出，受迫振动是由两部分组成的，前一部分是圆频率为 p_d 的衰减振动，后一部分是圆频率为 ω 的受迫振动。由于阻尼的存在，衰减振动部分经过一定的时间之后就消失了。在此之后，是稳定的受迫振动，称为稳态响应。此时

$$x = x_2 = B\sin(\omega t - \varphi) \tag{1-23}$$

它是一简谐振动，其圆频率与激振力的圆频率相同，与激振力相比落后一相位角 φ，称为相位差。式中，B 为受迫振动的振幅，且

$$B = \frac{h}{\sqrt{(p_n^2 - \omega^2)^2 + (2n\omega)^2}} \tag{1-24}$$

φ 为相位角，且

$$\tan\varphi = \frac{2n\omega}{p_n^2 - \omega^2} \tag{1-25}$$

以上两式表明，稳态受迫振动的振幅 B 和相位差 φ 只取决于系统的固有圆频率、阻尼、激

振力的幅值及频率，与运动的初始条件无关。

强迫振动的振幅在工程实际中是很重要的参数，它关系着振动系统的变形、强度和工作状态。为了探讨振幅 B 与 p_n、n、ω 等参数的定量关系，将式（1-24）写成无量纲的形式

$$\beta = \frac{B}{B_0} = \frac{1}{\sqrt{(1-\lambda^2)^2 + (2\zeta\lambda)^2}} \tag{1-26}$$

式中，$\beta = \frac{B}{B_0}$ 表示振幅 B 与静力偏移 B_0 的比值，称为放大因数或动力系数；$B_0 = \frac{h}{p_n^2} = \frac{H}{k}$，相当于在激振力的力幅 H 作用下弹簧的静伸长，称为静力偏移；$\lambda = \frac{\omega}{p_n}$ 是激振力圆频率与系统固有圆频率之比，称为频率比。

以 λ 为横坐标，β 为纵坐标，并对应不同的阻尼比 ζ，画出放大因数 β 随频率比 λ 变化的曲线，即幅频特性曲线，如图 1-6 所示。

对于某一振动系统来说，p_n 是不变的，激振力的频率 ω 从零开始增加，λ 值也从零开始增加。下面将 λ 的变化域分成三个区段来讨论幅频特性曲线的特征。

（1）低频区　当 $\omega \ll p_n$，$\lambda \to 0$ 时。由式（1-26）可以看出，此时放大因数 $\beta \approx 1$，表示受迫振动的振幅 B 接近于静力偏移 B_0，即激振力的作用接近于静力作用。从图 1-6 看出，在低频区，阻尼比 ζ 对放大因数 β 的影响很小，可略去不计。随着 λ 值的增大，放大因数 β 值逐渐增大，阻尼比 ζ 的影响也逐渐明显起来。

（2）共振区　当 $\frac{d\beta}{d\lambda} = 0$，得 $\lambda = \lambda_m = \sqrt{1-2\zeta^2}$ 时，β 将达到极大值 β_{max}：

$$\beta_{max} = \frac{1}{2\zeta\sqrt{1-\zeta^2}} \tag{1-27}$$

也就是说，当 $\omega = p_n\sqrt{1-2\zeta^2}$ 时，放大因数 β 出现极大值。这说明当激振力的频率接近于系统的固有频率，即 $\omega \approx p_n$ 时，受迫振动的振幅出现最大值，这种现象称为共振。所谓共振区是指 $\lambda \approx 1$ 邻近的振幅较大的区间。在这区间内，振幅变化十分明显，阻尼的影响也十分显著。阻尼比越小，振幅的峰值越大。在理想情形下，如果 $\zeta = 0$，$\lambda = 1$ 时，$\beta \to \infty$，从理论上讲，受迫振动的振幅要无限制地增大下去。因此，在共振区内增加阻尼能够有效地抑制振幅的增大。

（3）高频区　当 $\omega \gg p_n$，$\lambda \gg 1$ 时。由式（1-26）看出，β 值逐渐减小而趋于零。由图 1-6 的曲线可以看到，当 $\lambda > 2$ 以后，β 已很小，这时阻尼的影响又变得很小，可略去不计。这说明，对于固有频率很低的振动系统来说，在高频激振力的作用下，所产生的振动位移是非常小的，应该指出，如果阻尼相当大，$\zeta > 0.77$ 时，放大因数 β 从 1 开始单调下降而趋于零。

将式（1-25）写成无量纲形式

$$\tan\varphi = \frac{2\frac{n}{p_n}\frac{\omega}{p_n}}{1-\left(\frac{\omega}{p_n}\right)^2} = \frac{2\zeta\lambda}{1-\lambda^2} \tag{1-28}$$

绘出对应不同的阻尼比 ζ，相位差 φ 随 λ 变化的曲线如图 1-6 中的右上角所示，即相频特性曲线。

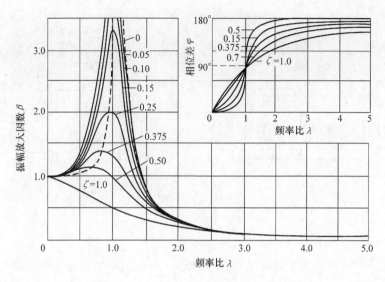

图 1-6　振动响应曲线

（1）**低频区**　当 $\lambda \ll 1$ 时，$\varphi \approx 0$，表明当激振力频率很低或 $\omega \ll p_n$ 时，相位差 φ 接近于零，即受迫振动的位移与激振力几乎同相位。

（2）**共振区**　当 $\lambda = 1$ 时，$\varphi = 90°$，表明当激振力频率等于振动系统的固有频率时，相位差为 90°。值得注意，系统共振时，阻尼对相位差无影响，即无论阻尼多大，当 $\omega = p_n$ 时，相位差 φ 总是等于 90°。在振动实验中，常以此作为判断振动系统是否处于共振状态的一种标志。

（3）**高频区**　当 $\lambda \gg 1$ 时，$\varphi \approx 180°$，表明当激振力频率远远高于固有频率时，受迫振动的相位差接近于 180°。这说明受迫振动的位移与激振力是反相位的。

应当指出，以上对于幅频特性曲线和相频特性曲线的分析，只适用于图 1-5 所示的系统，对于工程上的具体问题要根据工程实际进行相应的幅频特性曲线及相频特性曲线分析。

例 1-2　质量为 M 的电动机安装在弹性基础上。转子由于不均衡产生偏心，偏心距为 e，偏心质量为 m。转子以匀角速度 ω 转动，如图 1-7a 所示，试求电动机的运动。弹性基础的作用相当于刚度系数为 k 的弹簧。设电动机运动时受到黏性阻尼的作用，阻尼系数为 c。

解：取电动机的平衡位置为坐标原点 O，x 轴铅垂向下为正。作用在电动机上的力有重力 $M\boldsymbol{g}$、弹性力 $\boldsymbol{F}$、阻尼力 $\boldsymbol{F}_R$、虚加的惯性力 $\boldsymbol{F}_{Ie}$ 与 $\boldsymbol{F}_{Ir}$，受力图如图 1-7b 所示。

根据达朗贝尔原理，有

$$\sum F_y = 0, \quad -c\dot{x} + Mg - k(x + \delta_{st}) - M\ddot{x} - me\omega^2 \sin\omega t = 0$$

整理得

$$M\ddot{x} + c\dot{x} + kx = -me\omega^2 \sin\omega t$$

令 $p_n^2 = \dfrac{k}{M}$，$2n = \dfrac{c}{M}$，则上式可写成式（1-21）的形式

$$\ddot{x} + 2n\dot{x} + p_n^2 x = \frac{m}{M}e\omega^2 \sin(\omega t + \pi) \tag{a}$$

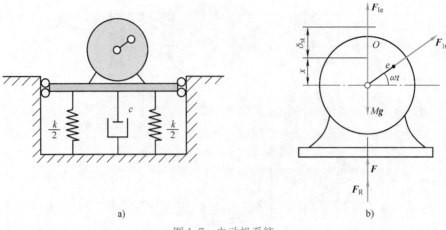

a)　　　　　　　　　　　　　　　b)

图 1-7　电动机系统

式（a）中 $\dfrac{m}{M}e\omega^2$ 与式（1-21）中的 h 相当。因此，电动机受迫振动方程的解为

$$x = B\sin(\omega t + \pi - \varphi)$$

其中

$$B = \frac{me}{M}\frac{\lambda^2}{\sqrt{(1-\lambda^2)^2 + 4\zeta^2\lambda^2}} = b\frac{\lambda^2}{\sqrt{(1-\lambda^2)^2 + 4\zeta^2\lambda^2}} \tag{b}$$

$$\varphi = \arctan\frac{2\zeta\lambda}{1-\lambda^2} \tag{c}$$

其中 $b = \dfrac{me}{M}$。令放大因数 $\beta = \dfrac{B}{b}$，即

$$\beta = \frac{\lambda^2}{\sqrt{(1-\lambda^2)^2 + 4\zeta^2\lambda^2}} \tag{d}$$

绘出幅频特性曲线和相频特性曲线，如图 1-8 所示。由图可见，当阻尼比 ζ 较小时，在

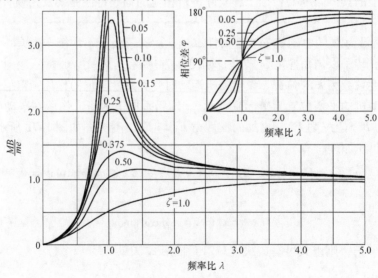

图 1-8　振动响应曲线

$\lambda = 1$ 附近，β 值急剧增大，振幅出现峰值，即发生共振，这一点与图 1-6 所表示的情况是相同的。由于激振力的幅值 $me\omega^2$ 与 ω^2 成正比，即随 ω 而变，不再是常量。当 $\lambda \to 0$ 时，$\beta \approx 0$，$B \to 0$；当 $\lambda \gg 1$ 时，$\beta \to 1$，$B \to b$，即电动机的角速度远远大于振动系统的固有频率时，该系统受迫振动的振幅趋近于 $\dfrac{me}{M}$。当激振力的频率即电动机转子的角速度近似于系统的固有频率 p_{n} 时，该振动系统产生共振，此时电动机的转速称为临界转速。因此，对于转速恒定的振动系统来说，为了避免出现共振现象，务必使其转速远离系统的临界转速。

例 1-3　在图 1-9 所示的系统中，物块受黏性阻尼作用，其阻尼系数为 c，物块的质量为 m，弹簧的刚度系数为 k。设物块和支撑只沿铅直方向运动，且支撑的运动为 $y(t) = b\sin\omega t$，试求物块的运动规律。

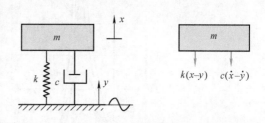

图 1-9　支撑的运动

解：选取 $y = 0$ 时物块的平衡位置为坐标原点 O，建立固定坐标轴 Ox 铅直向上为正。由图 1-9 所示的受力图，建立物块的运动微分方程

$$m\ddot{x} + c(\dot{x} - \dot{y}) + k(x - y) = 0$$

即

$$m\ddot{x} + c\dot{x} + kx = c\dot{y} + ky \tag{a}$$

或写成

$$m\ddot{x} + c\dot{x} + kx = cb\omega\cos\omega t + kb\sin\omega t \tag{b}$$

激振力由两部分组成，一部分是由弹簧传递过来的力 ky，相位与 y 相同；另一部分是由阻尼器传递过来的力 $c\dot{y}$。

利用复指数法求解，用 $be^{\mathrm{j}\omega t}$ 代换 $b\sin\omega t$，并设方程 (a) 的解为

$$x(t) = \overline{B}e^{\mathrm{j}\omega t} \tag{c}$$

代入方程 (a)，得

$$\overline{B} = \frac{k + \mathrm{j}\omega c}{k - \omega^2 m + \mathrm{j}\omega c} b = Be^{-\mathrm{j}\varphi} \tag{d}$$

其中 B 为振幅，φ 为响应与激励之间的相位差，显然有

$$B = b\sqrt{\frac{1 + (2\zeta\lambda)^2}{(1 - \lambda^2)^2 + (2\zeta\lambda)^2}} \tag{e}$$

$$\tan\varphi = \frac{2\zeta\lambda^3}{1 - \lambda^2 + 4\zeta^2\lambda^2} \tag{f}$$

方程 (a) 的稳态解为

$$x(t) = B\sin(\omega t - \varphi) \tag{g}$$

令放大因数 $\beta = \dfrac{B}{b}$，即

$$\beta = \frac{B}{b} = \sqrt{\frac{1 + (2\zeta\lambda)^2}{(1 - \lambda^2)^2 + (2\zeta\lambda)^2}} \tag{h}$$

绘出幅频特性曲线和相频特性曲线，如图 1-10 所示。由图可见，当频率比 $\lambda = 0$ 和 $\lambda = \sqrt{2}$ 时，无论阻尼比 ζ 为多少，振幅 B 恒等于支撑的运动振幅 b；当 $\lambda > 2$ 时，振幅 B 小于 b，增加阻尼反而使振幅 B 增大；当 $\lambda = \sqrt{1 - 2\zeta}$ 时（若 ζ 很小，则 $\lambda \approx 1$），β 出现峰值，发生共振现象。

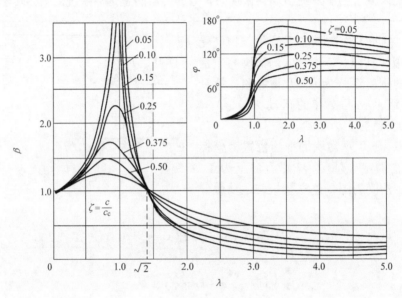

图 1-10　振动响应曲线

在相频特性曲线中，对于 $\zeta = 0$，$\lambda < 1$，相位差 $\varphi = 0$；$\lambda > 1$，$\varphi = \pi$。对于 $\zeta > 0$，有 $\lambda \to 0$ 时，$\varphi \to 0$；$\lambda \to \infty$ 时，$\varphi \to \frac{\pi}{2}$。

通过以上两例说明，振动的形式是多种多样的，对于它们的变化规律如幅频特性曲线和相频特性曲线等，要通过具体问题具体分析才能得出正确的结论。

1.2.4　周期激励作用下的受迫振动

在实际问题中，遇到的大多是周期激励而很少为简谐激励。在一般情况下，可以先将周期激励分解为一系列不同频率的简谐激励。然后，求出系统对各个频率的简谐激励的响应。再由线性系统的叠加原理，将每个响应分别叠加，即得到系统对周期激励的响应。

设如图 1-5 所示的黏性阻尼系统受到周期激振力 $F(t) = F(t + T)$ 作用，其中 T 为周期，记 $\omega_1 = \frac{2\pi}{T}$ 为基频。得到

$$F(t) = \frac{a_0}{2} + \sum_{n=1}^{\infty} (a_n \cos n\omega_1 t + b_n \sin n\omega_1 t) \tag{1-29}$$

这样，系统的运动微分方程为

$$m\ddot{x} + c\dot{x} + kx = F(t) = \frac{a_0}{2} + \sum_{n=1}^{\infty} (a_n \cos n\omega_1 t + b_n \sin n\omega_1 t) \tag{1-30}$$

由叠加原理，得到系统的稳态响应为

$$x(t) = \frac{a_0}{2k} + \sum_{n=1}^{\infty} \left[A_n \cos(n\omega_1 t - \varphi_n) + B_n \sin(n\omega_1 t - \varphi_n) \right] \tag{1-31}$$

式中，

$$
\begin{cases}
A_n = \dfrac{a_n}{k} \dfrac{1}{\sqrt{(1-\lambda_n^2)^2 + (2\zeta\lambda_n)^2}} \\[2mm]
B_n = \dfrac{b_n}{k} \dfrac{1}{\sqrt{(1-\lambda_n^2)^2 + (2\zeta\lambda_n)^2}} \\[2mm]
\tan\varphi_n = \dfrac{2\zeta\lambda_n}{1-\lambda_n^2} \\[2mm]
\lambda_n = \dfrac{n\omega_1}{p_n}, \quad p_n^2 = \dfrac{k}{m}, \quad \zeta = \dfrac{c}{2mp_n}
\end{cases}
\tag{1-32}
$$

1.2.5　冲量激励作用下的受迫振动

在图 1-3 所示的系统中，物块受到冲量的作用时，设冲量的大小为 I。由于物块的惯性并且冲量作用时间很短、力的瞬时值很大，因此，物块的位移可忽略不计，即 $x_0 = 0$。根据碰撞理论，可得物块受冲量 I 作用获得的速度

$$v = \dot{x}_0 = \frac{I}{m}$$

速度 v 与冲量 I 方向相同。如果冲量 I 作用在 $t = \tau$ 的时刻，未加冲量前，系统静止，将初始条件代入式（1-13）、式（1-14），则物块的响应为

$$x = \frac{I}{mp_d} e^{-n(t-\tau)} \sin p_d \ (t - \tau) \tag{1-33}$$

同理，对于在单位脉冲力作用下的受迫振动响应为

$$h(t-\tau) = \begin{cases} \dfrac{1}{mp_d} e^{-n(t-\tau)} \sin p_d(t-\tau) & t \geqslant \tau \\ 0 & t < \tau \end{cases} \tag{1-34}$$

不难发现 $h(t)$ 的表达式包含系统的所有的动特性参数，它实质上是系统动特性在时域的一种表现形式。

1.2.6　系统对任意激振力的响应

设在图 1-3 所示的系统中，作用有一任意激振力 $F(t)$。则得物块的运动微分方程

$$m\ddot{x} + c\dot{x} + kx = F(t) \tag{1-35}$$

图 1-11 表示任意激振力 $F(t)$ 的图形。当系统受到这种激振力的作用时，可以将激振力 $F(t)$ 看作是一系列元冲量的叠加。对于在时刻 $t = \tau$ 的元冲量为 $dI =$

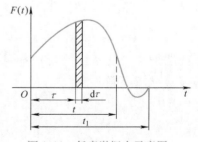

图 1-11　任意激振力示意图

$F(\tau)\mathrm{d}\tau$，由式（1-33），得到系统对 I 的响应

$$\mathrm{d}x = \frac{F(\tau)\,\mathrm{d}\tau}{mp_\mathrm{d}}\mathrm{e}^{-n(t-\tau)}\sin p_\mathrm{d}(t-\tau)$$

由线性系统的叠加原理，系统对任意激振力的响应等于系统在时间区间 $0 \leqslant \tau \leqslant t$ 内各个元冲量的总和，即

$$x(t) = \int_0^t \mathrm{d}x = \int_0^t \frac{F(\tau)}{mp_\mathrm{d}}\mathrm{e}^{-n(t-\tau)}\sin p_\mathrm{d}(t-\tau)\,\mathrm{d}\tau \quad (t \leqslant t_1) \tag{1-36}$$

如果将单位脉冲函数响应的表达式（1-34）与式（1-36）比较，可得到单自由度系统对任意激振力响应的统一表达式

$$x(t) = \int_0^t F(\tau)h(t-\tau)\,\mathrm{d}\tau \quad (t \leqslant t_1) \tag{1-37}$$

式（1-37）的积分形式称为卷积。因此，线性系统对任意激振力的响应等于它的脉冲响应与激励的卷积。这个结论称为博雷尔（Borel）定理，也称杜阿梅（Duhamel）积分。

当 $t > t_1$ 时，即激振力停止作用后，物块的运动称为剩余运动。显然是以 $x(t_1)$、$\dot{x}(t_1)$ 为初始条件的运动。这个初始条件可由式（1-36）中将 t_1 作积分上限来求出。

1.3　两自由度系统的振动

应用单自由度系统的振动理论，可以解决机械振动中的一些问题。但是，工程中有很多实际问题必须简化成两个或两个以上自由度，即多自由度的系统，才能描述其机械振动的主要特征。下面以两个自由度系统为例，论述一些基本概念、方法和结论。然后推广到多自由度系统。

1.3.1　两自由度系统的自由振动微分方程

图 1-12a 表示两自由度的弹簧－质量系统。质量分别为 m_1、m_2 的两物体用不计质量的两个弹簧相连接，刚度系数分别为 k_1、k_2，两物体均做直线平移，略去摩擦力及其他阻尼。

取两物体为研究对象，以它们各自的静平衡位置为坐标 x_1、x_2 的原点，两物体在水平方向的受力图如图 1-12b 所示，由牛顿第二定律并整理得

$$\begin{cases} m_1\ddot{x}_1 + (k_1+k_2)x_1 - k_2x_2 = 0 \\ m_2\ddot{x}_2 - k_2x_1 + k_2x_2 = 0 \end{cases} \tag{1-38}$$

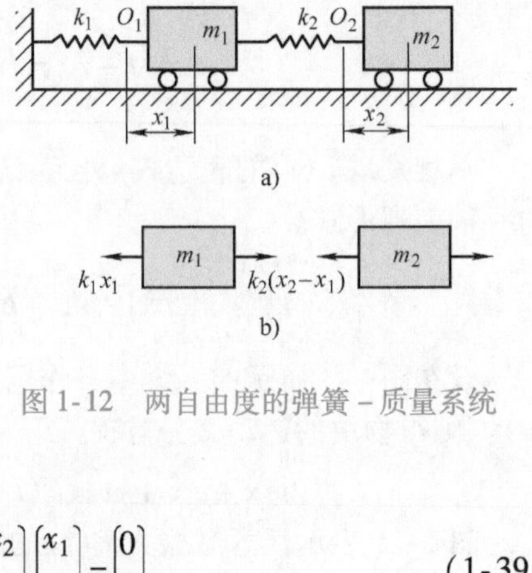

这就是两自由度系统的自由振动微分方程。将式（1-38）写成矩阵形式

图 1-12　两自由度的弹簧－质量系统

$$\begin{bmatrix} m_1 & 0 \\ 0 & m_2 \end{bmatrix}\begin{Bmatrix} \ddot{x}_1 \\ \ddot{x}_2 \end{Bmatrix} + \begin{bmatrix} k_1+k_2 & -k_2 \\ -k_2 & k_2 \end{bmatrix}\begin{Bmatrix} x_1 \\ x_2 \end{Bmatrix} = \begin{Bmatrix} 0 \\ 0 \end{Bmatrix} \tag{1-39}$$

为了使讨论具有一般的性质，将式（1-39）表示为

$$M\ddot{x} + Kx = 0 \tag{1-40}$$

式中，

$$M = \begin{bmatrix} m_{11} & m_{12} \\ m_{21} & m_{22} \end{bmatrix}, \quad K = \begin{bmatrix} k_{11} & k_{12} \\ k_{21} & k_{22} \end{bmatrix}, \quad x = \begin{pmatrix} x_1 \\ x_2 \end{pmatrix}, \quad \ddot{x} = \begin{pmatrix} \ddot{x}_1 \\ \ddot{x}_2 \end{pmatrix} \tag{1-41}$$

M 称为系统的质量矩阵，K 称为刚度矩阵。其中 m_{ij} 为质量影响系数，k_{ij} 为刚度影响系数。

1.3.2 频率方程

根据微分方程的理论，设方程（1-40）的解为

$$\begin{cases} x_1 = A_1\sin(pt + \alpha) \\ x_2 = A_2\sin(pt + \alpha) \end{cases} \tag{1-42}$$

将式（1-42）代入式（1-40），简化后可得代数齐次方程组

$$(K - p^2 M)A = 0 \tag{1-43}$$

具有非零解的充分必要条件是系数行列式等于零，即

$$|K - p^2 M| = 0 \tag{1-44a}$$

考虑到式（1-41）则为

$$\begin{vmatrix} k_{11} - p^2 m_{11} & k_{12} \\ k_{21} & k_{22} - p^2 m_{22} \end{vmatrix} = 0 \tag{1-44b}$$

这就是两自由度系统的频率方程，也称特征方程。它的展式为

$$p^4 - (a+d)p^2 + ad - bc = 0 \tag{1-45}$$

其中

$$a = \frac{k_{11}}{m_{11}}, \quad b = \frac{k_{12}}{m_{11}}, \quad c = \frac{k_{21}}{m_{22}}, \quad d = \frac{k_{22}}{m_{22}}$$

所以

$$p_{1,2}^2 = \frac{a+d}{2} \mp \sqrt{\left(\frac{a-d}{2}\right)^2 + bc} \tag{1-46}$$

这就是特征方程的两组特征根。其特征根 p_1^2、p_2^2 是两个大于零的不相等的正实根。p_1、p_2 就是系统的自由振动圆频率，即固有圆频率。较低的圆频率 p_1 称为第一阶固有圆频率；较高的圆频率 p_2 称为第二阶固有圆频率。

1.3.3 主振型

将特征根 p_1^2、p_2^2 分别代入式（1-43），由于方程是齐次的，所以不能求出振幅的数值，但可得到对应于两个固有圆频率的振幅比：

$$\begin{cases} \nu_1 = \dfrac{A_2^{(1)}}{A_1^{(1)}} = \dfrac{a - p_1^2}{b} = \dfrac{c}{d - p_1^2} = \dfrac{1}{b}\left[\dfrac{a-d}{2} + \sqrt{\left(\dfrac{a-d}{2}\right)^2 + bc}\right] > 0 \\ \nu_2 = \dfrac{A_2^{(2)}}{A_1^{(2)}} = \dfrac{a - p_2^2}{b} = \dfrac{c}{d - p_2^2} = \dfrac{1}{b}\left[\dfrac{a-d}{2} - \sqrt{\left(\dfrac{a-d}{2}\right)^2 + bc}\right] < 0 \end{cases} \tag{1-47}$$

式中的 ν_1 表征了系统做第一主振动时的型态，即为第一固有振型或第一主振型；ν_2 表征了系统做第二主振动时的型态，即为第二固有振型或第二主振型。在第一主振动中，质量 m_1 与 m_2 沿同一方向运动；在第二主振动中 m_1、m_2 的运动方向则是相反的。系统做主振动时，各点同时经过平衡位置，同时到达最远位置。

根据微分方程理论，两自由度系统的自由振动微分方程（1-38）的通解，是它的两个主振动的线性组合，写成矩阵形式为

$$\begin{pmatrix} x_1 \\ x_2 \end{pmatrix} = \begin{pmatrix} A_1^{(1)} & A_1^{(2)} \\ A_2^{(1)} & A_2^{(2)} \end{pmatrix} \begin{pmatrix} \sin(p_1 t + \alpha_1) \\ \sin(p_2 t + \alpha_2) \end{pmatrix} \tag{1-48}$$

式中，$A_1^{(1)}$、$A_1^{(2)}$、α_1、α_2 由运动的初始条件确定。

1.3.4　两自由度系统的受迫振动

在图 1-13 所示的两自由度系统力学模型中，若两个物块受到激振力的作用，$F_1(t) = F_1 \sin \omega t$，$F_2(t) = F_2 \sin \omega t$，可列出该系统的受迫振动微分方程，其矩阵形式为

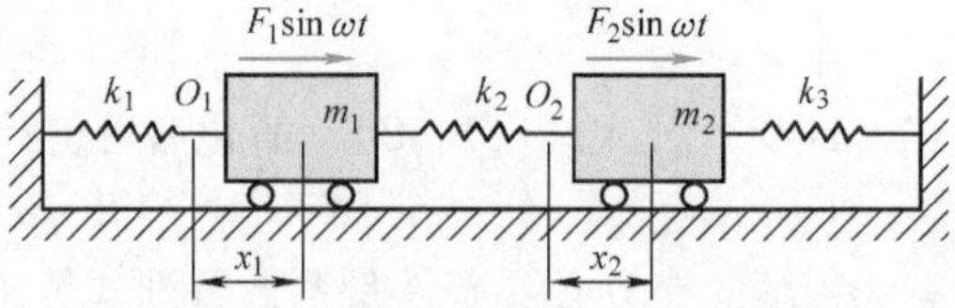

图 1-13　两自由度受迫振动系统

$$M\ddot{x} + Kx = F \sin \omega t \tag{1-49}$$

式中，M、K 为式（1-41）定义的质量矩阵和刚度矩阵。

$$F = \begin{pmatrix} F_1 & F_2 \end{pmatrix}^{\mathrm{T}}$$

为简谐激振力的幅值列阵，ω 为激振圆频率。

设方程组（1-49）的特解为

$$\begin{cases} x_1 = B_1 \sin \omega t \\ x_2 = B_2 \sin \omega t \end{cases} \tag{1-50}$$

将式（1-50）代入式（1-49），得到关于振幅 B_1、B_2 的非齐次代数方程组为

$$(K - \omega^2 M)B = F \tag{1-51}$$

式中，$B = \begin{pmatrix} B_1 & B_2 \end{pmatrix}^{\mathrm{T}}$，由此可解出受迫振动的振幅

$$\begin{cases} B_1 = \dfrac{(d - \omega^2)f_1 + bf_2}{(p_1^2 - \omega^2)(p_2^2 - \omega^2)} \\ \\ B_2 = \dfrac{cf_1 + (a - \omega^2)f_2}{(p_1^2 - \omega^2)(p_2^2 - \omega^2)} \end{cases} \tag{1-52}$$

式中，

$$a = \frac{k_{11}}{m_{11}},\ b = \frac{k_{12}}{m_{11}},\ c = \frac{k_{21}}{m_{22}},\ d = \frac{k_{22}}{m_{22}},\ f_1 = \frac{F_1}{m_{11}},\ f_2 = \frac{F_2}{m_{22}}$$

其中 p_1、p_2 为系统的两个固有圆频率。

式（1-52）表明，受迫振动的振幅大小不仅和干扰力的幅值大小 F_1、F_2 有关，而且和干扰力的圆频率 ω 有关。特别是当 $\omega = p_1$ 或 $\omega = p_2$ 时，即当干扰力的频率等于振动系统的固有频率时将会发生共振。与单自由度振动系统不同，两自由度系统一般有两个固有频率，因此，可能出现两次共振。譬如 $\omega = p_1$ 时，该系统的受迫振动的位移将以第一主振型的振动形

态无限增大。同理，当 $\omega = p_2$ 时，该系统的受迫振动的位移将以第二主振动的振动形态无限增大。

振动测量中常利用这一规律来测量系统的固有频率，并根据共振时系统的振动形态来判断该固有频率的阶次。

1.3.5　坐标的耦联与主坐标

在式（1-38）中，即在质点 m_1 和 m_2 的运动方程中，都含有坐标 x_1 和 x_2。因此，两个质点的运动不是互相独立的，它们彼此的运动受另一个质点的运动的影响。这种质点或质点系的运动相互影响的现象叫作**耦联**，具有耦联性质的系统叫作**耦联系统**。

在方程中存在位移坐标耦联时，称为**静力耦联**或**弹性耦联**。当方程中出现加速度项耦联时，称为**动力耦联**或**质量耦联**。

某个系统中是否存在耦联取决于表示运动坐标的选择，而与系统本身的特性无关。坐标的选择不同，系统可以是静力耦联、动力耦联、静力兼动力耦联，或非耦联的（即完全无耦联的）。如果坐标选择得当，方程没有耦联项，即得到相互独立的运动方程，使解方程的工作量大幅度减小，这正是我们所希望的。这种经特别选择的、可使方程写成既无动力耦联又无静力耦联形式的坐标称为**主坐标**。

例1-4　图 1-14a 表示两个摆长为 l，质量为 m 并相同的单摆，中间以弹簧相连，刚度系数为 k，形成两自由度系统。求系统的运动规律。

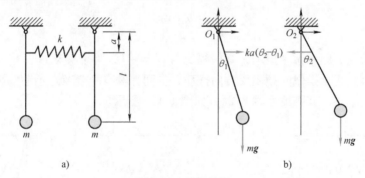

a)　　　　　　　　　　　b)

图 1-14　双摆拍振

解：取 θ_1、θ_2 表示摆的角位移，逆时针转动方向为正，每个摆的受力如图 1-14b 所示。当 θ_1、θ_2 角位移很小时，摆的振动微分方程为

$$\ddot{\theta}_1 + \left(\frac{g}{l} + \frac{ka^2}{ml^2}\right)\theta_1 - \frac{ka^2}{ml^2}\theta_2 = 0$$

$$\ddot{\theta}_2 - \frac{ka^2}{ml^2}\theta_1 + \left(\frac{g}{l} + \frac{ka^2}{ml^2}\right)\theta_2 = 0$$

由式（1-46）可得到系统的第一阶和第二阶固有圆频率为

$$p_1 = \sqrt{\frac{g}{l}}, \quad p_2 = \sqrt{\frac{g}{l} + \frac{2ka^2}{ml^2}}$$

由式（1-47）得到系统的第一阶和第二阶主振型为

$$\nu_1 = 1, \quad \nu_2 = -1$$

设第一主振动的解为

$$\theta_1^{(1)} = \Theta^{(1)} \sin(p_1 t + \alpha_1) , \quad \theta_2^{(1)} = \Theta^{(1)} \sin(p_1 t + \alpha_1)$$

设第二主振动的解为

$$\theta_1^{(2)} = \Theta^{(2)} \sin(p_2 t + \alpha_2) , \quad \theta_2^{(2)} = -\Theta^{(2)} \sin(p_2 t + \alpha_2)$$

则系统振动的一般解为

$$\theta_1 = \theta_1^{(1)} + \theta_1^{(2)} = \Theta^{(1)} \sin(p_1 t + \alpha_1) + \Theta^{(2)} \sin(p_2 t + \alpha_2)$$

$$\theta_2 = \theta_2^{(1)} + \theta_2^{(2)} = \Theta^{(1)} \sin(p_1 t + \alpha_1) - \Theta^{(2)} \sin(p_2 t + \alpha_2)$$

这是双摆的通解。式中 $\Theta^{(1)}$、$\Theta^{(2)}$、α_1、α_2 四个待定常数决定于初始条件。

1）当初始条件为 $t = 0$ 时，$\theta_1(0) = \theta_2(0) = \theta_0$，$\dot{\theta}_1(0) = \dot{\theta}_2(0) = 0$，代入公式可得到 $\Theta^{(1)} = \theta_0$，$\Theta^{(2)} = 0$，$\alpha_1 = \dfrac{\pi}{2}$，则双摆的自由振动的规律为

$$\theta_1 = \theta_0 \cos p_1 t$$

$$\theta_2 = \theta_0 \cos p_1 t$$

即系统按第一阶固有频率做主振动，其振幅比为 $\nu_1 = 1$，整个振动过程 $\theta_1 = \theta_2$，主振型如图 1-15a 所示。中间弹簧不变形。两个摆像单摆一样做同方向摆动，所以其固有频率也和单摆一样。

2）当初始条件为 $t = 0$ 时，$\theta_1(0) = -\theta_2(0) = \theta_0$，$\dot{\theta}_1(0) = \dot{\theta}_2(0) = 0$，代入公式可得到 $\Theta^{(1)} = 0$，$\Theta^{(2)} = \theta_0$，$\alpha_2 = \dfrac{\pi}{2}$，双摆的自由振动规律为

$$\theta_1 = \theta_0 \cos p_2 t$$

$$\theta_2 = -\theta_0 \cos p_2 t$$

即系统按第二阶固有频率做主振动，其振幅比为 $\nu_2 = -1$，整个振动过程 $\theta_1 = -\theta_2$，主振型如图 1-15b 所示。两个摆做同频率反方向摆动，中间弹簧有一个节点不动，因而可以把双摆看作两个独立的单摆，其刚度系数为 $2k$，如图 1-15c 所示。

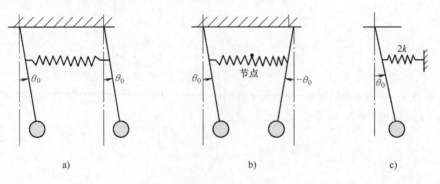

图 1-15 双摆示意图

3）在任意初始条件下，系统的响应是两个主振动的叠加。例如，当初始条件为 $t = 0$ 时，$\theta_1(0) = \theta_0$，$\theta_2(0) = \dot{\theta}_1(0) = \dot{\theta}_2(0) = 0$，代入公式，得到

$$\Theta^{(1)} = \Theta^{(2)} = \frac{1}{2}\theta_0 , \quad \alpha_1 = \alpha_2 = \frac{\pi}{2}$$

双摆做自由振动的规律为

$$\theta_1 = \frac{\theta_0}{2}(\cos p_1 t + \cos p_2 t)$$

$$\theta_2 = \frac{\theta_0}{2}(\cos p_1 t - \cos p_2 t)$$

如果弹簧的刚度系数 k 很小，因而

$$\frac{2ka^2}{ml^2} << \frac{g}{l}$$

这时 p_1、p_2 相差很少，摆将出现拍振。

$$\theta_1 = \theta_0 \cos \frac{\Delta p}{2} t \cos p_a t, \quad \theta_2 = \theta_0 \sin \frac{\Delta p}{2} t \sin p_a t$$

其拍的圆频率、拍振周期和振动圆频率分别为

$$\Delta p = p_2 - p_1, \quad T_b = \frac{2\pi}{\Delta p} \approx \frac{2\pi m}{ka^2}\sqrt{gl^3}, \quad p_a = \frac{p_2 + p_1}{2}$$

可见中间弹簧的刚度系数 k 越小，拍的周期越长。可以看到，在拍振过程中，两个摆的动能从一个摆传递到另一个摆，循环传递，使它们持续地振动。

微分方程的解也可以通过先求出系统的主坐标的方式得到。由于双摆的微分方程为

$$\ddot{\theta}_1 + \left(\frac{g}{l} + \frac{ka^2}{ml^2} \right)\theta_1 - \frac{ka^2}{ml^2}\theta_2 = 0$$

$$\ddot{\theta}_2 - \frac{ka^2}{ml^2}\theta_1 + \left(\frac{g}{l} + \frac{ka^2}{ml^2} \right)\theta_2 = 0$$

将以上两式相加、相减便得到

$$\ddot{\theta}_1 + \ddot{\theta}_2 + \frac{g}{l}(\theta_1 + \theta_2) = 0$$

$$\ddot{\theta}_1 - \ddot{\theta}_2 + \left(\frac{g}{l} + \frac{2ka^2}{ml^2} \right)(\theta_1 - \theta_2) = 0$$

令 $\psi_1 = \theta_1 + \theta_2$，$\psi_2 = \theta_1 - \theta_2$，上式变为

$$\ddot{\psi}_1 + \frac{g}{l}\psi_1 = 0$$

$$\ddot{\psi}_2 + \left(\frac{g}{l} + \frac{2ka^2}{ml^2} \right)\psi_2 = 0$$

可见，ψ_1、ψ_2 是系统的主坐标，可直接得到其固有圆频率为

$$p_1 = \sqrt{\frac{g}{l}}, \quad p_2 = \sqrt{\frac{g}{l} + \frac{2ka^2}{ml^2}}$$

设主坐标方程的解为

$$\psi_1 = 2\Theta^{(1)} \sin(p_1 t + \alpha_1)$$

$$\psi_2 = 2\Theta^{(2)} \sin(p_2 t + \alpha_2)$$

则双摆系统的物理坐标的解为

$$\theta_1 = \frac{1}{2}(\psi_1 + \psi_2) = \Theta^{(1)} \sin(p_1 t + \alpha_1) + \Theta^{(2)} \sin(p_2 t + \alpha_2)$$

$$\theta_2 = \frac{1}{2}(\psi_1 - \psi_2) = \Theta^{(1)} \sin(p_1 t + \alpha_1) - \Theta^{(2)} \sin(p_2 t + \alpha_2)$$

其结果与直接求解微分方程的结果一样的，若将初始条件也转换为主坐标的形式，可利用第 2 章的单自由度标准方程求解，然后将结果转为物理坐标即可，其最后结论是一样的。由此例可以看出，若将方程列为主坐标形式，其解题将简单得多。在下面多自由度系统的振动中，就是主要介绍寻找系统主坐标和微分方程求解的方法。

1.4　多自由度系统的振动

实际的物体与工程结构，其质量和弹性是连续分布的，系统具有无限多个自由度。为简化研究和便于计算，可采用质量聚缩法或其他方法（如有限元法）离散化，使系统简化为有限多个自由度的振动系统，或称为多自由度振动系统。若为 n 个自由度的振动系统，它们的运动需要 n 个独立的坐标来描述。

1.4.1　多自由度系统的运动微分方程

建立多自由度系统的振动方程，一般可以采用牛顿定律、动力学普遍定理、达朗贝尔原理、动力学普遍方程、拉格朗日方程和哈密顿原理等方法。一般情况下，n 个自由度无阻尼系统的自由振动的运动微分方程具有以下形式：

$$\begin{cases} m_{11}\ddot{x}_1 + m_{12}\ddot{x}_2 + \cdots + m_{1n}\ddot{x}_n + k_{11}x_1 + k_{12}x_2 + \cdots + k_{1n}x_n = 0 \\ m_{21}\ddot{x}_1 + m_{22}\ddot{x}_2 + \cdots + m_{2n}\ddot{x}_n + k_{21}x_1 + k_{22}x_2 + \cdots + k_{2n}x_n = 0 \\ \quad\vdots \\ m_{n1}\ddot{x}_1 + m_{n2}\ddot{x}_2 + \cdots + m_{nn}\ddot{x}_n + k_{n1}x_1 + k_{n2}x_2 + \cdots + k_{nn}x_n = 0 \end{cases} \tag{1-53}$$

若用矩阵表示，则可写成

$$M\ddot{x} + Kx = 0 \tag{1-54}$$

式中，

$$M = \begin{pmatrix} m_{11} & m_{12} & \cdots & m_{1n} \\ m_{21} & m_{22} & \cdots & m_{2n} \\ \vdots & \vdots & & \vdots \\ m_{n1} & m_{n2} & \cdots & m_{nn} \end{pmatrix}, \quad K = \begin{pmatrix} k_{11} & k_{12} & \cdots & k_{1n} \\ k_{21} & k_{22} & \cdots & k_{2n} \\ \vdots & \vdots & & \vdots \\ k_{n1} & k_{n2} & \cdots & k_{nn} \end{pmatrix}$$

$$x = (x_1 \quad x_2 \quad \cdots \quad x_n)^{\mathrm{T}}, \ddot{x} = (\ddot{x}_1 \quad \ddot{x}_2 \quad \cdots \quad \ddot{x}_n)^{\mathrm{T}}$$

分别称为系统的质量矩阵和刚度矩阵、位移矢量和加速度矢量。所以，只要得到了质量矩阵和刚度矩阵也就得到了多自由度无阻尼系统的自由振动的运动微分方程。

1.4.2　频率方程

设 n 自由度系统运动微分方程（1-54）的特解为

$$x_i = A_i \sin(pt + \varphi) \quad (i = 1, 2, 3, \cdots, n) \tag{1-55a}$$

或

$$x = A \sin(pt + \varphi) \tag{1-55b}$$

式中，

$$A = \begin{pmatrix} A_1 \\ A_2 \\ \vdots \\ A_n \end{pmatrix} = (A_1 \quad A_2 \quad \cdots \quad A_n)^{\mathrm{T}}$$

将式（1-55）代入式（1-54），并消去 $\sin(pt + \varphi)$，得到

$$KA - p^2 MA = 0 \tag{1-56a}$$

或

$$(K - p^2 M)A = 0 \tag{1-56b}$$

令

$$B = K - p^2 M \tag{1-57}$$

式（1-57）称为特征矩阵。

由式（1-56）可以看出，要使 A 有不全为零的解，必须使其系数行列式等于零。于是得到该系统的频率方程（或特征方程）

$$|K - p^2 M| = 0 \tag{1-58}$$

式（1-58）是关于 p^2 的 n 次多项式，由它可以求出 n 个固有频率（或称特征值）。因此，n 个自由度振动系统具有 n 个固有频率。由于系统的质量矩阵 M 是正定的，刚度矩阵 K 是正定的或半正定的，因此可以证明

$$p^2 = \frac{A^{\mathrm{T}} K A}{A^{\mathrm{T}} M A} \geqslant 0 \tag{1-59}$$

因此，频率方程（1-58）中所有的固有频率值都是实数，并且是正数或为零。通常刚度矩阵为正定的称为正定系统；刚度矩阵为半正定的称为半正定系统。对应于正定系统的固有频率值是正的，对应于半正定系统的固有频率值是正数或为零。

一般的振动系统的 n 个固有圆频率的值互不相等（也有特殊情况）。将各个固有圆频率按照由小到大的顺序排列为

$$0 \leqslant p_1 \leqslant p_2 \leqslant \cdots \leqslant p_n$$

其中最低阶固有圆频率 p_1 称为第一阶固有圆频率或称基频，然后依次称为第二阶、第三阶固有圆频率等。

1.4.3 主振型

将各个固有圆频率（特征值）代入式（1-56），可分别求得相对应的 A。例如，对应于 p_i 可以求得 $A^{(i)}$，它满足

$$(K - p_i^2 M)A^{(i)} = 0 \tag{1-60}$$

$A^{(i)}$ 为对应于 p_i 的特征矢量。它表示系统在以 p_i 的圆频率做自由振动时，各物块振幅 $A_1^{(i)}$、$A_2^{(i)}$、$\cdots$、$A_n^{(i)}$ 的相对大小，称之为系统的第 i 阶主振型，也称固有振型。

对于任何一个 n 自由度振动系统，总可以找到 n 个固有频率和与之对应的 n 阶主振型

$$\boldsymbol{A}^{(1)} = \begin{pmatrix} A_1^{(1)} \\ A_2^{(1)} \\ \vdots \\ A_n^{(1)} \end{pmatrix}, \ \boldsymbol{A}^{(2)} = \begin{pmatrix} A_1^{(2)} \\ A_2^{(2)} \\ \vdots \\ A_2^{2} \end{pmatrix}, \ \cdots, \ \boldsymbol{A}^{(n)} = \begin{pmatrix} A_1^{(n)} \\ A_2^{(n)} \\ \vdots \\ A_n^{(n)} \end{pmatrix} \tag{1-61}$$

为使计算简便，令 $A_n^{(i)} = 1$，于是可得第 i 阶主振型矢量为

$$\boldsymbol{A}^{(i)} = \begin{pmatrix} A_1^{(i)} & A_2^{(i)} & \cdots & 1 \end{pmatrix}^{\mathrm{T}}$$

在主振型矢量中，规定某个元素的值为 1，并进而确定其他元素的过程称为归一化。主振型矢量 $\boldsymbol{A}^{(i)}$ 也可以利用特征矩阵的伴随矩阵来求得。

例 1-5 图 1-16 所示是三个自由度的振动系统，设 $m_1 = m_2 = m$，$m_3 = 2m$，$k_1 = k_2 = k_3 = k$，试求系统的固有频率和主振型。

解： 选择坐标 x_1、x_2、x_3，如图 1-16 所示。则系统的质量矩阵和刚度矩阵分别为

$$\boldsymbol{M} = \begin{pmatrix} m & 0 & 0 \\ 0 & m & 0 \\ 0 & 0 & 2m \end{pmatrix}$$

$$\boldsymbol{K} = \begin{pmatrix} 2k & -k & 0 \\ -k & 2k & -k \\ 0 & -k & k \end{pmatrix}$$

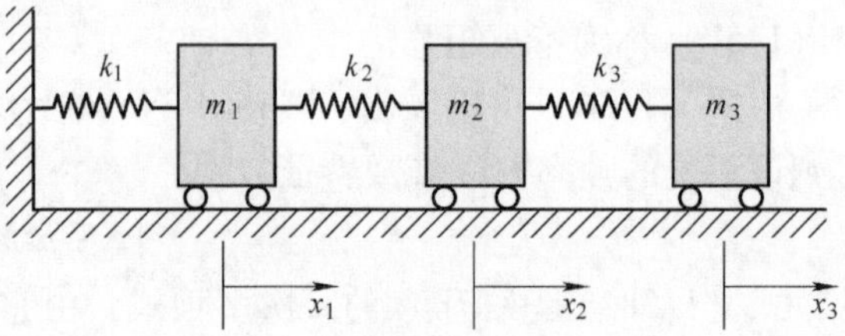

图 1-16　三自由度振动系统

将 $\boldsymbol{M}$ 和 $\boldsymbol{K}$ 代入频率方程 $|\boldsymbol{K} - p^2 \boldsymbol{M}| = 0$，得

$$\begin{vmatrix} 2k - p^2 m & -k & 0 \\ -k & 2k - p^2 m & -k \\ 0 & -k & k - 2p^2 m \end{vmatrix} = 0$$

即

$$2p^6 - 9 \frac{k}{m} p^4 + 9 \left(\frac{k}{m} \right)^2 p^2 - \left(\frac{k}{m} \right)^3 = 0$$

解方程得到系统的三个固有频率为

$$f_1 = \frac{1}{2\pi} p_1 = 0.3559 \frac{1}{2\pi} \sqrt{\frac{k}{m}}$$

$$f_2 = \frac{1}{2\pi} p_2 = 1.2810 \frac{1}{2\pi} \sqrt{\frac{k}{m}}$$

$$f_3 = \frac{1}{2\pi} p_3 = 1.7609 \frac{1}{2\pi} \sqrt{\frac{k}{m}}$$

由于特征矩阵为

$$\boldsymbol{B} = \boldsymbol{K} - p^2 \boldsymbol{M} = \begin{pmatrix} 2k - p^2 m & -k & 0 \\ -k & 2k - p^2 m & -k \\ 0 & -k & k - 2p^2 m \end{pmatrix}$$

则伴随矩阵为

$$adj\boldsymbol{B} = \begin{pmatrix} (2k-p^2m)(k-2p^2m)-k^2 & k(k-2p^2m) & k^2 \\ k(k-2p^2m) & (2k-p^2m)(k-2p^2m) & k(2k-p^2m) \\ k^2 & k(2k-p^2m) & (2k-p^2m)^2-k^2 \end{pmatrix}$$

设取其第三列（计算时可只求出这一列即可），将固有圆频率值代入，可得到第一、二、三阶主振型

$$\boldsymbol{A}^{(1)} = \begin{pmatrix} 1.0000 \\ 1.8733 \\ 2.5092 \end{pmatrix}, \quad \boldsymbol{A}^{(2)} = \begin{pmatrix} 1.0000 \\ 0.7274 \\ -0.4709 \end{pmatrix}, \quad \boldsymbol{A}^{(3)} = \begin{pmatrix} 1.0000 \\ -1.1007 \\ 0.2115 \end{pmatrix}$$

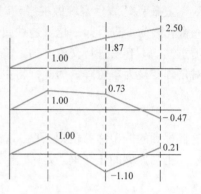

三个主振型如图1-17所示。

主振型也可由式（1-56）求得。即将 p_1、p_2、p_3 分别代入式（1-56），经归一化后，即令 $A_1^{(i)} = 1$（$i = 1$，2，3），可得主振型。

图 1-17 三个主振型

1.4.4 主振型矩阵与正则振型矩阵

以各阶主振型矢量为列，按顺序排列成一个 $n \times n$ 阶方阵，称此方阵为主振型矩阵，即

$$\boldsymbol{A}_P = (\boldsymbol{A}^{(1)} \quad \boldsymbol{A}^{(2)} \quad \cdots \quad \boldsymbol{A}^{(n)}) = \begin{pmatrix} A_1^{(1)} & A_1^{(2)} & \cdots & A_1^{(n)} \\ A_2^{(1)} & A_2^{(2)} & \cdots & A_2^{(n)} \\ \vdots & \vdots & & \vdots \\ A_n^{(1)} & A_n^{(2)} & \cdots & A_n^{(n)} \end{pmatrix} \tag{1-62}$$

且这些主振型之间存在着关于质量矩阵和刚度矩阵的正交性

$$(\boldsymbol{A}^{(i)})^{\mathrm{T}}\boldsymbol{M}\boldsymbol{A}^{(j)} = 0 \qquad (i \neq j)$$
$$(\boldsymbol{A}^{(i)})^{\mathrm{T}}\boldsymbol{M}\boldsymbol{A}^{(i)} = M_i \qquad (i = j)$$
$$(\boldsymbol{A}^{(i)})^{\mathrm{T}}\boldsymbol{K}\boldsymbol{A}^{(j)} = 0 \qquad (i \neq j)$$
$$(\boldsymbol{A}^{(i)})^{\mathrm{T}}\boldsymbol{K}\boldsymbol{A}^{(i)} = K_i \qquad (i = j)$$

显然，由正交性可知，由于主振型的正交性，不同阶的主振动之间不存在动能的转换，也不存在势能的转换，或者说不存在惯性耦合，也不存在弹性耦合。即在运动过程中，每个主振动内部的动能和势能可以互相转化，但各阶主振动之间不会发生能量的传递。因此，从能量的观点看，各阶主振动是互相独立的。

根据主振型的正交性，可以导出主振型矩阵的两个性质

$$\begin{cases} \boldsymbol{A}_P^{\mathrm{T}}\boldsymbol{M}\boldsymbol{A}_P = \boldsymbol{M}_P \\ \boldsymbol{A}_P^{\mathrm{T}}\boldsymbol{K}\boldsymbol{A}_P = \boldsymbol{K}_P \end{cases} \tag{1-63}$$

式中，

$$\boldsymbol{M}_P = \begin{pmatrix} M_1 & & & \\ & M_2 & & \\ & & \ddots & \\ & & & M_n \end{pmatrix}, \qquad \boldsymbol{K}_P = \begin{pmatrix} K_1 & & & \\ & K_2 & & \\ & & \ddots & \\ & & & K_n \end{pmatrix}$$

分别是主质量矩阵和主刚度矩阵。

式（1-63）表明，主振型矩阵 A_P 具有如下性质：当 M、K 为非对角阵时，如果分别前乘以主振型矩阵的转置矩阵 A_P^T，后乘以主振型矩阵 A_P，则可使质量矩阵 M 和刚度矩阵 K 转变成为对角矩阵 M_P、M_P。

主振型 A^i 表示系统做主振动时，各坐标幅值的比。在前面的计算中，一般采用将其中一个元素为 1 进行归一化。这种归一化的方法对于缩小计算数字和绘出振型很方便，但具有随意性，不容易进行交流。为了将归一化的方法统一，规定了质量归一化方法，即使 M_P 由对角阵变换为单位阵。为此，将主振型矩阵的各列除以其对应主质量的平方根，即

$$A_N^{(i)} = \frac{1}{\sqrt{M_i}} A_P^{(i)} \tag{1-64}$$

这样得到的振型称为正则振型，$A_N^{(i)}$ 称为第 i 阶正则振型。

正则振型的正交关系是

$$(A_N^{(i)})^T M A_N^{(j)} = \begin{cases} 1 & i=j \\ 0 & i \neq j \end{cases} \tag{1-65}$$

$$(A_N^{(i)})^T K A_N^{(j)} = \begin{cases} p_i^2 & i=j \\ 0 & i \neq j \end{cases} \tag{1-66}$$

其中 p_i 为第 i 阶固有圆频率。

以各阶正则振型为列，将其依次排列成一个 $n \times n$ 阶方阵，称此方阵为正则振型矩阵，即

$$A_N = \begin{pmatrix} A_N^{(1)} & A_N^{(2)} & \cdots & A_N^{(n)} \end{pmatrix} = \begin{pmatrix} A_{N1}^{(1)} & A_{N1}^{(2)} & \cdots & A_{N1}^{(n)} \\ A_{N2}^{(1)} & A_{N2}^{(2)} & \cdots & A_{N2}^{(n)} \\ \vdots & \vdots & & \vdots \\ A_{Nn}^{(1)} & A_{Nn}^{(2)} & \cdots & A_{Nn}^{(n)} \end{pmatrix} \tag{1-67}$$

由正交性可导出正则矩阵 A_N 的两个性质

$$\begin{cases} A_N^T M A_N = I = \begin{pmatrix} 1 & & & \\ & 1 & & \\ & & \ddots & \\ & & & 1 \end{pmatrix} \\ A_N^T K A_N = P^2 = \begin{pmatrix} p_1^2 & & & \\ & p_2^2 & & \\ & & \ddots & \\ & & & p_n^2 \end{pmatrix} \end{cases} \tag{1-68}$$

其中称 P^2 为谱矩阵。

1.4.5　主坐标和正则坐标

对于 n 自由度无阻尼振动系统，有可能选择这样一组特殊坐标，使方程中不出现耦合项亦即质量矩阵 M 和刚度矩阵 K 都是对角阵，这样每个方程可以视为单自由度问题，称这组坐标为主坐标。主坐标的选择是利用主振型矩阵 A_P 或正则振型矩阵 A_N 对振动微分方程进

行坐标变换，以求出主坐标或正则坐标。

1. 主坐标

首先用主振型矩阵 $\boldsymbol{A}_P$ 进行坐标变换，即

$$\boldsymbol{x} = \boldsymbol{A}_P \, \boldsymbol{x}_P \tag{1-69}$$

式中，$\boldsymbol{x}_P$ 是主坐标矢量，相应地有

$$\ddot{\boldsymbol{x}} = \boldsymbol{A}_P \, \ddot{\boldsymbol{x}}_P \tag{1-70}$$

将式（1-69）和式（1-70）代入振动微分方程（1-54），得

$$\boldsymbol{M A}_P \, \ddot{\boldsymbol{x}}_P + \boldsymbol{K A}_P \, \boldsymbol{x}_P = \boldsymbol{0}$$

将该式前乘以主振型矩阵的转置矩阵 $\boldsymbol{A}_P^{\mathrm{T}}$，得

$$\boldsymbol{A}_P^{\mathrm{T}} \boldsymbol{M A}_P \, \ddot{\boldsymbol{x}}_P + \boldsymbol{A}_P^{\mathrm{T}} \boldsymbol{K A}_P \, \boldsymbol{x}_P = \boldsymbol{0}$$

由主振型矩阵的两个性质，即式（1-63），得

$$\boldsymbol{M}_P \, \ddot{\boldsymbol{x}}_P + \boldsymbol{K}_P \, \boldsymbol{x}_P = \boldsymbol{0} \tag{1-71}$$

由于主质量矩阵 $\boldsymbol{M}_P$ 和主刚度矩阵 $\boldsymbol{K}_P$ 都是对角阵，所以方程（1-71）中无耦合，且为相互独立的 n 个自由度运动微分方程。即

$$M_i \ddot{x}_{Pi} + K_i x_{Pi} = 0 \qquad (i = 1, 2, 3, \cdots, n) \tag{1-72}$$

式中，M_i、K_i 分别是第 i 阶主质量和主刚度。

2. 正则坐标

用正则振型矩阵 $\boldsymbol{A}_N$ 进行坐标变换，设

$$\boldsymbol{x} = \boldsymbol{A}_N \boldsymbol{x}_N \tag{1-73}$$

式中，$\boldsymbol{x}_N$ 是正则坐标矢量。将式（1-73）代入式（1-54），得

$$\boldsymbol{M A}_N \, \ddot{\boldsymbol{x}}_N + \boldsymbol{K A}_N \, \boldsymbol{x}_N = \boldsymbol{0}$$

将该式前乘以 $\boldsymbol{A}_N^{\mathrm{T}}$，得

$$\boldsymbol{A}_N^{\mathrm{T}} \boldsymbol{M A}_N \, \ddot{\boldsymbol{x}}_N + \boldsymbol{A}_N^{\mathrm{T}} \boldsymbol{K A}_N \, \boldsymbol{x}_N = \boldsymbol{0}$$

由正则振型矩阵的两个性质，即式（1-68），得

$$\ddot{\boldsymbol{x}}_N + \boldsymbol{P}^2 \, \boldsymbol{x}_N = \boldsymbol{0} \tag{1-74}$$

或

$$\ddot{x}_{Ni} + p_i^2 x_{Ni} = 0 \qquad (i = 1, 2, 3, \cdots, n) \tag{1-75}$$

式中，p_i 为系统的第 i 阶固有圆频率。

例 1-6　试求例 1-5 中系统的主振型矩阵和正则振型矩阵。

解：将在例 1-5 中求得的各阶主振型依次排列成方阵，得到主振型矩阵

$$\boldsymbol{A}_P = \begin{pmatrix} \boldsymbol{A}^{(1)} & \boldsymbol{A}^{(2)} & \boldsymbol{A}^{(3)} \end{pmatrix} = \begin{pmatrix} 1.0000 & 1.0000 & 1.0000 \\ 1.8733 & 0.7274 & -1.1007 \\ 2.5092 & -0.4709 & 0.2115 \end{pmatrix}$$

由质量矩阵 $\boldsymbol{M} = m \begin{pmatrix} 1 & 0 & 0 \\ 0 & 1 & 0 \\ 0 & 0 & 2 \end{pmatrix}$，可求出主质量矩阵

$$M_P = A_P^T M A_P = \begin{pmatrix} 17.1014m & 0 & 0 \\ 0 & 1.9726m & 0 \\ 0 & 0 & 2.3010m \end{pmatrix}$$

于是，可得各阶正则振型

$$A_N^{(1)} = \frac{1}{\sqrt{M_1}} A^{(1)} = \frac{0.2418}{\sqrt{m}} A^{(1)}$$

$$A_N^{(2)} = \frac{1}{\sqrt{M_2}} A^{(2)} = \frac{0.7120}{\sqrt{m}} A^{(2)}$$

$$A_N^{(3)} = \frac{1}{\sqrt{M_3}} A^{(3)} = \frac{0.6592}{\sqrt{m}} A^{(3)}$$

以各阶正则振型为列，写出正则振型矩阵

$$A_N = \frac{1}{\sqrt{m}} \begin{pmatrix} 0.2418 & 0.7120 & 0.6592 \\ 0.4530 & 0.5179 & -0.7256 \\ 0.6067 & -0.3353 & 0.1394 \end{pmatrix}$$

由刚度矩阵

$$K = k \begin{pmatrix} 2 & -1 & 0 \\ -1 & 2 & -1 \\ 0 & -1 & 1 \end{pmatrix}$$

可求出谱矩阵

$$P^2 = A_N^T K A_N = \frac{k}{m} \begin{pmatrix} 0.1267 & 0 & 0 \\ 0 & 1.2726 & 0 \\ 0 & 0 & 3.1007 \end{pmatrix}$$

利用式（1-74）可写出以正则坐标表示的运动方程

$$\ddot{x}_N + P^2 x_N = 0$$

展开式为

$$\ddot{x}_{N1} + 0.1267 \frac{k}{m} x_{N1} = 0$$

$$\ddot{x}_{N2} + 1.2726 \frac{k}{m} x_{N2} = 0$$

$$\ddot{x}_{N3} + 3.1007 \frac{k}{m} x_{N3} = 0$$

1.4.6 无阻尼振动系统对初始条件的响应

已知 n 自由度无阻尼系统的自由振动运动微分方程具有式（1-54）的形式

$$M\ddot{x} + Kx = 0$$

当 $t = 0$ 时，系统的初始位移与初始速度分别为

$$\begin{cases} x(0) = x_0 = (x_1(0) \quad x_2(0) \quad \cdots \quad x_n(0))^T \\ \dot{x}(0) = \dot{x}_0 = (\dot{x}_1(0) \quad \dot{x}_2(0) \quad \cdots \quad \dot{x}_n(0))^T \end{cases} \tag{1-76}$$

求系统对初始条件的响应。

首先利用正则振型进行坐标变换，其正则坐标变换的表达式为

$$x = A_N x_N$$

代入式（1-54）得到用正则坐标表示的运动微分方程为

$$\ddot{x}_N + P^2 x_N = 0$$

正则坐标表示的初始条件为

$$\begin{cases} x_N(0) = A_N^T M x_0 \\ \dot{x}_N(0) = A_N^T M \dot{x}_0 \end{cases}$$

由单自由度系统自由振动的理论，可得到正则坐标下的微分方程对初始条件的响应

$$x_{Ni} = x_{Ni}(0)\cos p_i t + \frac{\dot{x}_{Ni}(0)}{p_i}\sin p_i t \qquad (i = 1, 2, 3, \cdots, n) \qquad (1\text{-}77)$$

则微分方程（1-54）对初始条件的响应为

$$x = A_N x_N = \begin{pmatrix} A_N^{(1)} & A_N^{(2)} & \cdots & A_N^{(n)} \end{pmatrix} \begin{pmatrix} x_{N1} \\ x_{N2} \\ \vdots \\ x_{Nn} \end{pmatrix}$$

$$= A_N^{(1)} x_{N1} + A_N^{(2)} x_{N2} + \cdots + A_N^{(n)} x_{Nn} \qquad (1\text{-}78)$$

式（1-78）表明，系统的响应是由各阶振型叠加得到的，因而，本方法又称振型叠加法。

1.4.7　有阻尼振动系统对激励的响应

1. 多自由度系统的阻尼

在线性振动理论中，一般采用线性阻尼的假设，认为振动中的阻尼和速度的一次方成正比。在多自由度系统中，运动微分方程中的阻尼矩阵一般是 n 阶方阵。有

$$M\ddot{x} + C\dot{x} + Kx = f \qquad (1\text{-}79)$$

式中，

$$C = \begin{pmatrix} c_{11} & c_{12} & \cdots & c_{1n} \\ c_{21} & c_{22} & \cdots & c_{2n} \\ \vdots & \vdots & & \vdots \\ c_{n1} & c_{n2} & \cdots & c_{nn} \end{pmatrix}$$

是阻尼矩阵，与刚度影响系数类似，阻尼矩阵 C 中的元素 c_{ij} 称为阻尼影响系数。

利用正则坐标分析法，用正则振型矩阵 A_N 对阻尼矩阵 C 进行对角化，即

$$C_N = A_N^T C A_N$$

结果表明，C_N 一般不是对角阵。因此，无法将 M、K、C 三矩阵同时对角线化，因而则不能将式（1-79）解耦。为此，工程上对阻尼矩阵 C 做了进一步的比例阻尼假设。即假设阻尼矩阵是质量矩阵和刚度矩阵的线性组合，即

$$C = aM + bK \qquad (1\text{-}80)$$

其中 a、b 是正的常数，这种阻尼称为比例阻尼。若用正则振型矩阵变换，有

$$C_N = A_N^T (aM + bK) A_N = aI + bP^2$$

或

$$c_{Ni} = a + bp_i^2 \qquad (i = 1, 2, 3, \cdots, n) \tag{1-81}$$

式中，c_{Ni} 称为振型比例阻尼系数。由单自由度振动理论，令

$$c_{Ni} = 2\zeta_i p_i = a + bp_i^2 \qquad (i = 1, 2, 3, \cdots, n)$$

式中，ζ_i 称为阻尼比，有

$$\zeta_i = \frac{a + bp_i^2}{2p_i} \qquad (i = 1, 2, 3, \cdots, n) \tag{1-82}$$

对于实际系统，阻尼矩阵中各个元素往往通过实验确定各个振型阻尼比 ζ_i。

2. 存在比例阻尼时的受迫振动

当多自由度振动系统中的阻尼矩阵是比例阻尼时，利用正则坐标变换可对方程（1-79）解耦。即

$$\ddot{x}_N + C_N \dot{x}_N + P^2 x_N = q_N \tag{1-83}$$

式中，

$$q_N = A_N^T f = Q_N \sin\omega t, \quad c_{Ni} = 2\zeta_i p_i$$

则式（1-83）可写成

$$\ddot{x}_{Ni} + 2\zeta_i p_i \dot{x}_{Ni} + p_i^2 x_{Ni} = Q_{Ni} \sin\omega t \qquad (i = 1, 2, 3, \cdots, n) \tag{1-84}$$

由单自由度受迫振动理论，可得到式（1-84）的稳态响应为

$$x_{Ni} = B_{Ni} \sin(\omega t - \varphi_i) \qquad (i = 1, 2, 3, \cdots, n) \tag{1-85}$$

式中，

$$\begin{cases} B_{Ni} = \dfrac{\dfrac{Q_{Ni}}{p_i^2}}{\sqrt{(1 - \lambda_i^2)^2 + (2\zeta_i \lambda_i)^2}} \qquad (i = 1, 2, 3, \cdots, n) \\[4mm] \tan\varphi_i = \dfrac{2\zeta_i \lambda_i}{1 - \lambda_i^2}, \quad \lambda_i = \dfrac{\omega}{p_i} \end{cases} \tag{1-86}$$

再由正则坐标变换关系式

$$x = A_N x_N$$

得到系统的稳态响应

$$x = A_N^{(1)} x_{N1} + A_N^{(2)} x_{N2} + \cdots + A_N^{(n)} x_{Nn} \tag{1-87}$$

这种方法称为有阻尼系统的响应的振型叠加法。

例 1-7　图 1-18 所示为有阻尼的弹簧–质量振动系统，如 $m_1 = m_2 = m_3 = m$，$k_1 = k_2 = k_3 = k$，各质量上作用有激振力 $F_1(t) = F_2(t) = F_3(t) = F\sin\omega t$，其中 $\omega = 1.25\sqrt{\dfrac{k}{m}}$，各阶振型阻尼比为 $\zeta_1 = \zeta_2 = \zeta_3 = 0.01$，试求系统的响应。

解：（1）首先，由简化模型列出无阻尼时的受迫振动方程

$$M\ddot{x} + Kx = f \tag{a}$$

其中，

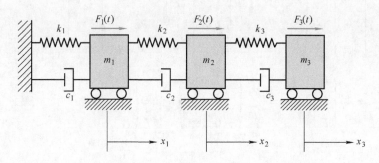

图 1-18 有阻尼的受迫振动系统

$$M = \begin{pmatrix} m & & \\ & m & \\ & & m \end{pmatrix}, \quad K = \begin{pmatrix} 2k & -k & 0 \\ -k & 2k & -k \\ 0 & -k & k \end{pmatrix}, \quad f = F \begin{pmatrix} 1 \\ 1 \\ 1 \end{pmatrix} \sin\omega t$$

（2）求固有圆频率和正则振型

由频率方程 $|K - p^2 M| = 0$，得

$$p_1 = 0.445\sqrt{\frac{k}{m}}, \quad p_2 = 1.247\sqrt{\frac{k}{m}}, \quad p_3 = 1.802\sqrt{\frac{k}{m}}$$

由特征矩阵 $B = K - p^2 M$ 的伴随矩阵的第一列

$$adjB = \begin{pmatrix} (2k - mp^2)(k - mp^2) - k^2 & * & * \\ k(k - mp^2) & * & * \\ k^2 & * & * \end{pmatrix}$$

求出主振型，再利用主质量求出正则振型为

$$A_N = \frac{1}{\sqrt{m}} \begin{pmatrix} 0.328 & -0.737 & 0.591 \\ 0.591 & -0.328 & -0.737 \\ 0.737 & 0.591 & 0.328 \end{pmatrix}$$

（3）进行坐标变换

将 $x = A_N x_N$ 代入式（a），得

$$\ddot{x}_{Ni} + p_i^2 x_{Ni} = Q_{Ni}\sin\omega t \quad (i = 1, 2, 3) \tag{b}$$

（4）引入振型阻尼比 ζ_i

式（b）写成为

$$\ddot{x}_{Ni} + 2\zeta_i p_i \dot{x}_{Ni} + p_i^2 x_{Ni} = Q_{Ni}\sin\omega t \quad (i = 1, 2, 3)$$

或

$$\begin{pmatrix} \ddot{x}_{N1} \\ \ddot{x}_{N2} \\ \ddot{x}_{N3} \end{pmatrix} + 2\zeta \begin{pmatrix} p_1 & 0 & 0 \\ 0 & p_2 & 0 \\ 0 & 0 & p_3 \end{pmatrix} \begin{pmatrix} \dot{x}_{N1} \\ \dot{x}_{N2} \\ \dot{x}_{N3} \end{pmatrix} + \begin{pmatrix} p_1^2 & 0 & 0 \\ 0 & p_2^2 & 0 \\ 0 & 0 & p_3^2 \end{pmatrix} \begin{pmatrix} x_{N1} \\ x_{N2} \\ x_{N3} \end{pmatrix}$$

$$= A_N^T \begin{pmatrix} F \\ F \\ F \end{pmatrix} \sin\omega t = \frac{F}{\sqrt{m}} \begin{pmatrix} 1.656 \\ -0.474 \\ 0.182 \end{pmatrix} \sin\omega t = \begin{pmatrix} Q_{N1} \\ Q_{N2} \\ Q_{N3} \end{pmatrix} \sin\omega t \tag{c}$$

（5）求在正则坐标下的系统响应

设方程的解为

$$x_{Ni} = B_{Ni}\sin(\omega t - \varphi_i) \tag{d}$$

其中，

$$B_{Ni} = \frac{\dfrac{Q_{Ni}}{p_i^2}}{\sqrt{(1-\lambda_i^2)^2 + (2\zeta_i\lambda_i)^2}}, \lambda_i = \frac{\omega}{p_i}, \varphi_i = \arctan\frac{2\zeta_i\lambda_i}{1-\lambda_i^2} \qquad (i=1,2,3)$$

代入有关数据式

$$x_N = \frac{\sqrt{m}}{k} F \begin{pmatrix} 1.2136\sin(\omega t - \varphi_1) \\ -14.784\sin(\omega t - \varphi_2) \\ 0.1079\sin(\omega t - \varphi_3) \end{pmatrix} \tag{e}$$

（6）求在物理坐标系下的系统响应

将式（e）代入 $x = A_N x_N$ 得

$$\begin{pmatrix} x_1 \\ x_2 \\ x_3 \end{pmatrix} = \frac{F}{k} \begin{pmatrix} 0.328 & -0.737 & 0.591 \\ 0.591 & -0.328 & -0.737 \\ 0.737 & 0.591 & 0.328 \end{pmatrix} \begin{pmatrix} 1.2136\sin(\omega t - \varphi_1) \\ -14.784\sin(\omega t - \varphi_2) \\ 0.1079\sin(\omega t - \varphi_3) \end{pmatrix}$$

$$= \frac{F}{k} \begin{pmatrix} 0.398 \\ 0.717 \\ 0.894 \end{pmatrix} \sin(\omega t - \varphi_1) + \frac{F}{k} \begin{pmatrix} 10.896 \\ 4.849 \\ -8.737 \end{pmatrix} \sin(\omega t - \varphi_2) + \frac{F}{k} \begin{pmatrix} 0.064 \\ -0.080 \\ 0.035 \end{pmatrix} \sin(\omega t - \varphi_3)$$

由此可知，对于多自由度系统振动问题的求解方法是：先利用主坐标变换或正则坐标变换，将系统的方程转换成 n 个独立的单自由度形式的运动微分方程；然后利用单自由度系统求解理论和方法，求得用主坐标或正则坐标表示的响应；最后，再反变换至原物理坐标求出 n 自由度系统对激励的响应。

习　题

1-1　总质量为 W 的电动机装在弹性梁上，使梁产生静挠度 δ_{st}，转子重 Q，重心偏离轴线 e，梁重及阻尼可以不计，求转速为 ω 时电动机在铅垂方向上稳态强迫振动的振幅。

1-2　如图 1-19 所示的系统，若运动的初始条件：$t=0$，$x_{10}=5mm$，$x_{20}=\dot{x}_{10}=\dot{x}_{20}=0$，

试求系统对初始条件的响应。

1-3　试求如图 1-20 所示系统的固有频率和主振型。已知 $m_1 = 2m_2 = 2m$。

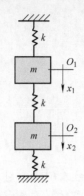

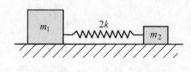

图 1-19　习题 1-2 图　　　　　　　　图 1-20　习题 1-3 图

1-4　简述求解正则振型的方法。

1-5　简述利用正则振型解耦的步骤。

第 2 章
工程振动测试系统概述

　　振动测试技术作为解决工程振动问题的一种有效手段，早已被人们所利用。近二十多年来，随着科学技术的发展，振动测试技术发生了令人瞩目的深刻变化。首先由于电子技术和传感器技术的进展，大大加强了振动测试的功能，提高了测量的精度和速度。随着各种新型振动传感器的相继问世，使得过去难度较大的振动测量，譬如微振动、超小型物体的振动、极高频和极低频的振动以及恶劣环境中的振动等的测量都可以实现。但工程振动测试方法有很多种，根据不同的测试目的、不同的测试参数、不同的测试功能和不同的测试方法，有不同的测试系统的组成，这些组成的优劣直接影响工程振动的测试结果，必须引起高度重视。

2.1 工程振动测试原理概述

　　在工程振动理论中，着重论述了振动理论的基本概念，提出了解决工程振动的理论分析方法。此法通过利用振动系统的质量、阻尼、刚度等物理量描述系统的物理特性，从而构成系统的力学模型。再通过数学分析，求出在自由振动情况下的模态特性（固有频率、正则振型、阻尼比等），并在激振力的作用下求出相应的强迫振动响应特性。因此，它也被称为是解决振动问题的正过程。但对于较复杂的并不十分清楚的结构物理参数，有些因素难以确定，例如系统的阻尼、部件的连接刚度、边界条件等。因此，很难得心应手地把在实际工程中遇到的问题建成一个符合实际的力学模型，这对初学者来说，是个更大的困难。

　　解决振动的另一种方法是实验的方法，它是第一种方法的**逆过程**。它主要是通过某种激励方法，使实验对象产生一定的振动响应，然后通过测振仪器直接测量出激振力和系统振动的响应特性，例如：位移、速度、加速度等函数的时间历程。然后通过模拟信号分析或数字信号分析得到系统的模态特性。再利用模态坐标的逆变换，进而可获得系统的物理特性，这就是工程振动测试技术的基本思路。如图 2-1 所示。

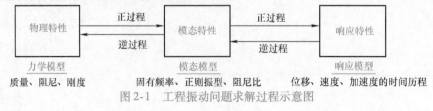

图 2-1　工程振动问题求解过程示意图

2.2　工程振动测试方法

在工程振动测试领域中，测试手段与方法多种多样，但是按各种参数的测量方法及测量过程的物理性质来分，可以分成三类。

1. 机械式的测量方法

利用机械接收原理传感器，将工程振动的参量转换成机械信号，再经机械系统放大后，进行测量、记录，它能测量的频率较低，精度也较差。但在现场测试时较为简单方便。

2. 光学式的测量方法

利用光学传感器，将工程振动的参量转换为光学信号，经光学系统放大后显示和记录。如激光测振仪就是基于光学干涉原理，采用非接触式的测量方式，将物体的振动参数由光学元件接收并转换为相应的多普勒频移，并由光检测器将此频移转换为电信号，再由电路部分将其变换为与振动参数相对应的电信号。

3. 电测方法

将工程振动的参量转换成电信号，经电子线路放大后显示和记录。电测法的要点在于先将机械振动量转换为电量（电动势、电荷及其他电量），然后再对电量进行测量，从而得到所要测量的机械量。这是目前应用得最广泛的测量方法。

三种方法中，电测法具有很多突出特点，如高精确度、高灵敏度、高响应速度以及低功率，可以连续测量、自动控制，还可以方便地与计算机通信，达到了用机械方法和一般方法测量时很难达到的水平，使电测法在动态测量中得到了广泛的应用。且具有以下优点：

1）可以将许多不同的非电信号转换成电信号加以测量，从而可以使用相同的测量和记录显示仪器。

2）输出的电信号可以用作远距离传输，利于远距离操作和自动控制。

3）采用电测法可以对变化中的参数进行动态测量，因此可以测量和记录瞬时值及变化过程。

4）易于使用许多后续的数据处理分析仪器，特别是与计算机通信，从而能对复杂的测量结果进行快速的运算和分析处理以及提供反馈控制。

2.3　测试系统的组成及配置

测试系统是指由有关器件、仪器和设备有机组合而成的，具有定量获取某种未知信息之功能的整体。一般来说，把外界对振动系统的作用称为振动系统的输入或激励，而将振动系统对这种作用的反应称为振动系统的输出或响应。

测试系统一般包含激振设备、传感器、测量线路及放大器、数据分析处理装置四部分。测试系统的原理框图如图 2-2 所示。

（1）激振设备　激振设备的作用是人为地模拟某种条件，把被测系统中的某种信息激发出来，以便检测，如用激振装置作用在机械装置上，然后把机械结构产生的振动频率、振

图 2-2　测试系统示意图

幅等信息激发出来，由后续装置检测后对它的性能进行分析研究。

（2）传感器　把被测的机械振动量转换为机械的、光学的或电的信号，完成这项转换工作的器件叫作传感器。传感器的作用是把被测的机械振动量接收下来并转换为后续设备能够接收的信号。它是获得信息的主要手段，在整个测试系统中占有重要地位。

（3）测试线路及放大器　一般来说，振动传感器输出的信号一般都很微弱，需经放大后才能推动后续设备。并且由于各类振动传感器的特性各不相同，所以要求的测试系统也各不相同。为此，就需要有各种不同的测试系统。

测试系统的作用是把传感器产生的弱电信号变换放大成具有一定功能的电压、电流等信号输出，以推动下一级的测试设备进行分析处理工作，有时也兼做简单的测量工作。根据测试线路的类型和测量结果的要求不同，有时需进行必要的信号变换，如为了低频信号的传输方便，需要将其调制成高频信号。

测量线路的种类甚多，它们都是针对各种传感器的变换原理而设计的。不同的传感器有不同的测试系统，例如，专配压电式传感器的测试线路有电压放大器、电荷放大器等；此外，还有积分线路、微分线路、滤波线路、归一化装置等。

（4）数据采集和信号分析　从测试线路输出的电压信号，可按测量的要求输入给信号分析仪或输送给显示仪器（如电子电压表、示波器、相位计等）、记录设备（如磁盘、磁带记录仪、X–Y记录仪等）等。有时为了与计算机通信方便，需将模拟信号变换成数字信号。然后再输入到信号分析仪进行各种分析处理，从而得到最终结果。记录、显示装置和数据分析处理装置的作用是把测试线路输出的电信号不失真地记录和显示出来，而记录和显示的方式一般又分为模拟和数字两种形式。有时可以在一个装置中同时实现显示和记录。在许多情况下，需要对测试信号的重现和处理，不仅需要被测参数的平均值或有效值等测试数据，而且还需要知道它们的瞬时值和变化的过程，特别是对动态测试结果的频谱分析、幅值谱分析、能量谱分析等，这时必须使用记录装置将信号记录下来，并存储在磁盘中，然后对测试记录的数据进行处理、运算、分析等，如果数据量大，还要进行数理统计分析、试验曲线的拟合以及动态测试数据的谱分析等。

下面是简单的几个测试系统的实例。

1. 电动式测振系统

电动式测振系统是工程测试系统中最常见的一种测试系统，可用来测量加速度、速度和位移。它的组成方式如图 2-3 所示。

图 2-3　电动式测振系统示意图

　　此系统的多功能传感器（如 891 型、941 型或 991 型）本身具有加速度和速度两种参量输出，因此经过（积分）放大后，即可获得加速度、速度和位移 3 种参量。从而克服了需经过微积分得到的测量参量而带来的误差较大和易受高频干扰等缺点。

　　这类测振仪器的特点是输出信号大、长导线影响小、动态范围大、测量参量全。这类测振系统中的无源传感器不需要电源，但对测振放大器的输入阻抗都有较严格的要求，放大器的输入阻抗直接影响传感器的阻尼比和灵敏度。对于有源伺服式传感器，其输出阻抗很小，放宽了对放大器输入阻抗的要求，但传感器需要供电，故测量导线往往采用多芯导线，给测振带来不便。

2. 压电式测振系统

　　压电式测振系统的传感器为压电式加速度传感器，可用来测量加速度，通过积分线路也可以获得速度和位移。此系统的组成方式如图 2-4 所示。

　　压电式加速度传感器输出阻抗很高，因此，放大器的输入阻抗很高，导线和接插件对阻抗的影响较大，要求绝缘电阻很高，它的输出信号也较大，但系统的抗干扰能力较差，易受电磁场的干扰。所以，压电式测振系统中，有时需要配备滤波设备和积分线路才能进行较为满意的测试。在使用数据采集分析系统时，还需加抗混滤波器。

图 2-4　压电式测振系统示意图

3. 应变式测振系统

　　电阻应变式测振系统的传感器应用的是电阻式加速度传感器。需配套使用的放大器一般用电阻动态应变仪，记录装置为计算机数据采集系统，组成方式如图 2-5 所示。

　　应变式测振系统的频率响应能从 0Hz 开始，因此，其低频响应较好。它的阻抗较低，但长导线时的灵敏度要比短导线时的低，也较易受干扰。

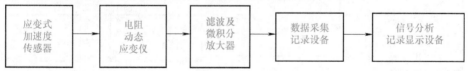

图 2-5　应变式测振系统示意图

4. 电涡流式测振系统

　　电涡流式测振系统可测量金属设备在工作状态下的振动，具有非接触、高线性度、高分辨率的特征。电涡流传感器是一种非接触的线性化计量工具，它能准确测量被测体与探头端面之间静态和动态的相对位移变化。它的组成方式如图 2-6 所示。

图 2-6　电涡流式测振系统示意图

5. 激光测振系统

激光测振仪是基于光学干涉原理，采用非接触式的测量方式，在测量时由传感器的光学接收部分将物体的振动转换为相应的多普勒频移，并由光检测器将此频移转换为电信号，再由电路部分做适当处理后送往多普勒信号处理器将多普勒频移信号变换为与振动速度相对应的电信号，最后记录于计算机等设备。它的组成方式如图 2-7 所示。

此系统可以应用在许多其他测振方式无法测量的任务中。它的优点是使用方便，不影响物体本身的振动，测量频率范围宽、精度高、动态范围大，可以满足高精度、高速测量的应用。使用非接触测量方式，还可以检测液体表面或者非常小物体的振动，同时还可以弥补接触式测量方式无法测量大幅度振动的缺陷。其缺点是测量过程受其他杂散光的影响较大。

图 2-7　激光测振系统示意图

6. 综合测振系统

综合测振系统是将应变、压电、电涡流、磁电式等各种振动传感器（加速度、速度、位移）通过响应的**信号适调器**集于一身，可进行电压、电流等各种物理量的测试和分析。例如：配合压电式加速度传感器、IEPE（ICP）压电式传感器，通过积分可实现加速度、速度、位移的测试和分析；电涡流传感器、磁电式速度传感器可对位移、速度等物理量进行测试和分析；并且通过计算机 USB3.0 接口，对采集器进行参数设置（设置量程、传感器灵敏度、采样速率等）、清零、采样等操作，并可实时分析和传送采样数据。它的组成方式如图 2-8 所示。

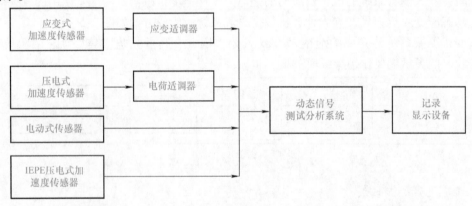

图 2-8　综合测振系统示意图

除上述几种常用的测振系统外，还有其他类型，如差动变压器测振系统、光纤测振系统等，这些类型传感器都有其专用的二次仪表系统，其记录部分多采用带有分析功能的数据采集仪器。

2.4　工程测试系统的技术性能

由于测试系统不同，相应的技术性能不同，一般来说，工程测振仪的技术性能包括灵敏度、分辨率、线性度、通频带、精确度、最大量程等。

1. 灵敏度

单位输入量变化所引起的输出量的变化称为灵敏度，通常用输出量 $y(t)$ 与输入量 $x(t)$ 的变化量的比值来表示，即

$$S = \frac{\Delta y(t)}{\Delta x(t)}$$

对于呈线性关系的系统，如图 2-9a 所示，其灵敏度值为常数。对于呈非线性关系的系统，如图 2-9b 所示，其灵敏度为系统特性曲线的斜率。

灵敏度反映了测试系统对输入信号变化的一种反应能力。灵敏度的量纲取决于输入量与输出量的量纲。若系统的输出量与输入量为同量纲，灵敏度就是该测量系统的放大倍数。

值得注意的是，测试系统的灵敏度并非越高越好，通常情况下，灵敏度越高，测量范围越窄，系统的稳定性也就越差。

工程振动测试系统的灵敏度定义一般为测试系统的输出电压与被测振动参量之比。

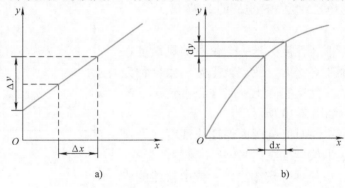

图 2-9　灵敏度的定义

a）线性系统灵敏度　b）非线性系统灵敏度

加速度灵敏度

$$S_a = \frac{u_0}{\ddot{x}}$$

速度灵敏度

$$S_v = \frac{u_0}{\dot{x}}$$

位移灵敏度

$$S_x = \frac{u_0}{x}$$

式中，u_0 为输出的电压值。应注意，不同类型的仪器，灵敏度的表达方式不同，另外有些测试系统的灵敏度不是固定不变的，而是可以根据测试的要求进行设置。若与其相连的二次

仪表（放大显示仪表）及线路也具有理想转换功能，则整个测试系统的灵敏度可表示为

$$S = \frac{最后输出量}{最初输入量} = S_1 S_2 S_3 \cdots$$

式中，S_1 为传感器的灵敏度；S_2、S_3 等为后接各级仪表的灵敏度。

2. 分辨率

分辨率是指测试系统所能检测出来的输入量的最小变化量，通常是以最小单位输出量所对应的输入量来表示。一个测试系统的分辨率越高，表示它所能检测出的输入量的最小变化量越小。

所以，分辨率是显示装置能有效辨别的最小的示值差。每个仪器都有其本身的分辨率，整个测试系统则有总体的分辨率。如果一台仪器的输出量由电表上读出，那么该表的最小可读出增量便是这台仪器的分辨率。

分辨率往往受仪器或系统的噪声电平所控制。只有当信号电平高于噪声电平一定倍数时，才不致被噪声所淹没。因此，分辨率与信噪比相联系。丹麦 B&K 仪器公司规定，最低可测信号电平与噪声电平比值的分贝值为

$$20\lg\left(\frac{S}{N}\right) \leqslant 5\text{dB}$$

式中，S 为被测信号电平；N 为噪声电平。满足该等式时的被测信号大小称为最低可测振级。这时被测信号电压约为噪声电压的 1.77 倍。

3. 线性度

线性度或称幅值线性度。当一个仪器的灵敏度在一定限度内波动而不超过时，我们就把这一限度称为该仪器的线性度。线性度实际上就是在正常情况下灵敏度的误差范围，如图 2-10 所示。

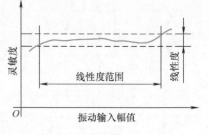

仪器只能在一定的幅值范围内保证线性度（即保证其灵敏度在规定的线性度之内）。这一范围的低端，即最低可测幅度，由仪器分辨率决定，或由仪器的非

图 2-10　灵敏度线性度范围

线性特性决定。这一范围的高端决定仪器的最高可测幅度。它取决于仪器的电性能或仪器的结构。

若将测试系统的输出量与输入量之间的关系曲线称为输入 – 输出特性曲线，理想的测试系统的输入 – 输出特性曲线应是直线，实际测试系统是很难做到的。实际测试系统的输入 – 输出特性曲线一般是一条具有特定形状的曲线，通常用实验的方法求取。所以一般就将测试系统的输入 – 输出特性曲线与理想直线的偏离程度称为线性度。作为技术指标，则采用测试系统的输入 – 输出特性曲线与拟合直线的最大偏差 $\Delta L_{\max}$ 与满量程输出值 Y_{FS}（最高可测幅度与最低可测幅度之差）的百分比来表示，即线性度

$$\delta_L = \frac{\Delta L_{\max}}{Y_{\text{FS}}} \times 100\%$$

由于线性度是以所参考的拟合直线为基准得到的，因此拟合直线不同时，线性度的数值也不同。

4. 通频带

通频带一般是指仪器灵敏度的变化不超过某一规定百分比的条件下，仪器的使用频率范

围，如图 2-11a 所示。有的仪器还要求输入的正弦波和输出的正弦波之间的相移不超过某一限度，如图 2-11b 所示。一台仪器的频率范围可能取决于传感器本身的电气性能或机械性能，也可能取决于附加线路或配合仪表的性能。

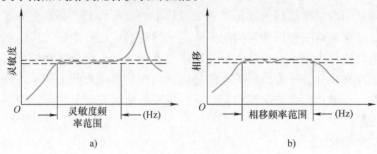

图 2-11 通频带

5. 精确度

精确度是指测量仪器的测量值和被测量实际值的接近程度。精确度受诸如灵敏度、分辨率等一系列因素的影响，反映测量中各类误差的综合。

6. 对数坐标与分贝

（1）对数坐标　在振动测量中，动态测量值的幅度变化很大。例如，振动体在固定幅值力激励下的响应值，随着激振频率的变化，最大值往往达到最小值的几十倍。这样大的动态范围，若用线性坐标来描绘其变化，就很困难。因为要在有限的图纸上画出整个动态范围的变化，就必然要牺牲低值时的精度。因此，人们要求有一种坐标表示法，使其既能保证低值的精度，又能包容很大的变化范围。这就是采用对数坐标的原因。对数坐标的坐标轴是按照以 10 为底的对数规律刻度的。

（2）分贝（dB）　对数坐标把高次曲线化成了直线，起到了将大范围的变化加以等精度压缩的作用。但是，对数坐标是一种不均匀的坐标。人们希望有一种坐标，既能做到均匀，又能起到大范围压缩的作用，这就是所谓分贝坐标。

分贝坐标起源于传输线理论及电话工程，但现在除了广泛应用于电子工程外，也广泛应用于振动与声工程。它是通过以 10 为底的对数来表示一个物理量的值相对于另一个被定为参考值的物理量的相对大小，并以符号 dB 来表示的一个计算单位。

实际上，分贝是可用于测量涉及同一量纲的各种量，一般来说，

$$dB = 20 \lg \left(\frac{X}{X_0} \right)$$

其中 X_0 是参考值。X 及 X_0 可以是位移，也可以是速度，或加速度。

分贝的参考值原则上是为了方便而人为规定的。某些仪表直接给出分贝读数，其参考值已经做了相应的规定。如测量噪声的声级计，它以正常人能感受到的最弱的声压 $P_0 = 2 \times 10^{-4} \mu Pa$（$1 \mu Pa = 0.1 N/m^2$）为参考值，直接以 dB 刻度。有的电压表用 dB（V）和 dB（mV）刻度，表上给出的 dB 值分别以 1V 和 1mV 为参考值。

2.5 工程振动测量中参量和仪器的选择

工程振动测量中参量和仪器的选择是测试过程中的重要环节，必须充分了解工程振动的特点，选择测试的频率范围和振动幅值的区间，才能正确地进行测试工作。例如，对于低频振动的物体测量以位移为宜，对于冲击振动以速度参量为宜。模型振动试验可根据需要选取参量，也可根据现有的分析手段、所关心的物理量与振动参量之间的关系选择参量。在测振仪器的选择方面，不能片面地追求某项高指标，应根据所研究对象的频率范围、幅值范围和振动状态选择仪器。

1. 工程振动的特点

在诸如机械及桥梁等工程振动测量中，由于频率成分的差异、振动幅值的不同，振动状态的多样性，参量和仪器的选择十分重要，否则将不能获得理想的结果。一般来说，机械振动的频率较高、幅值较小，建筑工程结构的振动频率较低（频率范围大约在 0.5 ~ 100Hz），振动幅值的变化范围较大。由于各种振动都有其各自的振动特点，因此不可能所有的振动测量都选用一种参量；一种测振仪也不可能适应所有工程的振动测量。振动测量应根据最关心的振动参量、现有的分析手段等合理选择振动参量。测量仪器的选择，应根据所研究对象的固有频率和幅值范围选择仪器，否则次要的振动频率将会掩盖主要频率成分，测得的振动参量可能出现量级上的差异而使分析结果的误差很大，甚至得到错误的结果。对于冲击振动等方面的振动测量，在测振仪器的选择方面更应慎重。

2. 测量参量的选择

（1）根据振动的特点选择振动参量 由于各种工程结构之间的固有频率相差很大，如悬索桥、斜拉桥和高层建筑的自振频率可低达 0.5Hz，而有些机械振动频率可高达 100Hz 以上，并且振动幅值相差亦很大。因此可根据被测对象的振动特点及所关心的振动参数选择不同的振动参量。总的原则是：①被测物体固有频率低、加速度值很小的情况下选择位移参量；②被测物体固有频率高、位移幅值很小的情况下选择速度参量或加速度参量；③根据现有分析手段选择参量。

1）机械振动实验中的振动测量。在机械振动实验的振动测量中，由于其振动量级远大于外界干扰振动，其振动状态基本上是简谐振动，参量之间的换算关系非常方便，故可根据需要和现有条件选取参量。

2）桥梁、工民建等结构工程的振动测量。桥梁、工民建等结构工程的振动测量的目的在于了解其自振频率、振型、阻尼、动力放大因数等。这些结构的自振频率一般较低，约在0.5 ~ 10Hz 频率范围内，并且振幅较大。因此桥梁、工民建等结构工程的振动测量应采用位移参量或速度参量。

（2）根据所关心的物理量选择振动参量 在工程科学研究中，有一些物理量和振动参量有着直接和间接的关系，例如：加速度和惯性力、速度和能量、位移和力等均存在密切的关系，因此在振动测量中可根据所关心的物理量选择振动参量。而在分析力、动载荷和应力的地方，应采用加速度参量，因为加速度与动载荷有关。

3. 振动测量仪器的选择

在振动测量中，仪器的合理选择是十分重要的。一般来说，应根据本人所从事的研究领域、测量的对象及今后可能遇到的情况做出合理的选择。

（1）合理选择仪器的通频带　若结构的自振频率较低，在考虑前几阶振型的情况下，工程测振仪器的频率范围大致选为 0.5 ~ 100Hz，在实际测量中，不同情况应区别对待，根据实际情况进行合理选择。

在实际测量中，应选用低通滤波器和高通滤波器，滤除不必要的频率成分。在工程测振中，还有频率高达 10kHz 的情况，应特殊考虑。所以选择通频带主要关心的是超低频、超高频的测试情况。

（2）合理选择仪器量程　若工程振动的幅值变化范围很大，则在工程振动测量中，需要大量程的测振仪，因此在选用仪器时，应尽可能地选用动态范围大的测振仪，以同时满足量程和测量精度的要求。

（3）根据振动状态选用仪器　振动状态不同，也应选择不同的测量仪器。对于周期振动、随机振动测量，可根据振动频率范围、振动幅值大小选择测量仪器。对于冲击振动等，还应十分注意考虑仪器的瞬态响应特性。

在测试过程中，要考虑激振器、传感器的附加刚度、附加质量对振动系统的影响，对于微小振动系统要选择非接触式的激振器、振动台和传感器，如利用磁场、电场激振的激振器，电涡流测振系统、激光测振系统等。

由此可知，为组建满足工程振动测试的测试系统，必须了解每个仪器的工作原理、机电性能及特点，才能更好地完成工程测试任务。

2.6　工程振动测试技术的任务

工程中多数结构都承受随时间变化的动载荷，我们称之为动力结构。譬如桥梁结构、海洋工程结构、机床、旋转机械、车辆结构及航空航天器等，它们都是承受各种动载荷的动力结构。动力结构不可避免地要出现振动。剧烈的振动将导致构件破坏，振动还将导致机构传动失灵、紧固件松脱及降低加工精度等，振动还将消耗能量、降低效率，振动噪声还将恶化环境。总之，振动的危害是多方面的。振动测试的任务就是要在动力结构的设计，运行的各阶段，为消减和隔离振动及其带来的危害提供可靠的依据。

在工程振动理论中，其线性振动系统的运动方程为

$$M\ddot{x} + C\dot{x} + Kx = F$$

式中，M、C、K 分别为系统的质量矩阵、阻尼矩阵与刚度矩阵；x、$\dot{x}$、$\ddot{x}$ 分别为系统诸质量的振动位移列阵、速度列阵与加速度列阵；F 为系统结构所受的外激振力列阵。

在保证振动参数正确的前提下，在应用振动理论的解题思路中，首先要求出振动系统的固有频率和正则振型，然后利用正则振型的正交性，通过解耦寻找正则坐标下的振动微分方程组，并求解得到正则坐标下的响应，然后再返回到物理坐标得到振动问题的解。以上这些参数和解题过程是否正确，必须通过工程振动测试技术的实验进行验证方能得到正确答案。因此，利用振动测试技术可解决以下几个方面的工程问题：

（1）实验验证　对振动参数很清楚的系统，若已知激振力列阵 F、被测试系统的质量矩阵 M、阻尼矩阵 C、刚度矩阵 K，可理论计算出振动响应的位移列阵 x、速度列阵 $\dot{x}$、加速度列阵 $\ddot{x}$。为了验证理论计算结果的准确性，就要求在已知激振力 F 的作用下，通过振动测试系统得到 x、$\dot{x}$、$\ddot{x}$，如果测试系统与理论结果相一致，则理论结果得到了实验验证，这是工程振动测试中的正问题。

（2）参数识别　对于还不清楚的系统，若已知激振力列阵 F，并可测知系统的振动位移列阵 x、速度列阵 $\dot{x}$、加速度列阵 $\ddot{x}$，从而通过参数识别（固有频率、振型、阻尼比等）求出系统的物理参数，如质量矩阵 M、阻尼矩阵 C、刚度矩阵 K，这就是"参数识别"和"系统识别"的内容。通常称这一类问题为振动测试中的第一类反问题。

（3）载荷识别　在已知系统参数质量矩阵 M、阻尼矩阵 C、刚度矩阵 K 的情况下，测量出振动系统的位移列阵 x、速度列阵 $\dot{x}$、加速度列阵 $\ddot{x}$，即可求出输入的激振力列阵 F。这就是"载荷识别"问题，以寻找引起结构系统振动的振源，这是振动测试中的第二类反问题。这类问题对振动测试的要求，除了精确测出系统振动位移列阵 x、速度列阵 $\dot{x}$、加速度列阵 $\ddot{x}$ 外，往往还要先在已知激振力列阵 F_0 的情况下进行第一类反问题的计算与测试，以求得振动结构的系统参数，然后再进行载荷识别。通过这类反问题的研究，可以查清外界干扰力的激振水平和规律，以便采取措施来控制振动。

（4）建立振动方程　对于比较复杂的振动系统，可以利用实验结果建立振动方程。由于结构的振动系统的参数是决定结构动力特性的主要参数。利用振动测试技术直接得到系统的动态参数，即可直接建立振动方程，并在此基础上计算振动系统在实际载荷作用下的响应，以及进行振动校核和必要的结构修改。

（5）为理论计算提供技术参数　在工程实际的理论计算中，有限元法是一种极为有力的计算工具，它适用于计算各种类型结构的动态参数，且易于改变结构的各种物理参数，为结构的优化设计提供依据。但是考虑到实际结构的复杂性，很难第一次就能得心应手地建立一个符合实际的有限元计算模型。通过实验不仅可提供一组可靠的动态参数，而且还可提供某些只有通过试验手段才能获得的重要数据，如有关结构的阻尼比等。将理论计算（有限元法）和实验测试结果（模态分析实验）进行相互校核和修正，最后才可得到一组比较真实可靠的动态参数。

（6）故障诊断与监测　工程振动测试技术的任务还包括监测机器设备工作状况是否稳定、正常及诊断设备故障等。机器、设备在工作过程中发生不正常的运转或故障，往往会使系统的振动水平发生变化，因此，对机器在工作情况下产生的振动进行实测分析可得到机器是否正常工作的重要信息，进一步可对机器可能存在的潜在故障做出预测。在一些大型关键性机器设备上，如发电厂的汽轮发电机组、化工厂的离心式压缩机和原子能电站的反应堆供给泵等，都配有完整的振动监测系统。这些系统不仅提供即时的振动值，而且还能长期定时存储数据，以进行趋势分析。

（7）振动控制　振动控制就是通过控制减少振动量，降低振动水平，以减少甚至消除振动的危害。还可通过控制发生振动所需的振动激励信号使振动水平始终保持在一定的范围之内。

此外，振动测试技术还直接应用于其他众多的生产技术领域，如在车辆工程（汽车、火车等）领域，车轮的动平衡，车辆在振动与冲击环境中的模拟试验，车辆构件的疲劳强度试验，车辆的隔振与减振技术应用，车辆振动时人体对振动与冲击反应，人在车辆中的舒适度等都是建立在工程振动测试基础上的，所以工程振动测试技术在各个生产技术领域都具有重要应用意义。

习　　题

2-1　简述灵敏度、线性度、分辨率、通频带、精确度的定义和概念。

2-2　简述按各种参数的测量方法及物理性质，并指出工程振动测试的三类基本测量方法。

2-3　简述振动测量仪器的选择原则。

2-4　简述振动测试中所使用的对数坐标及分贝的定义。

2-5　简述工程振动测试技术的任务。

第 3 章
传感器的工作原理

在高度发展的现代工业中,现代测试技术向数字化、信息化方向发展已成必然发展趋势,而测试系统的最前端是传感器,它是整个测试系统的灵魂,被世界各国列为尖端技术。特别是近几年快速发展的 IC 技术和计算机技术,为传感器的发展提供了良好与可靠的科学技术基础,使传感器的发展日新月异。数字化、多功能与智能化是现代传感器发展的重要特征。

3.1 传感器的机械接收原理

振动传感器在测试技术中是关键部件之一,它的作用主要是将机械量接收下来,并转换为与之成比例的电量。由于它也是一种机电转换装置,有时也称它为换能器、拾振器等。

振动传感器并不是直接将原始要测的机械量转变为电量,而是将原始要测的机械量作为振动传感器的输入量 M_i,然后由机械接收部分加以接收,形成另一个适合于变换的机械量 M_t,最后由机电变换部分再将 M_t 变换为电量 E,如图 3-1 所示。因此一个传感器的工作性能是由机械接收部分和机电变换部分的工作性能来决定的。

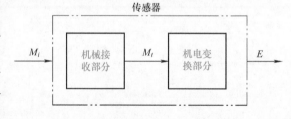

图 3-1 振动传感器的工作原理

3.1.1 相对式机械接收原理

由于机械运动是物质运动的最简单的形式,因此人们最先想到的是用机械方法测量振动,从而制造出了机械式测振仪(如盖格尔测振仪等)。传感器的机械接收原理就是建立在此基础上的。

相对式测振仪的工作接收原理如图 3-2 所示,在测量时,把仪器固定在不动的支架上,使触杆与被测物体的振动方向一致,并借弹簧的弹性力与被测物体表面相接触,当物体振动时,触杆就跟随它一起运动,并推动记录笔杆在移动的纸带上描绘出振动物体的位移随时间的变化曲线,根据这个记录曲线可以计算出位移的大小及频率等参数。

　　由此可知，相对式机械接收部分所测得的结果是被测物体相对于参考体的相对振动，只有当参考体绝对不动时，才能测得被测物体的绝对振动。这样，就发生一个问题，当需要测的是绝对振动，但又找不到不动的参考点时，这类仪器就无用武之地。例如：在行驶的内燃机车上测试内燃机车的振动，在地震时测量地面及楼房的振动……都找不到一个不动的参考点。在这种情况下，我们必须用另一种测量方式的测振仪进行测量，即利用惯性式测振仪。

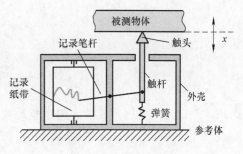

图 3-2　相对式机械接收原理示意图

3.1.2　惯性式机械接收原理

　　惯性式机械接收原理示意图如图 3-3 所示，惯性式机械测振仪测振时，是将测振仪直接固定在被测振动物体的测点上，当传感器外壳随被测振动物体运动时，由弹性支承的惯性质量块 m 将与外壳发生相对运动，则装在质量块 m 上的记录笔就可记录下质量元件与外壳的相对振动位移幅值，然后利用惯性质量块 m 与外壳的相对振动位移的关系式，即可求出被测物体的绝对振动位移波形。

1. 惯性式测振仪的动力分析

　　为研究惯性质量块 m 与外壳的相对振动规律，取惯性质量块 m 为研究对象，则惯性质量块 m 的受力图如图 3-4 所示。设被测物体振动的位移函数为 x（相对于静坐标系），惯性质量块 m 相对于外壳的相对振动位移函数为 x_r，其动坐标系 $O'x_r$ 固结在外壳上。静坐标系 Ox 与地面相固连。则

$$F = k(x_r - \delta_{st}) \qquad 弹性力$$

$$F_I = m\ddot{x} \qquad 牵连惯性力$$

$$F_R = c\dot{x}_r \qquad 阻尼力$$

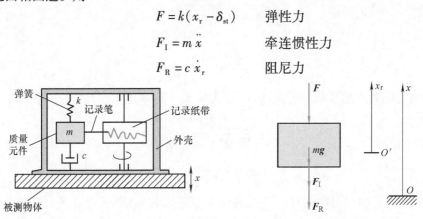

图 3-3　惯性式机械接收原理示意图　　　　图 3-4　惯性质量块的受力图

其中，δ_{st} 为弹簧的静伸长，所以惯性质量块的相对运动微分方程为

$$m\ddot{x}_r = -F - F_I - F_R - mg$$

$$= -k(x_r - \delta_{st}) - m\ddot{x} - c\dot{x}_r - mg$$

因为 $mg = k\delta_{st}$ 经整理得

$$m\ddot{x}_r + c\dot{x}_r + kx_r = -m\ddot{x} \tag{3-1}$$

即

$$\ddot{x}_r + \frac{c}{m}\dot{x}_r + \frac{k}{m}x_r = -\ddot{x}$$

设 $2n = \dfrac{c}{m}$, $p_n = \sqrt{\dfrac{k}{m}}$, 其中 n 为衰减系数, p_n 为传感器的固有圆频率。代入上式得

$$\ddot{x}_r + 2n\dot{x}_r + p_n^2 x_r = -\ddot{x} \tag{3-2}$$

若被测振动物体做简谐振动, 即运动规律为

$$x = x_m \sin\omega t \tag{3-3}$$

那么将式（3-3）代入式（3-2）得

$$\ddot{x}_r + 2n\dot{x}_r + p_n^2 x_r = x_m\omega^2 \sin\omega t$$

方程的通解为

$$x_r = e^{-nt}(C_1\cos p_n t + C_2\sin p_n t) + x_{rm}\sin(\omega t - \varphi) \tag{3-4}$$

式（3-4）等号右端的第一、二项是自由振动部分, 由于存在阻尼, 自由振动很快就被衰减掉, 因此, 当进入稳态后, 只有第三项存在, 即

$$x_r = x_{rm}\sin(\omega t - \varphi) \tag{3-5}$$

其中,

$$x_{rm} = \frac{\dfrac{\omega^2}{p_n^2}\cdot x_m}{\sqrt{\left(1 - \dfrac{\omega^2}{p_n^2}\right)^2 + 4n^2\dfrac{\omega^2}{p_n^4}}} \tag{3-6}$$

$$\varphi = \arctan\frac{2n\omega}{p_n^2 - \omega^2} \tag{3-7}$$

如果引入频率比 λ 及阻尼比 ζ, 则

$$\lambda = \frac{\omega}{p_n}, \quad \zeta = \frac{c}{c_c} \tag{3-8}$$

其中 $c_c = 2\sqrt{km}$ 是临界阻尼系数, 将式（3-8）代入式（3-6）、式（3-7）可得

$$x_{rm} = \frac{\lambda^2 x_m}{\sqrt{(1 - \lambda^2)^2 + 4\zeta^2\lambda^2}} \tag{3-9}$$

$$\varphi = \arctan\frac{2\zeta\lambda}{1 - \lambda^2} \tag{3-10}$$

式（3-9）表达了质量元件相对于外壳的相对振动位移幅值 x_{rm} 与外壳振动的位移幅值 x_m 之间的关系。式（3-10）则表达了它们之间的相位差的大小。可以看出, 如果通过某种方法, 测量出 x_{rm} 和 φ 的大小, 再通过以上各式的关系, 就能计算出相应的 x_m、ω 值, 因此, 惯性式机械接收工作原理就在于: 把振动物体的测量工作, 转换为测量惯性质量元件相对于外壳的强迫振动的工作。下面讨论在什么样的条件下, 这个"转换"工作将变得简单而准确。

2. 位移传感器

（1）构成位移传感器的条件　将式（3-9）改写为以下形式:

$$\frac{x_{rm}}{x_m} = \frac{\lambda^2}{\sqrt{(1-\lambda^2)^2 + 4\zeta^2\lambda^2}} \tag{3-11}$$

以 λ 为横坐标，$\dfrac{x_{rm}}{x_m}$ 为纵坐标，将式（3-11）绘制成曲线，如图 3-5 所示，这便是传感器的

相对振幅和被测振幅之比 $\dfrac{x_{rm}}{x_m}$ 的幅频特性曲线。

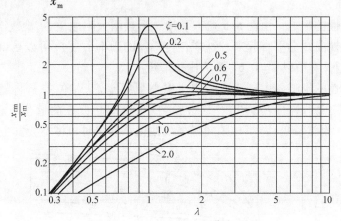

图 3-5　惯性式位移传感器的幅频曲线

以 λ 为横坐标，φ 为纵坐标，将式（3-10）绘制成曲线，如图 3-6 所示，这便是传感器的相对振动和被测振动之间的相频特性曲线。

由图 3-5 看出，当频率比 λ 显著地大于 1 时，振幅比 $\dfrac{x_{rm}}{x_m}$ 就几乎与频率无关，而趋近于 1。同时由图 3-6 可看出，当频率比 λ 显著地大于 1 时，阻尼比 ζ 显著地小于 1 时，相位差 φ 也几乎与频率无关，而趋于 180°（πrad），也就是说在满足条件：

$$\lambda = \frac{\omega}{p_n} \gg 1, \ \zeta = \frac{c}{c_c} < 1$$

时，$x_{rm} \rightarrow x_m$，$\varphi \rightarrow \pi$，于是式（3-5）就可简化为

$$x_r = x_m \sin(\omega t - \pi) \tag{3-12}$$

将式（3-3）与式（3-12）相比较，可以发现：传感器的质量元件相对于外壳的强迫振动规律与被测物体的简谐振动规律基本相同，只是在相位上落后 180°相位角。

由此可知，如果传感器的记录波形与相对振幅 x_{rm} 成正比，那么，在测量中，记录到的振动位移波形将与被测物体的振动位移波形成正比，因此它构成了一个位移传感器。

（2）传感器的固有频率 f_n 对传感器性能的影响　作为一个位移传感器它应该满足的条件是

$$\lambda = \frac{\omega}{p_n} \gg 1 \quad 即 \ \omega \gg p_n, \ 或 f \gg f_n$$

即被测物体的振动频率 f 应该显著地大于传感器的固有频率 f_n，因此，在位移传感器中，存在着一个测量范围的频率下限 $f_下$。至于频率上限 $f_上$，从理论上讲，可以趋近于无限大，事实上，频率上限不可能趋于无限大，因为，被测振动频率增大到一定程度的时候，传感器的其他部件将发生共振，从而破坏了位移传感器的正常工作。

为了扩展传感器的频率下限 $f_\text{下}$，应该让传感器的固有频率 f_n 尽可能低，由公式 $p_\text{n} = 2\pi f_\text{n} = \sqrt{k/m}$ 可知，在位移传感器中，质量元件的质量 m 应尽可能地大一些，弹簧的刚度系数 k 应尽可能地小。

（3）阻尼比 ζ 对传感器性能的影响　阻尼比 ζ 主要从三个方面影响位移传感器的性能。

1）对传感器自由振动的影响，由式（3-4）可以看出，增大阻尼比 ζ，能够迅速消除传感器的自由振动部分。

2）对幅频特性的影响，由图3-5可以看出，适当增大阻尼比 ζ，传感器在共振区（$\lambda = 1$）附近的幅频特性曲线会平直起来，这样，传感器的频率下限 $f_\text{下}$ 可以更低些，从而增大了传感器的测量范围，其中以 $\zeta = 0.6 \sim 0.7$ 比较理想。

3）对相频特性的影响。由图3-6看出，增大阻尼比 ζ，相位差 φ 将随被测物体的振动频率变化而变化。在测量简谐振动时，这种影响并不大，但是在测量非简谐振动时，则会产生很大波形畸变（相位畸变），当相频曲线呈线性关系变化时，将不会发生相位畸变。

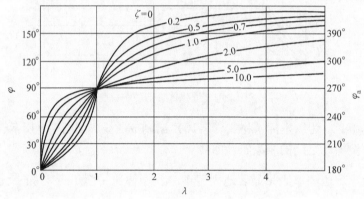

图3-6　惯性式传感器的相频曲线

3. 加速度传感器

（1）构成加速度传感器的条件　加速度函数是位移函数对时间的二阶导数，由式（3-3）可得被测物体的加速度函数为

$$\ddot{x} = x_\text{m}\omega^2\sin(\omega t + \pi) = \ddot{x}_\text{m}\sin(\omega t + \pi) \tag{3-13a}$$

式中，加速度峰值为

$$\ddot{x}_\text{m} = x_\text{m}\omega^2 \tag{3-13b}$$

式（3-3）与式（3-13a）相比可知，加速度的相位角超前于位移180°度（π rad）。

若将式（3-9）改写为以下形式：

$$\frac{x_\text{rm}}{x_\text{m}\lambda^2} = \frac{1}{\sqrt{(1-\lambda^2)^2 + 4\zeta^2\lambda^2}} \tag{3-14}$$

将式（3-8）、式（3-13b）代入式（3-14）的左端得

$$\frac{x_\text{rm}}{\ddot{x}_\text{m}}p_\text{n}^2 = \frac{1}{\sqrt{(1-\lambda^2)^2 + 4\zeta^2\lambda^2}} \tag{3-15}$$

以 λ 为横坐标，$\dfrac{x_\text{rm}}{\ddot{x}_\text{m}}p_\text{n}^2$ 为纵坐标，将式（3-15）绘成曲线，如图3-7所示，这便是传感器的

相对振动振幅和被测加速度幅值之比 $\dfrac{x_{rm}}{\ddot{x}_m}p_n^2$ 的幅频特性曲线。由图 3-7 可以看出，当 λ 显著地小于 1，ζ 也小于 1 时，即

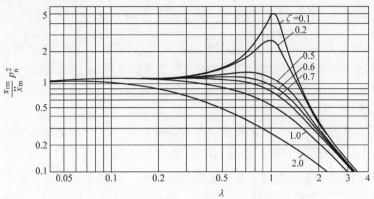

图 3-7　惯性式加速度传感器的幅频曲线

$$\lambda = \frac{\omega}{p_n} \ll 1, \ \zeta < 1$$

时，$\dfrac{x_{rm}}{\ddot{x}_m}p_n^2 \to 1$，即 $x_{rm} \to \dfrac{\ddot{x}_m}{p_n^2}$，于是，式（3-5）可表示为

$$x_r = \frac{\ddot{x}_m}{p_n^2}\sin(\omega t - \varphi) \tag{3-16}$$

比较式（3-13a）与式（3-16），可以发现，传感器相对振动的位移表达式和被测物体的加速度函数表达式是非常相似的，只存在两点差异：

1）传感器的相对振幅是被测加速度幅值的 $1/p_n^2$ 倍，且当传感器确定后，p_n 是一个常数值。

2）在相位上，相对振动位移的时间历程落后于被测加速度的时间历程的相位差 φ_a 为

$$\varphi_a = \varphi + \pi \tag{3-17}$$

由此看出，φ_a 和 φ 之间只差 180° 相角，因此，传感器的相对振幅和被测加速度峰值之间相位差 φ_a 的相频特性曲线，与图 3-6 所示的曲线一样，只是纵坐标值应该增加 180°（π rad）而已。于是，只要在图 3-6 的右侧竖立一个相位差 φ_a 的纵坐标轴，就可以得到传感器的相对振幅和被测加速度峰值之间相位差 φ_a 的相频特性曲线。

由图 3-6 看出，当 $\lambda \ll 1$，$\zeta \ll 1$ 时，$\varphi_a \to 180°$，从式（3-17）中可解得 $\varphi \to 0$，因此，式（3-16）可简化为

$$x_r = \frac{\ddot{x}_m}{p_n^2}\sin\omega t \tag{3-18}$$

比较式（3-13）与式（3-18），可以发现，传感器质量元件的相对振动与被测物体的加速度变化规律基本相同，只是相对振幅是被测加速度峰值的 $1/p_n^2$ 倍，在相位上，则落后 180° 的相位角（πrad）。

由此可知，如果传感器的输出信号与相对振幅 x_{rm} 成正比，那么，在测量系统中，记录

到的振动波形将与被测物体的加速度波形成正比，于是，就构成了一个加速度传感器。

(2) 固有频率 f_n 对加速度传感器性能的影响　作为一个加速度传感器，它应该满足的条件是

$$\lambda = \frac{\omega}{p_n} << 1, \ 即 \ \omega << p_n, \ 或 \ f << f_n$$

即，被测物体的振动频率 f 应该显著地小于加速度传感器的固有频率 f_n。因此，在加速度传感器中，存在着一个测量范围的频率上限 $f_上$，至于频率下限 $f_下$，从理论上说，它应等于零，即 $f_下 = 0$，事实上，频率下限不可能等于零。它往往取决于以下两个因素：

1) 测量系统中，放大器的特性。

2) 加速度传感器的压电陶瓷片及接线电缆等的漏电程度（或绝缘程度）。

为了扩展加速度传感器的频率上限 $f_上$，应该让加速度传感器的固有频率 f_n 尽可能地高些，由公式 $p_n = 2\pi f_n = \sqrt{k/m}$ 可知，在加速度传感器中，其弹簧的刚度系数 k 应尽可能地大。质量元件的质量 m 原则上应尽量地小。但是，为了保证质量元件在运动中能产生足够大的惯性力，质量元件的质量应该显著地大于弹簧系统的质量。因此，加速度传感器中的质量元件仍然需要用重金属材料做成，以保证它有足够大的质量。

(3) 阻尼比 ζ 对加速度传感器性能的影响　与位移传感器相似，它也从以下三个方面影响加速度传感器的性能。

1) 增大阻尼比，能够迅速消除加速度传感器的自由振动部分。

2) 适当增大阻尼比，加速度传感器在共振区（$\lambda = 1$）附近的幅频特性曲线会平直起来，有助于提高加速度传感器的上限频率，一般当 $\zeta = 0.6 \sim 0.707$ 时比较理想。

3) 增大阻尼比，相位差 φ_a 将随被测物体的振动频率变化而变化。在测量简谐振动时，这种影响不大，但在测量非简谐振动时会产生波形畸变，只有在相频曲线呈线性关系时，才可避免。

4. 测量非简谐振动时应该注意的问题

对惯性传感器的特性的讨论，主要建立在简谐振动的情况下。在工程实际中，单纯的简谐振动（周期振动的特例）是比较少的，大多数是复杂周期振动、准周期振动和非周期振动。于是就提出这样一个问题，能够正确地反映或记录简谐振动的传感器，是否能正确地反映或记录复杂周期振动、准周期振动和非周期的振动呢？在这一小节里，将讨论这个问题。

(1) 复杂周期振动的测量　如果被测物体的运动是复杂周期振动 $x(t)$，那么，它就可以分解为一系列的简谐振动，换句话说，它可以看成是一系列简谐振动的合成振动

$$x(t) = \frac{x_0}{2} + \sum_{n=1}^{\infty} x_n \sin(n\omega_1 t - \theta_n) \tag{3-19}$$

将其代入式 (3-2)，则可得稳态解

$$x_r = \sum_{n=1}^{\infty} x_{rm_n} \sin(n\omega_1 t - \theta_n - \varphi_n) \tag{3-20}$$

对于位移传感器，当 $\lambda >> 1$ 时，$x_{rm_n} \to x_n$，若相位差随频率呈线性关系，设其比例系数为 t_n，则 $\varphi_n(\omega) = t_n \omega_n = t_n n\omega_1$ 时，有

$$x_r = \sum_{n=1}^{\infty} x_{rm_n} \sin(n\omega_1 t - \theta_n - t_n n\omega_1)$$

$$= \sum_{n=1}^{\infty} x_{\mathrm{rm}_n} \sin \left(n\omega_1(t - t_n) - \theta_n \right) \tag{3-21}$$

虽然式（3-19）与式（3-21）相比还存在相位差 t_n，但它是一个常量，不会使输出波形发生畸变，即相当于轨迹仅仅移动了一个时间常量 t_n（超前或滞后）。由图 3-6 可知，当 $\zeta = 0.6 \sim 0.7$、$\lambda \gg 1$ 时，即在位移传感器的工作范围内，相频曲线可近似为线性关系。因此，在位移传感器的范围内，用位移传感器测量复杂周期振动不会发生波形畸变。

同理，对于加速度传感器，当 $\lambda \ll 1$，$x_{\mathrm{rm}_n} \rightarrow \dfrac{\ddot{x}_{\mathrm{m}_n}}{p_n^2}$ 时，若相频曲线也视为线性关系，即 $\varphi_n(\omega) = t_n\omega_n = t_n n\omega_1$，有

$$x_{\mathrm{r}} = \sum_{n=1}^{\infty} \frac{\ddot{x}_{\mathrm{rm}_n}}{p_n^2} \sin \left(n\omega_1 t - \theta_n - t_n n\omega_1 \right)$$

$$= \sum_{n=1}^{\infty} \frac{\ddot{x}_{\mathrm{rm}_n}}{p_n^2} \sin \left(n\omega_1(t - t_n) - \theta_n \right) \tag{3-22}$$

若将式（3-19）二次求导得

$$\ddot{x}(t) = \sum_{n=1}^{\infty} (n\omega_1)^2 x_n \sin \left(n\omega_1 t - \theta_n + \pi \right)$$

$$= \sum_{n=1}^{\infty} \ddot{x}_{\mathrm{m}_n} \sin \left(n\omega_1 t - \theta_n + \pi \right) \tag{3-23}$$

将式（3-22）与式（3-23）进行比较，存在相位差 t_n，但它也是一个常数，不会引起波形畸变。即相当于仅仅移动了一个时间常量 t_n（超前或滞后）。由图 3-6 可知，当 $\lambda < 1$，$\zeta \approx 0.6 \sim 0.7$ 时，即在加速度传感器的工作范围内，相频曲线也可近似为线性关系。因此，在加速度传感器范围内，用加速度传感器测量复杂周期振动也不会发生波形畸变。

通过以上分析，可得下述结论：对于位移传感器、加速度传感器，当满足它们的工作条件时，它们的相频曲线都可以近似为线性关系，所测的复杂周期振动信号，不会引起波形畸变。

同理，对于准周期振动，也可得到同样的结论。

（2）非周期振动的测量　在非周期振动中，加速度（位移、速度也是一样）的各阶谐波分量在整个频率域上是连续分布的，即加速度的频谱是连续谱。也就是说，非周期振动是由频率从 $0 \rightarrow \infty$ 的所有的简谐振动合成的振动。它不仅包含着频率很低的谐振分量，而且这种超低频的谐振分量有时还是很大的。在测试中，为了能够正确地反映和记录非周期振动，要求惯性式传感器在低频区（即 $0 \leqslant \lambda < 1$ 的区域）具有良好的幅频特性。由于这个缘故，在测量非周期振动时，特别是在测量冲击振动的时候，一般只选用加速度传感器。

加速度传感器在低频区具有良好的幅频特性。但是，在共振区（$\lambda = 1$ 附近）和高频区（$\lambda > 1$），一旦超出它的工作范围，它的幅频特性就不好了。为了克服这个缺点，可以选择固有频率很高的加速度传感器，并采用适当的措施，如合理地确定需要测定的"最高"谐振频率，并配置相应的低通滤波器及增大加速度传感器的阻尼等。

因此，在测量任意形式的振动的时候，不但要考虑传感器的幅频特性和相频特性，同时

还需要考虑阻尼对加速度传感器的有利的影响和不利的影响。

3.2　相对式传感器的机电变换原理

一般来说，振动传感器在机械接收原理方面，只有相对式、惯性式两种，但在机电变换方面，由于变换方法和性质不同，其种类繁多，应用范围也极其广泛。

在现代振动测量中所用的传感器，已不是传统概念上独立的机械测量装置，它仅是整个测量系统中的一个环节，且与后续的电子线路紧密相关。以电测法为例，其测试系统示意框图如图3-8所示。

由于传感器内部机电变换原理的不同，输出的电量也各不相同，有的是将机械量的变化变换为电动势、电荷的变化，有的是将机械振动量的变化变换为电阻、电感等电参量的变化。一般来说，这些电量并不能直接被后续的显示、记录、分析仪器所接收。因此针对不同机电变换原理的传感器，必须附以专配的测量线路。测量线路的作用是将传感器的输出电量最后变为后续显示、分析仪器所能接收的一般电压信号。因此，振动传感器按其功能可有以下几种分类方法，如表3-1所示。

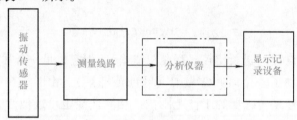

图3-8　电测法测试系统示意框图

表3-1　振动传感器的分类

按机械接收原理分	①相对式，②惯性式
按机电变换原理分	①电动式，②压电式，③电涡流式，④电感式，⑤电容式，⑥电阻式
按所测机械量分	①位移传感器，②速度传感器，③加速度传感器，④力传感器，⑤应变传感器，⑥扭振传感器，⑦转矩传感器

以上三种分类法中的传感器是相容的，所以按所测机械量分类法中的传感器，将贯串于全章的内容之中进行介绍。

1. 相对式电动传感器

相对式电动传感器基于电磁感应原理，即当运动的导体在固定的磁场里切割磁力线时，导体两端就感应出电动势，因此利用这一原理而生产的传感器称为电动式传感器。

相对式电动传感器及工作原理简图如图3-9所示。该传感器由固定部分、可动部分以及三组拱形弹簧片所组成。三组拱形弹簧片的安装方向是一致的。在振动测量时，必须先将顶杆压在被测物体上，并且应注意满足传感器的跟随条件。

设振动系统的质量为 M，弹性刚度为 K，则当传感器顶杆跟随被测物体运动时，顶杆质

量 m 和弹簧刚度 k 附属于被测物体上，如图 3-10a 所示，它成了被测振动系统的一部分，因此在测量时要注意满足：$M \gg m$，$K \gg k$ 的条件，这样传感器的可动部分的运动才能主要地取决于被测物体系统的运动。

下面我们着重讨论一下传感器的跟随条件：

以传感器可动部分的顶杆质量块 m 为研究对象，其受力图如图 3-10b 所示，由牛顿第二定律可知，质量块 m 的运动微分方程为

$$m\ddot{x} = F_{N} - F \tag{3-24}$$

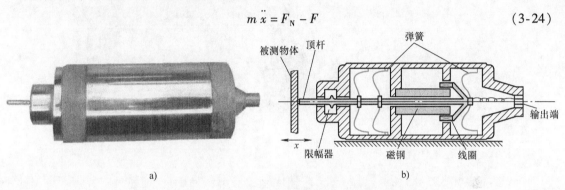

图 3-9　相对式电动传感器结构示意图

a）相对式电动传感器　b）工作原理简图

式中，F_{N} 为传感器顶杆与被测物体的相互作用力；F 为传感器顶杆所受拱形弹簧的弹性力。因此，传感器顶杆跟随被测物体所必须满足的条件是 $F_{N} > 0$，从而由式（3-24）可得

$$F_{N} = m\ddot{x} + F > 0 \tag{3-25}$$

由于 $\ddot{x}$ 的变化范围为 $|\ddot{x}| \leq a_{m}$，a_{m} 称为最大跟随加速度值，当 $a_{m} = \ddot{x} > 0$ 时，条件自然满足，当 $-a_{m} = \ddot{x} < 0$ 时，则条件为 $F - ma_{m} > 0$，由于弹性力 F 由预压力 $F_{0} = k\delta$ 和弹性恢复力 $F_{1} = kx$ 组成，而 $x \ll \delta$，则 $F_{1} \ll F_{0}$，所以 $F \approx F_{0}$。因此传感器的跟随条件为

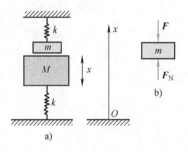

图 3-10　相对式传感器的运动及受力分析示意图

$$F_{0} - ma_{m} > 0 \quad \text{或} \quad a_{m} < \frac{F_{0}}{m} \tag{3-26}$$

当被测加速度超过上述的最大跟随加速度 a_{m} 值时，或顶杆的预压力 F_{0} 不够大时，传感器的顶杆将同被测物体发生撞击。此时测量无法进行，甚至会损伤传感器，因此使用时一定要注意满足传感器的跟随条件。

根据电磁感应定律，电动传感器所产生的感应电动势为

$$u = -Bl\dot{x}_{r} \tag{3-27}$$

式中，B 为磁通密度；l 为线圈在磁场内的有效长度；$\dot{x}_{r}$ 为线圈在磁场中的相对速度。因此，相对式电动传感器从机械接收原理来说，是一个位移传感器，由于在机电变换原理中应用的是电磁感应定律，其产生的电动势同被测振动速度成正比，所以它实际上是一个速度传感器。

2. 电涡流式传感器

电涡流式传感器是一种相对式非接触式传感器，它是通过传感器端部与被测物体之间的距离变化来测量物体的振动位移或幅值的。电涡流式传感器具有频率范围宽（0 ~ 10kHz），线性工作范围大、灵敏度高以及非接触式测量等优点，主要应用于静位移的测量、振动位移的测量、旋转轴的振动测量。电涡流式传感器主要由线圈、框架、支架、填料等组成，电涡流式传感器的结构剖面示意图如图 3-11 所示。

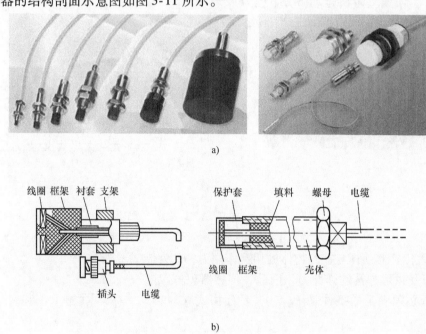

图 3-11　电涡流式传感器的结构示意图
a）电涡流传感器　b）结构剖面示意图

电涡流式传感器的工作原理如图 3-12a 所示。当通有交变电流 i 的线圈靠近导体表面时，由于交变磁场的作用，在导体表面层就感生电动势，并产生闭合环流 i_e，称为电涡流，电涡流传感器中有一线圈，当这个传感器线圈通以高频激励电流 i 时，其周围就产生一高频交变磁场，磁通量为 φ_i，当被测的导体靠近传感器线圈时，由于受到高频交变磁场的作用，在其表面产生电涡流 i_e，这个电涡流产生的磁通量 φ_e 又穿过原来的线圈，根据电磁感应定律，它总是抵抗主磁场的变化。因此，传感器线圈与电涡流相当于存在互感的两个线圈。互感的大小与原线圈和导体表面的间隙 d 有关，其等效电路如图 3-12b 所示。图中 R、L 为原线圈的电阻和自感，R_e、L_e 为电涡流回路的等效电阻与自感。这一等效电路又可进一步简化为图 3-12c 所示的电路。并且可以证明：当电流的频率甚高时，即 $R_e \ll \omega L_e$ 时，图中的 R'、L' 近似为

$$R' = R + \frac{L}{L_e}K^2 R_e, L' = L(1 + K^2) \tag{3-28}$$

式中，$K = M \sqrt{LL_e}$ 为耦合系数，M 为互感系数。耦合系数 K 决定于原线圈与导体表面的距离 d。即 $K = K(d)$。当 $d \to \infty$ 时，$K(d) = 0$，$L' = L$。这样间隙 d 的变化就转换为 L' 的变化，然后再通过测量线路将 L' 的变化转换为电压 u_i 的变化。因此，只要测定 u_i 的变化，也就间

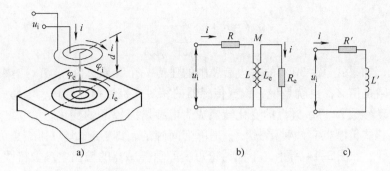

图 3-12 电涡流式传感器的变换原理和等效电路示意图

接地求出了间隙 d 的变化。这就是非接触式电涡流式传感器的工作原理。

如何将 L' 的变化转换为电压 u_i 的变化，并进一步确定 d 的变化关系，将在电涡流式传感器的测量线路中加以介绍。

电涡流式传感器的线性范围、线性度、灵敏度等参数与其直径有关，如表 3-2 所示。

表 3-2 电涡流式传感器的主要技术指标

探头直径/mm	线性范围/mm	线性度	灵敏度	灵敏度精度
$\phi 18$	$1.15 \sim 7.15$	$\pm 1.3\%$	2.0V/mm	$\pm 4.0\%$
$\phi 22$	$1.20 \sim 11.20$	$\pm 1.4\%$	0.8V/mm	$\pm 4.0\%$
$\phi 25$	$1.25 \sim 13.75$	$\pm 1.5\%$	0.8V/mm	$\pm 4.0\%$
$\phi 35$	$1.30 \sim 21.30$	$\pm 1.5\%$	0.8V/mm	$\pm 4.0\%$
$\phi 50$	$2.50 \sim 27.50$	$\pm 2.0\%$	0.4V/mm	$\pm 4.0\%$
$\phi 60$	$2.00 \sim 52.00$	$\pm 2.0\%$	0.2V/mm	$\pm 4.0\%$

电涡流式传感器只能应用于表面有电磁感应的物体，如钢、铁制品等，对于没有电磁感应的物体，如塑料、木材等，在表面粘贴一铁片即可应用电涡流式传感器来进行测试。

3. 电感式传感器

如图 3-13 所示，它是一个带有工作气隙 δ 的电感元件。现在来讨论这个电感元件的电阻抗 Z 的大小。对于任何一个有铁心的线圈，其阻抗都可以表示为

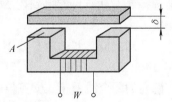

图 3-13 带有气隙的电感元件

$$Z = R + \mathrm{j}2\pi f \frac{W^2}{Z_M} \qquad (3\text{-}29)$$

式中，$\mathrm{j} = \sqrt{-1}$；R 为线圈的直流电阻；f 为工作电压的频率；W 为线圈的匝数；Z_M 为磁回路的磁阻。如果忽略掉磁通的影响，则

$$Z_M = Z_{MCO} + Z_{M\delta}$$

其中，

$$Z_{MCO} = \frac{l}{\mu A}, \quad Z_{M\delta} = \frac{\delta}{\mu_0 A}$$

式中，Z_{MCO} 为铁心部分的磁阻；$Z_{M\delta}$ 为气隙部分的磁阻；l 和 δ 分别为铁心和气隙的工作长度；μ 和 μ_0 分别为铁心和空气的磁导率，A 是铁心面积。代入式（3-29）可得

$$Z = R + j\omega \frac{W^2}{\dfrac{l}{\mu A} + \dfrac{\delta}{\mu_0 A}}$$　　　　　　(3-30)

由此可见，如果式（3-30）的右边诸项中的任何一个参数 $A(t)$、$\delta(t)$ 有变化时，都能改变该线圈的阻抗值 Z，也就是说，依据传感器的相对式机械接收原理，电感式传感器能把被测的机械振动参数 $A(t)$、$\delta(t)$ 的变化转换成为电参量信号 Z 的变化。

因此，电感式传感器有两种形式，一是可变间隙的，即：$\delta = \delta(t)$；二是可变导磁面积的，即 $A = A(t)$。如图 3-14 所示。下面讨论可变间隙传感器的输出电参数特性。

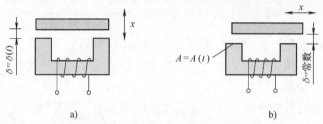

图 3-14　电感元件参量变化形式示意图

a）可变间隙示意图　b）可变面积示意图

当 $R \ll \omega L$ 时，$Z = j\omega L$，同时，在制造时，为了保证更高的变换效率和较好的特性，应当尽量选择高磁导率的材料。所以有 $\dfrac{l}{\mu A} \ll \dfrac{\delta}{\mu_0 A}$，在满足上述条件之后，式（3-30）可以近似地写成

$$Z = j\mu_0 A\omega W^2 \frac{1}{\delta}$$　　　　　　(3-31)

由式（3-31）可知，线圈的阻抗 Z 和气隙长度 $\delta(t)$ 呈双曲线关系，如图 3-15a 所示。该曲线只有在灵敏度极低或者在间隙极小的时候才会出现接近直线的部分，但是，只要适当地选择 δ_0，就有可能得到在 $\Delta\delta =$（0.1～0.15）δ_0 的范围内，基本上可以认为是线性的工作段。

差动式传感器的简图如图 3-15b、c 所示。由它的特性曲线可看出，只要适当选取 δ_0，在 $\Delta\delta =$（0.3～0.4）δ_0 的范围内，基本上也可以认为工作段是线性的。如果把差动式电感传感器的两个线圈接入交流器电桥中，电桥可以有很大的输出。

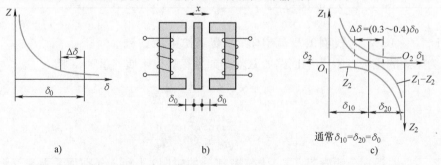

图 3-15　差动式传感器特性曲线及结构简图

a）电感传感器特性曲线　b）差动电感传感器结构简图　c）差动电感传感器特性曲线

当把差动式电感传感器的两个线圈放到高速旋转轴的两侧，就构成了非接触式电感传感器。如图 3-16 所示。它可测量轴心轨迹。

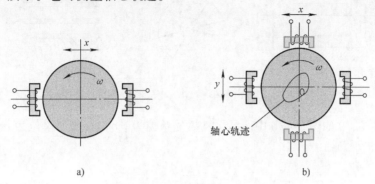

图 3-16　旋转轴的测试示意图

a）旋转轴在方向的振动测试简图　b）轴心轨迹测试简图

4. 电容传感器

两个平行导体极板间的电容量可由下式给出：

$$C = K\frac{A}{\delta} \tag{3-32}$$

式中，C 为电容量；A 为公共面积；δ 为极板间的距离；K 为介电常数。

由式（3-32）可知，无论改变公共面积 A 或极板间的距离 δ，均可改变电容量 C。因此电容传感器一般分为两种类型。即可变间隙 δ 式和可变公共面积 A 式，如图 3-17a、b 所示。很明显，图 3-17a 所示的可变间隙式可以测量直线振动的位移 $\Delta\delta$，图 3-17b 的可变面积式可以测量扭转振动的角位移 $\Delta\theta$，因此电容传感器是非接触型的位移传感器。

对于图 3-17a 所示的情形，如果公共面积 A 为常数，则

$$C = 0.0885\frac{A}{\delta} \quad (\text{pF}) \tag{3-33}$$

当被测振动的位移 $\Delta\delta$ 远小于初始间距 δ_0 时，即

$$\delta = \delta_0 \pm \Delta\delta \quad (\Delta\delta \ll \delta_0)$$

则极板间距 δ 的变化量 $\Delta\delta$ 与其所引起的极板间电容量 C 的变化量 ΔC 应为

$$\Delta C = C\frac{\Delta\delta}{\delta_0} \quad (\text{pF}) \tag{3-34}$$

由此可知，当 $\Delta\delta \ll \delta_0$ 时，极板间 δ 的变化量 $\Delta\delta$ 与所引起的电容量的变化量 ΔC 之间的关系是线性的。但值得注意的是，式（3-32）所决定的电容量 C 和间距 δ 的关系仍然是双曲线的关系。因此，为了能得到式（3-34）的结果，除了要满足 $\Delta\delta \ll \delta_0$ 这个条件之外，还必须根据 K 及 A 的值来适当地选择 δ_0，否则式（3-34）的可用范围是很窄的，即传感器的线性范围很窄。为了改善传感器的线性特性，可将其做成差动式电容传感器，其线性范围和灵敏度将提高一倍，差动式电容传感器结构如图 3-17c 所示。

对于图 3-17b 所示的情形，如果间距 δ 是固定的，则

$$C = 0.139\frac{R_1^2 - R_2^2}{\delta}\frac{\theta}{\pi} \quad (\text{pF}) \tag{3-35}$$

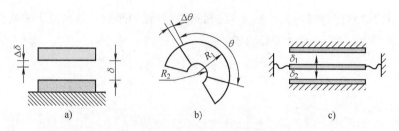

图 3-17　电容传感器的工作原理示意图

式中的 R_1、R_2、δ、θ 如图 3-17b 中所示，角度的单位为 rad，长度的单位为 cm。当 $\pi/2 < \theta < \pi$ 而 $\Delta\theta \ll \theta$ 时，则

$$\Delta C = C \frac{\Delta\theta}{\theta} \ (\text{pF}) \tag{3-36}$$

由此可知，当测扭转振动的振幅角度时，极板间由 $\Delta\theta$ 引起的电容量的变化 ΔC 与 $\Delta\theta$ 的关系是线性的。

电容传感器和电感传感器都属于参量式传感器，可以用于非接触测量技术中，也可以根据需要做成各种传感器。变面积型电容式角位移传感器的结构如图 3-18b 所示。在测试过程中，测杆随被测位移而运动，它带动活动电极移动，从而改变了活动电极与两个固定电极之间极板的相互覆盖面积，使电容发生变化。由于变面积型电容式传感器的输入、输出特性是线性的，因此这种传感振器有良好的线性。电容式加速度传感器如图 3-18c 所示，它是一种空气阻尼的电容式加速度传感器，有两个固定电极，两极板之间用弹簧支撑一个质量块，此质量块的两个端面经过磨平抛光后作为可动极板。当传感器测量铅垂方向上的振动时，利用的是惯性式机械接收原理，由于质量块的惯性作用，使两固定的极板相对质量块产生位移，从而测出在振动方向的参数值。

如果在被测物体周围有强磁场（如测量电动机转子的振动），使用电容传感器更为适宜。由于电容传感器电容量的变化 ΔC 是很微小的，因此，它要求测量电路具有很大的增益和足够高的工作频率（几十千赫到几十兆赫）。通常是采用调频技术以增加电路的灵敏度和可靠性。

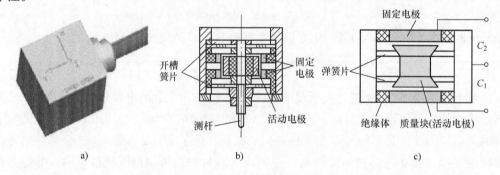

图 3-18　电容传感器的结构示意图
a）电容式加速度传感器　b）角位移传感器示意图　c）加速度传感器示意图

5. 激光位移传感器

激光位移传感器因其较高的测量精度和非接触测量特性，广泛应用于汽车工业、机械制

造工业、航空与军事工业、冶金和材料工业等需要精密测量的行业。激光位移传感器主要应用于位移、厚度、振动、距离等几何量的测量。按照测量原理，激光位移传感器原理分为激光三角测量法和激光干涉法。激光三角测量法一般适用于高精度、短距离的测量，而激光干涉法则用于远距离测量。此法的测试原理将在第 11 章介绍。

激光三角测量法是指激光发射器通过镜头发出一持续时间极短的脉冲激光，经过待测距离 L 后激光射向被测物体表面，经物体反射的激光通过接收器镜头，被内部的 CCD 线性相机接收。根据不同的距离，CCD 线性相机可以在不同的角度下"看见"这个光点，如图 3-19 所示。然后根据这个角度及已知的激光和相机之间的距离，数字信号处理器就能计算出传感器和被测物体之间的距离，并通过微处理器分析，计算出相应的输出值，从而在用户设定的模拟量窗口内，按比例输出标准模拟信号。采用激光三角法原理的激光位移传感器精度能够达到微米级。

当物体沿激光方向发生移动时，测量结果就将发生改变，从而实现用激光测量物体的振动位移功能。

激光位移传感器的输出方式一般为模拟量输出，即激光位移传感器具有 0 ~ 10V 或者 4 ~ 20mA 的模拟量输出。在实验中，激光位移传感器的安装需要配有特定的支架，由于激光位移传感器对精度的要求很高，所以为了减少测量精度的下降，支架的刚度必须满足要求。

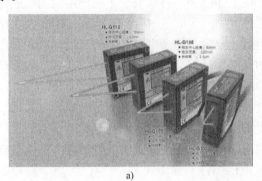
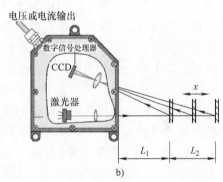

图 3-19　激光位移传感器示意图

a）激光位移传感器　b）激光三角法工作原理示意图

3.3　惯性式传感器的机电变换原理

惯性式振动传感器根据机械接收原理可能是位移传感器或加速度传感器，但是它们的机电变换原理也不相同，各有特色，下面对其逐个进行介绍。

1. 惯性式电动传感器

惯性式电动传感器的结构简图如图 3-20 所示，该传感器由固定部分、可动部分以及支承弹簧部分所组成。为了使传感器工作在位移传感器状态，其可动部分的质量应该足够地大，而支承弹簧的刚度应该足够地小，也就是让传感器具有足够低的固有频率。

根据电磁感应定律，感应电动势为

$$u = Bl\dot{x}_r \tag{3-37}$$

式中，B 为磁通密度；l 为线圈在磁场内的有效长度；$\dot{x}_r$ 为线圈在磁场中的相对速度。

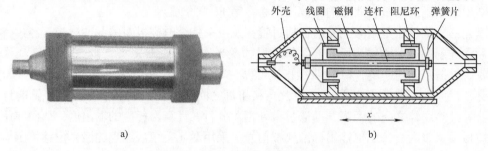

图 3-20　惯性式电动传感器结构示意图
a) 惯性式电动传感器　b) 工作原理及结构示意图

从传感器的结构上来说，传感器是一个位移传感器。然而由于其输出的电信号是由电磁感应产生的，根据电磁感应定律，当线圈在磁场中做相对运动时，所感生的电动势与线圈切割磁力线的速度成正比。因此就传感器的输出信号来说，感应电动势是同被测振动速度成正比的，所以它实际上是一个速度传感器。

为了使传感器有比较宽的可用频率范围，在工作线圈的对面安装了一个用纯铜制成的阻尼环。通过合适的几何尺寸，可以得到理想的阻尼比 $\zeta = 0.7$。阻尼环实际上就是一个在磁场里运动的短路环。在工作时，此短路环产生感生电流。这个电流又随同阻尼环在磁场中运动，从而产生电磁力，此力同可动部分的运动方向相反，呈阻力形式出现，其大小与可动部分的运动速度成正比。因此，它是该系统中的线性阻尼力。

此类传感器的缺点是在测量时传感器的全部质量都必须附加在被测振动物体上，这对某些振动测量结果的可靠性将产生较大的附加质量影响。

但是，对于一些特殊的测试环境，如对地面的运动、大型建筑物的振动等，可以忽略附加质量的影响，而需要灵敏度高且超低频的振动传感器。如图 3-21 所示，就是一种超低频振动传感器，它是一种用于超低频或低频振动测量的传感器，它主要用于地面和结构物的脉动测量、一般结构物的工业振动测量、高柔性结构物的超低频大幅度测量和微弱振动测量等方面。

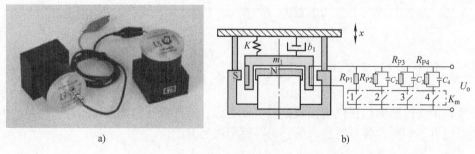

图 3-21　超低频振动传感器工作原理示意图
a) 超低频振动传感器　b) 工作原理示意图

超低频振动传感器的工作原理也分为两部分，机械接收原理部分为惯性式加速度传感器工作原理，机电变换原理为电动式变换原理。一般情况下该传感器为了便于应用，设有加速度、小速度、中速度和大速度四档。在测试方向方面由于受结构设计限制分为两个测试方向：即铅垂方向和水平方向，在应用过程中不能互换，这是与其他传感器不同的地方，要严加注意，否则将损坏传感器。传感器的主要技术指标如表 3-3 所示。

表 3-3　超低频振动传感器的主要技术指标

技术指标	档位 参量	1 加速度	2 小速度	3 中速度	4 大速度
灵敏度/$(V \cdot s^2 \cdot m^{-1}$ 或 $V \cdot s/m)$		0.3	23	2.4	0.8
最大量程	加速度/(m/s^2)	20			
	速度/(m/s)		0.125	0.3	0.6
	位移/mm		20	200	500
通频带$(Hz, {}^{+1}_{-3}dB)$		0.25 ~ 80	1 ~ 100	0.25 ~ 100	0.17 ~ 100

2. 压电式加速度传感器

压电式加速度传感器的机械接收部分是惯性式加速度机械接收原理，机电部分利用的是压电晶体的正压电效应。其原理是某些晶体（如人工压电陶瓷、压电石英晶体等）在一定方向的外力作用下或承受变形时，它的晶体面或极化面上将有电荷产生，这种从机械能（力、变形）到电能（电荷、电场）的变换称为正压电效应。而从电能（电场、电压）到机械能（变形、力）的变换称为逆压电效应。

人工压电陶瓷，在外电场作用下，会使自发极化方向顺着电场方向，如图 3-22a 所示。当外加电场取消后，其自发极化方向会有部分改变，但最后在原电场方向将表现出剩余极化强度。

经过外加电场的极化处理后，陶瓷材料具有了剩余极化强度，但是，并不能从极化面测量出任何电荷，如图 3-22b 所示，这是因为在极化面上的自由电荷被极化电荷所束缚，并不能离开电极面，因此，不能量得其极化强度。

当有外力作用时，如图 3-22b 所示，则晶体出现变形，使得原极化方向上的极化强度减弱，这样被束缚在电极面上的自由电荷就有部分被释放，这就是通常所说的正压电效应。

以石英晶体为例来说明压电晶体的压电特性。理想石英晶体的形状是规则的六角棱柱体，如图 3-22c 所示，石英晶体是各向异性体，它的大部分物理性能是有方向性的。为准确表征其物理性能，在晶体学中通常用直角坐标轴来表示其方向性。如图 3-22c 所示，其中 x 轴称为电轴，它通过六面体相对的两个棱线，且垂直于光轴 z，显然电轴共有三个。在垂直于此轴的棱面上压电效应最为明显；y 轴称为机械轴，它垂直于 x 与 z 轴，显然 y 轴也有三个。在电场的作用下，沿此轴方向的机械变形最明显；在垂直于 x、y 轴的 z 轴方向上没有压电效应，z 轴是用光学方法确定的，因此称为光轴。

假设从石英晶体上切下一片平行六面体，使它的晶面分别平行于 x、y、z 轴，如图 3-22c 所示。实验表明，当晶体切片在沿 x 轴的方向上作用力时，晶体片将产生压电效应。设 q 为垂直于 x 轴平面上释放的电荷，F 为在此平面的作用力，A 为此平面（电极化面）的面

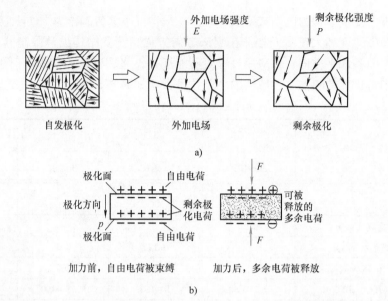

图 3-22 石英压电晶体的工作原理示意图

a) 压电陶瓷晶体的极化过程 b) 正压电效应 c) 压电晶体的形状、切片和应力示意图

积，则以下关系式成立:

$$\frac{q}{A} = d_x \frac{F}{A} \ 或 \ q = d_x F \tag{3-38}$$

式中, d_x 是压电系数, 单位为 C/N。

理论与实验研究表明, 对于压电晶体, 若受力方向不同, 产生电荷的大小亦不同, 在压电晶体弹性变形范围内, 电荷密度与作用力之间的关系是线性的。若受力如图 3-22c 所示, 则各平面上产生的电荷为

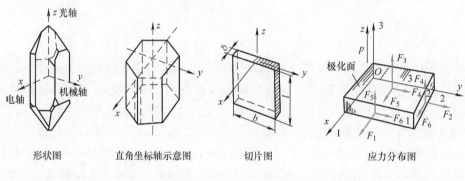

$$\begin{pmatrix} q_1 \\ q_2 \\ q_3 \end{pmatrix} = \begin{pmatrix} d_{11} & d_{12} & d_{13} & d_{14} & d_{15} & d_{16} \\ d_{21} & d_{22} & d_{23} & d_{24} & d_{25} & d_{26} \\ d_{31} & d_{32} & d_{33} & d_{34} & d_{35} & d_{36} \end{pmatrix} \begin{pmatrix} F_1 \\ F_2 \\ F_3 \\ F_4 \\ F_5 \\ F_6 \end{pmatrix} = \boldsymbol{D} \begin{pmatrix} F_1 \\ F_2 \\ F_3 \\ F_4 \\ F_5 \\ F_6 \end{pmatrix} \tag{3-39}$$

式中，q_1、q_2、q_3 分别为三个平面上的总电荷量；F_1、F_2、F_3 分别为沿三个轴的轴向作用力；F_4、F_5、F_6 分别为沿三个轴的切向作用力；d_{ij} 为压电元件的压电系数。

不同的压电材料具有不同的压电系数，一般都可以在压电材料性能表中查到。若以压电石英晶体为例，在对图 3-22c 所示的晶体进行切片后，压电系数矩阵为

$$D = \begin{pmatrix} d_{11} & -d_{11} & 0 & d_{14} & 0 & 0 \\ 0 & 0 & 0 & 0 & -d_{14} & -2d_{11} \\ 0 & 0 & 0 & 0 & 0 & 0 \end{pmatrix} \tag{3-40}$$

在振动测量中，切片的厚度是与运动方向相平行的，当在其他方向没有运动时，即其他作用力 F_2、F_3、F_4、F_5、F_6 为零时，压电元件在惯性力 F_1 的作用下，电极面所产生的电荷为

$$q_1 = d_{11} F_1 \tag{3-41}$$

式（3-41）与式（3-38）相比较，结果相同。因此利用晶体的压电效应，可以制成测力传感器，在振动测量中，由于压电晶体所受的力是惯性质量块的牵连惯性力 $F_I = ma$，所产生的电荷数与加速度大小成正比，所以压电式传感器是加速度传感器。

压电式加速度传感器最常见的类型有中心压缩式、剪切式等，结构如图 3-23 所示。下面以中心压缩式为例，对压电式加速度传感器工作原理加以介绍。

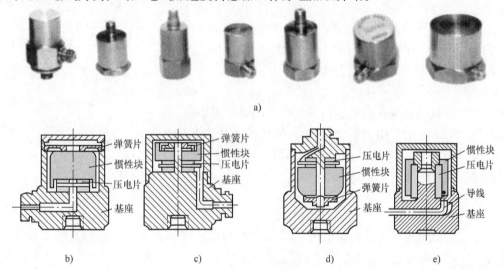

图 3-23　压电加速度传感器的结构示意图

a）压电加速度传感器　b）外圈配合压缩式　c）中心配合压缩式　d）倒装中心配合压缩式　e）剪切式

在图 3-24a 中，压缩型压电式加速度传感器的敏感元件由两个压电片组成，其上放有一重金属制成的惯性质量块，用一预紧硬弹簧板将惯性质量块和压电元件片预先夹紧在基座上。整个组件就构成了一个惯性传感器。如果加速度传感器的固有频率是 f_n，显然 $f_n = \dfrac{1}{2\pi}\sqrt{k/m}$，式中 k 是弹簧板、压电元件片和基座螺柱的组合弹性系数，m 是惯性质量块的质量。

为了使加速度传感器正常工作，被测振动的频率 f 应该远低于加速度传感器的固有频率 f_n，即 $f \ll f_n$，很明显，由于惯性质量块和基座之间的相对运动为 x_r，而它又是个加速度传感器，压电元件片就受到与之相应的交变压力的作用。如图 3-24b 所示，所以加速度传感器

就能输出与被测振动加速度成比例的电荷。这就是压电式加速度传感器的工作原理。

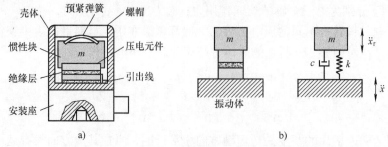

图 3-24　压电式加速度传感器的结构及工作原理示意图

上面是以中心压缩型为例进行分析的，但这种分析方法也适用于剪切式和三角剪切式。所不同的是在中心压缩式中惯性质量块使压电元件片发生压缩变形而产生电荷，在剪切式与三角剪切式中，惯性质量块的惯性力使压电元件片发生剪切变形而产生电荷。一般认为剪切式，特别是三角剪切式具有较高的稳定性，温度影响较小，线性度好，有较大的动态范围，因而得到广泛应用。但利用压电式传感器必须注意以下几个问题。

（1）压电式加速度传感器的灵敏度　压电式加速度传感器的灵敏度有两种表示方法，一个是电压灵敏度 S_V，另一个是电荷灵敏度 S_q。传感器的电学特性等效电路如图 3-25 所示。

如前所述，压电片上承受的压力为牵连惯性力 $F_1 = ma$，由式（3-38）可知，在压电片的工作表面上产生的电荷 q_a 与被测振动的加速度 a 成正比

$$q_a = S_q a \qquad (3-42)$$

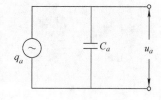

图 3-25　压电式加速度传感器的电学特性等效电路

式中，比例系数 S_q 就是压电式加速度传感器的电荷灵敏度，单位是 $[pC/(ms^{-2})]$。由图 3-25 可知，传感器的开路电压 $u_a = q_a/C_a$，式中 C_a 为传感器的内部电容量，对于一个特定的传感器来说，C_a 为一个确定值。所以

$$u_a = \frac{S_q}{C_a} a, \quad 即\ u_a = S_V \cdot a \qquad (3-43)$$

也就是说，加速度传感器的开路电压 u_a，也与被测加速度 a 成正比，比例系数 S_V 就是压电式加速度传感器的电压灵敏度，单位是 $[mV/(ms^{-2})]$。

因此在压电式加速度传感器的使用说明书上所标出的电压灵敏度，一般是指在限定条件下的频率范围内的电压灵敏度 S_V。在通常条件下，当其他条件相同时，几何尺寸较大的加速度传感器有较大的灵敏度。

（2）压电式加速度传感器的频率特性　典型的压电式加速度传感器的频率特性曲线如图 3-26 所示。该曲线的横坐标是对数刻度的频率值，而纵坐标则是电荷（电压）灵敏度，就是被标定的加速度传感器的电荷（电压）灵敏度和一个标准加速度传感器的电荷（电压）灵敏度之比。从图中可以看出压电式加速度传感

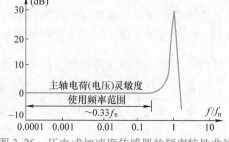

图 3-26　压电式加速度传感器的频率特性曲线

器工作频率范围很宽,只有在加速度传感器的固有频率 f_n 附近,灵敏度才发生急剧变化。

因此就传感器本身而言,固有频率 f_n 是其主要参数,通常一般几何尺寸较小的传感器有较高的固有频率,但灵敏度较低,权衡传感器的灵敏度和使用频率范围这一对矛盾,到底如何取舍?这决定于测量要求。但是就一项精确的测量而言,宁肯选取较小灵敏度的加速度传感器也要保证有足够宽的有效频率范围。

(3) 几何尺寸和重量　几何尺寸和重量主要取决于被测物体对传感器的要求。因为较大的传感器对被测物体有较大的附加质量,对刚度小的被测物体来说是不适宜的。总的说来,压电式加速度传感器的尺寸和重量都是比较小的。一般情况下,其影响可以忽略不计。

(4) 传感器的横向灵敏度　横向灵敏度也称为横向效应,它是压电式加速度传感器的一个重要性能指标。由于横向灵敏度的存在,传感器的输出不仅仅是其主轴方向的振动,而且与其主轴相垂直方向的振动也反映在输出之中。这将导致所测方向上的振幅和相位产生误差。

横向灵敏度主要是由于最大灵敏度轴 Oz' 与传感器的几何轴 Oz 不重合而引起的。如图 3-27 所示,这是由于传感器加工、安装上的间隙误差及极化条件所造成的。若最大灵敏度轴线与几何轴线间的夹角为 θ,最大的横向灵敏度表示为

$$S_t = \frac{S_{qt}}{S_{qz}} = \tan\theta \qquad (3\text{-}44)$$

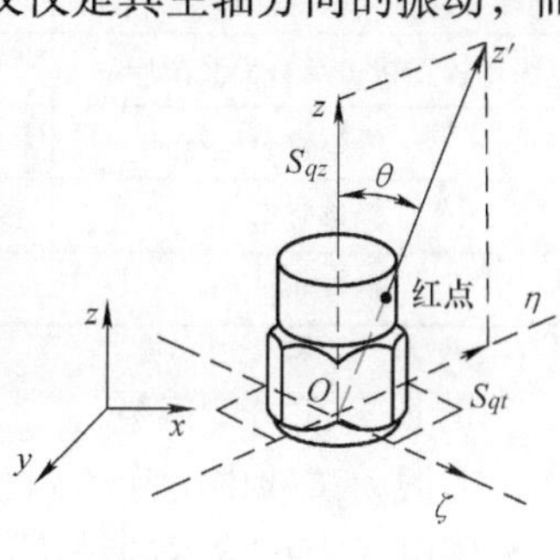

图 3-27　横向灵敏度

对于每个加速度传感器来说,其横向灵敏度是通过单独校准确定的,它的数值为 1% ~4% 不等。最小横向灵敏度方向用红点标明在加速度传感器外壳上。安装加速度传感器时要恰当地放置小红点所表示的方向,以减小测量误差。

(5) 环境影响　环境温度直接影响加速度传感器灵敏度。因为标定灵敏度是在室温 20℃ 的条件下测定的,根据使用环境温度的不同,可按每个传感器出厂时给出的温度修正曲线修正其灵敏度。使用加速度传感器时,不允许超过许用温度,否则会造成压电元件的损坏。另外,温度瞬变也会使测量数据漂移造成误差。电缆噪声和基座应变都会造成虚假数据。其他如核辐射、强磁场、湿度、腐蚀与强声场噪声等也将会影响测量结果。

(6) 加速度传感器的安装方法　图 3-28a 及表 3-4 列举了几种安装方法及其相应的测量频率上限。但要注意,用螺栓连接时,螺栓不能紧压加速度传感器底部,否则会造成基座变形而改变其灵敏度。

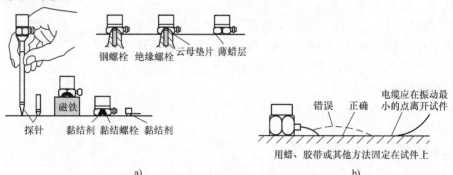

a)　　　　　　　　　　　　　　b)

图 3-28　加速度传感器的各种安装方式

a) 传感器的安装　b) 电缆的固定

安装加速度传感器时，应将加速度传感器作绝缘安装，以防止形成接地回路交流声。

同时要注意接线电缆的固定方式。由于压电式加速度传感器是高阻抗仪器，要特别注意防止所谓"噪声干扰"。接线电缆受到动力弯曲、压缩、拉伸等作用时会引起导体和屏蔽之间的局部电容和电荷的变化，从而形成"噪声干扰"。因此，接线电缆要尽可能固定好，如图 3-28b 所示，以避免相对运动。要避免接线电缆打死弯、打扣或严重的拧转，因为这样将破坏电缆的减噪处理效果或影响接头连接。

表 3-4　传感器的安装方式、许用最高温度及频响范围

安装方式	许用最高温度	频响范围（以 4367 加速度计频响曲线上误差 0.5dB 处的频率 10kHz 为参考）
钢螺栓连接，结合面涂薄层硅脂	>250℃	10kHz
绝缘螺栓连接，结合面涂薄层硅脂	250℃	8kHz
蜂蜡黏合	40℃	7kHz
磁座吸合	150℃	1.5kHz
触杆手持	不限	0.4kHz

3. 压电式力传感器

在振动试验中，除了测量振动，还经常需要测量对试件施加的动态激振力。图 3-29 所示为压电式力传感器的结构示意图，压电式力传感器具有频率范围宽、动态范围大、体积小和重量轻等优点，因而获得广泛应用。

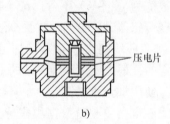

图 3-29　压电式力传感器示意图
a）压电式力传感器　b）结构示意图

压电式力传感器的工作原理是利用压电晶体的压电效应。其实际受力情况可具体分析如下：作用在力传感器上的力 F_b 同时施加于晶体片与壳体组成的一对并联弹簧上，如图 3-30a 所示，k_p 和 k_s 分别表示二者的轴向刚度。在静态情况下，晶体片上实际所受的力为

$$F_p = \frac{k_p}{k_p + k_s} F_b \qquad (3-45)$$

只有当 $k_p \gg k_s$ 时，

图 3-30　力传感器的工作原理示意图

$$F_p \approx F_b \qquad (3-46)$$

即压电式力传感器的输出电荷信号与外力成正比。在动态情况下，还需考虑传感器底部质量

m_b 和顶部质量 m_t 的惯性力，如图 3-30b 所示。

$$F_b - F_p = m_b a_b$$
$$F_p - F_t = m_t a_t$$

(3-47)

实际施加于试件上的力为 $F_t = F_p - m_t a_t$，与晶体片测到的力 F_p 有微小的差别。这一点在力传感器使用时应予以充分注意：即必须将质量轻的一端与试件相连。

4. 阻抗头

阻抗头是一种综合性传感器。它集压电式力传感器和压电式加速度传感器于一体，其作用是在力传递点测量激振力的同时测量该点的运动响应。因此阻抗头由两部分组成，一部分是力传感器，另一部分是加速度传感器，结构如图 3-31 所示。它的优点是，保证测量点的响应就是激振点的响应。使用时将小头（测力端）连向结构，大头（测量加速度）与激振器的施力杆相连。从"力信号输出端"测量激振力的信号，从"加速度信号输出端"测量加速度的响应信号。

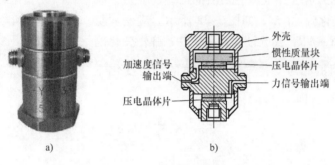

图 3-31　阻抗头结构简图

a）阻抗头　b）结构示意图

注意，阻抗头一般只能承受轻载荷，因而只可以用于轻型的结构、机械部件以及材料试件的测量。无论是力传感器还是阻抗头，其信号转换元件都是压电晶体，因而其测量线路均应是电压放大器或电荷放大器。

5. 电阻应变计式加速度传感器

电阻应变式传感器包括电阻应变计式加速度传感器和压阻式加速度传感器，它是一种用金属弹性体作为弹性元件，通过粘贴在弹性体敏感部位的电阻应变片组成惠斯通电桥，并可以将粘贴部位的弹性变形转换为电信号的测量装置。电阻应变式传感器由弹性敏感栅和外壳等组成，弹性敏感栅在测试过程中，与粘贴部位一起变形，从而可将变形转换为电阻值的变化，通过计算可测量力、压力、转矩、位移、加速度和温度等多种物理量。电阻应变计式加速度传感器就是将被测的机械振动量转换成弹性敏感栅的电阻值变化的一种装置，电阻值的变化量及变化规律再用电阻动态应变仪测得，经过计算，从而可求出有关的振动参量。

组成弹性敏感栅的金属材料的灵敏度系数受两个因素影响

$$\frac{dR}{R} = (1 + 2\mu)\,\varepsilon + \frac{d\rho}{\rho}$$

(3-48)

第一项是由材料的几何尺寸变化所引起的，即 $(1 + 2\mu)\,\varepsilon$ 项，称为电阻应变效应；第二项是材料的电阻率变化所引起的，即 $\dfrac{d\rho}{\rho}$ 项，称为压阻效应。

对于一般金属材料，电阻应变效应是主要的，电阻率的变化可忽略不计，所以有 $\frac{\mathrm{d}R}{R} = (1+2\mu)\,\varepsilon$，根据此特性所设计的加速度传感器称为电阻应变计式加速度传感器。对于半导体材料，压阻效应是主要的，由于电阻率相对变化量 $\frac{\mathrm{d}\rho}{\rho}$ 与电阻丝轴向应力 σ 的大小有关，于是得到 $\frac{\mathrm{d}R}{R} = \frac{\mathrm{d}\rho}{\rho} = \lambda\sigma = \lambda E\varepsilon$，$\lambda$ 为压阻系数，与半导体的材质有关；E 为电阻丝材料的弹性模量，根据此特性所设计的加速度传感器称为压阻式加速度传感器。本章只介绍电阻应变计式加速度传感器。

电阻应变计式加速度传感器是将被测的机械振动量转换成传感元件电阻的变化量。传感元件电阻应变片的工作原理为：当长为 l、电阻值为 R 的应变片粘贴在某试件上时，试件受力变形，应变片也随着粘贴部位一起变形，应变片就由原长 l 变化到 $l + \Delta l$，如图 3-32 所示。应变片阻值则由 R 变化到 $R + \Delta R$，实验证明，在试件的弹性变化范围内，应变片电阻的相对变化 $\frac{\Delta R}{R}$ 和其长度的相对变化 $\frac{\Delta l}{l}$（即应变 ε）成正比，即

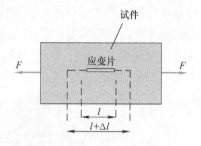

图 3-32　应变片变形效应图

$$\frac{\Delta R}{R} = K_0\,\frac{\Delta l}{l} = K_0\varepsilon$$

亦即

$$\Delta R = K_0 R\varepsilon \tag{3-49}$$

式中，K_0 为金属丝的灵敏度系数，从式（3-49）可知，如已知应变片灵敏度系数为 K_0 值，则试件的应变 ε 可根据金属丝的阻值变化求得。为了增大应变片的灵敏度和提高测量精度，一般是把具有较大电阻值的细长金属丝盘绕或光刻腐蚀成回线形式的敏感栅构架。并通过黏结剂固定在树脂基底上，再用引出线连接两端点，共同构成电阻应变片。电阻应变片结构示意图如图 3-33 所示。

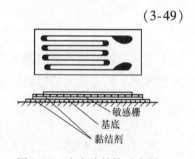

图 3-33　应变片结构示意图

电阻应变计式加速度传感器实际上是惯性式传感器，如图 3-34 所示，它的质量块由弹性梁悬挂在外壳上，当质量块相对于仪器外壳发生相对运动时，弹性梁就发生变形，贴在弹性梁上的应变片的电阻值由于变形而产生变化。然后再通过电阻动态应变仪测得电阻值的变化量及变化规律，再经过计算，从而可求出有关的振动参量。因此它是一种惯性式电阻应变传感器。也可根据应变片所贴位置的不同或传感器结构的不同，进而可做成电阻应变式扭矩传感器、电阻应变式扭振传感器等。

电阻应变计式加速度传感器的主要优点是低频响应好，可以测量直流信号（如匀加速度）。此类传感器的阻尼比通过调整阻尼液的性质使其达到最佳值 $\zeta = 0.6 \sim 0.7$，用以抑制不需要的高频信号成分，不使波形失真。

6. 光纤加速度传感器

当光纤的长度变化时，光纤中传输的光将产生相位和振幅变化。利用光纤的这种性能可

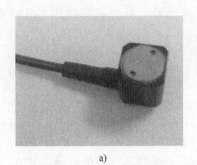

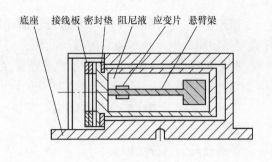

底座 接线板 密封垫 阻尼液 应变片 悬臂梁

a)   b)

图 3-34 电阻应变计式加速度传感器结构示意图

a) 应变计式加速度传感器 b) 工作原理及结构示意图

测量加速度的变化，相位型光纤加速度传感器的构造如图 3-35 所示。传感器外壳安装在结构上并随之振动，使其内部的惯性质量产生位移，使光纤受到拉伸和压缩，从而导致光传播时间变化，即相位变化，找出相位变化和加速度之间的关系即可用此方法测量加速度。为限制惯性质量只沿光纤的轴向运动，提高传感器的轴向灵敏度降低横向灵敏度，一般将惯性质量通过膜片支承在外壳上。设传感器外壳与惯性质量 m 之间的光纤长度 L 变化 ΔL，光纤的弹性模量为 E，直径为 d，外壳加速度为 a，则根据牛顿第二定律

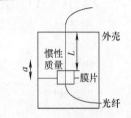

图 3-35 光纤加速度传感器
的构造示意图

$$ma = F = A\sigma = E\varepsilon = EA\frac{\Delta L}{L} = E\pi\frac{d^2}{4}\frac{\Delta L}{L}$$

式中，F、A、σ、ε 分别为光纤的弹性恢复力、截面积、轴向应力和应变。由此可得

$$\frac{\Delta L}{L} = \frac{4ma}{E\pi d^2}$$

ΔL 除以光速即每根光纤中光传输的延迟时间，相应的相位变化为

$$\Delta\theta = \frac{2\pi\Delta L \cdot n}{\lambda} = \frac{8L \cdot n \cdot ma}{\lambda E d^2} = \frac{8L \cdot n \cdot m}{\lambda E d^2}a$$

式中，λ 和 n 分别为光的波长和光纤的折射率。由于传感器中 L、n、m、λ、E、d 均为常数，因此相位变化与加速度成正比。由此可得到单根光纤相位变化与加速度的关系为

$$a = \frac{\Delta\theta\lambda E d^2}{8L \cdot n \cdot m} \tag{3-50}$$

由此可得到加速度的变化关系。

前面以几种常用的传感器为例，介绍了它们的工作原理，除此之外还有许多种其他形式的传感器。但它们的机械接收原理是相同的，不同的是机电变换原理不同。所以在测试过程中，要根据测试环境的要求选择不同的传感器。或根据不同的机电变换原理设计出不同的传感器，以便更好地完成测试工作。

习　题

3-1 传感器的作用是什么？

3-2 简述惯性式传感器（位移传感器、加速度传感器）的机械接收原理及构成的条件？并确定其使用范围，画出各自的幅频曲线、相频曲线。

3-3 振动传感器的使用频率上限、频率下限决定于哪些因素？

3-4 惯性式传感器阻尼比的最佳值取为多少？有哪些益处和副作用？

3-5 在什么条件下惯性式传感器能测周期振动、准周期振动、非周期振动？应注意的问题是什么？

3-6 传感器是怎样分类的？

3-7 简述压电式、涡流式传感器的机电变换原理，并画出其相应的电路图。

3-8 如何表示压电式传感器的电压灵敏度与电荷灵敏度？两者之间有什么关系？

3-9 使用压电式传感器如何考虑其横向灵敏度？环境影响是什么？有几种安装方式？

3-10 简述电感式、电容式传感器的工作原理？它们各有什么特点？在什么条件下应用？

3-11 简述激光位移传感器的工作原理。

3-12 简述应变计式加速度传感器的工作原理。

第 4 章
振动测试仪器及设备

一般来说，振动传感器输出的信号都很微弱，需经放大后才能推动后续设备。并且由于振动传感器的特性各不相同，不但要测量位移、速度和加速度的峰值，还要测量它们的振动频率、周期、相位差等特征量。所以要求的测量系统也各不相同。为此，就需要有不同的测量系统。

在振动实验中，还经常要用到各种激振设备，以使实验对象处于所要求的强迫振动状态。为保证测试精度，必须定期对测试系统进行校准。因此，通常使用的振动测试系统包括微、积分放大器、滤波器、电压放大器和电荷放大器、电涡流传感器测振仪、激振设备和校准设备等。在测量中所用的电子仪器种类很多，这里主要介绍几种专用仪器的一般工作原理和基本性能，至于通用的电子仪器，如信号发生器、示波器等在一般电工书籍中都有介绍，我们不再叙述。

4.1 微积分放大器

一个振动传感器只能测量某一个振动量，如压电式加速度传感器只能测量振动加速度，电动式传感器只能测量振动速度。但在实际测量中，常常需要对位移、速度和加速度三个参量进行转换。为了达到这一目的，在振动测量系统中都装有微分和积分运算电路，以便在位移、速度、加速度三者之间进行转换。这样，只要振动传感器测得三个参量中的任意一个，通过微、积分电路就可以得到另外两个参量。

微积分电路是由电阻、电容或电感元件组成的电路，如图 4-1 所示，设在电路中输入的交流电流为 i，根据基尔霍夫（Kirchhoff）定律可得

$$u_i = u_C + u_R + u_L = \frac{1}{C}\int i \mathrm{d}t + Ri + L\frac{\mathrm{d}i}{\mathrm{d}t} \tag{4-1}$$

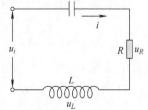

图 4-1　*RLC* 电路示意图

适当选择电路中的 R、C 和 L，可使电压降 u_R、u_C 或 u_L 中的一个与加在电路上的电压 u_i 的微分或积分成正比关系。实际的微积分电路只有两种元件组成，而且一般应用阻容式微积分电路。这种电路比较简单，阻容元件规格较多，体积小，容易在集成电路中实现。

4.1.1　RC 微分电路

最简单的一次微分电路由电容和电阻组成，如图 4-2 所示。根据基尔霍夫定律，电路方程为

$$u_i = u_C + u_R = \frac{1}{C}\int i\,\mathrm{d}t + Ri \qquad (4\text{-}2)$$

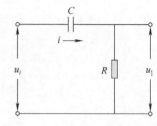

若阻抗 $Z_C \gg R$ 时，即满足条件 $u_C \gg u_R$ 时，则有

$$u_i \approx u_C = \frac{1}{C}\int i\,\mathrm{d}t$$

即

$$i \approx C\frac{\mathrm{d}u_i}{\mathrm{d}t}$$

图 4-2　无源 RC 微分电路

在 RC 电路中，输出电压 u_1 为电阻上的电压降 u_R，其值为

$$u_1 = u_R = Ri \approx RC\frac{\mathrm{d}u_i}{\mathrm{d}t} \qquad (4\text{-}3)$$

使得输出电压与输入电压的一次微分成正比，如果输入是位移电压值，则输出应是速度电压值与比例常数 RC 的乘积。比例常数 RC 通常称为时间常数，常用 τ 表示。这种电路具有微分性质，时间常数 τ 越小，微分结果越准确，输出电压信号越小。一般微分电路应满足的条件是 $\tau = RC \leqslant 0.1T$，T 为输入电压的时间周期。如果 $\tau > 0.1T$，电路将不起微分作用，而为一般的 RC 耦合电路。

4.1.2　微分电路的幅频曲线

常见的是阻容 RC 微分电路，其幅频特性的表达式为

$$A(f) = \frac{u_1}{u_i} = \frac{1}{\sqrt{1 + (f_c/f)^2}} \qquad (4\text{-}4)$$

式中，u_i、u_1 分别为微分电路的输入、输出信号电压；$A(f)$ 为放大因数（输出电压/输入电压）；f 为被测振动信号的变化频率；f_c 为微分电路的截止频率，并且 $f_c = \frac{1}{2\pi RC}$。

截止频率 f_c 是积分电路所固有的。它与电路时间常数 RC（即 τ）成倒数关系。所以时间常数 τ 是一个很重要的参数。

在实际应用中，放大因数 $A(f)$ 通常用相对值 $L(f)$ 来表示，定义为

$$L(f) = 20\log A(f) = 20\log \frac{1}{\sqrt{1 + (f_c/f)^2}}$$

微分电路的对数幅频特性曲线如图 4-3 所示，存在两个极端状态：

1）当 $f \ll f_c$（低频）时，$A(f) \to f/f_c$，则

$$L(f) = 20\log\left(\frac{f}{f_c}\right) = 20\log f - 20\log f_c$$

令

$$x = \log f, \quad a = 20\log f_c$$

即

$$L(f) = 20x - a\,(\text{一条斜线})$$

2）当 $f \gg f_c$（高频）时，$A(f) \rightarrow 1$，$L(f) = 20\log 1 = 0\mathrm{dB}$（一条与 f 轴重合的直线）。

两线交点处的频率为 $f_c = \dfrac{1}{2\pi RC}$，所对应的放大因数为 $A(f) = \dfrac{1}{\sqrt{2}} = 0.707$。此时的输出电压值为输入电压值的 70.7%，若用输出功率 P 来表示，则有

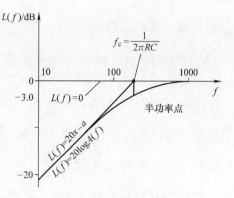

图 4-3　微分电路的对数幅频特性曲线

$$P_{输出} = \frac{u_1^2}{R} = \frac{\left(\dfrac{u_i}{\sqrt{2}}\right)^2}{R} = \frac{1}{2}\frac{u_i^2}{R} = \frac{1}{2}P_{输入}$$

故该点称为半功率点。此时的分贝数为

$$L(f) = 20\log A(f) = 20\log\left(\frac{1}{\sqrt{2}}\right)\mathrm{dB} = -3\mathrm{dB}$$

在实际应用中，是用低端斜线来代替理想微分曲线的，因此，只有当 $f \ll f_c$ 时才有比较高的微分精度。

4.1.3　RC 积分电路

由于压电式加速度传感器是振动测量中最常用的传感器，所以一次积分电路和二次积分电路在振动测量系统中应用十分广泛。同微分电路一样，无源积分电路也由电阻 R 和电容 C 组成，如图 4-4 所示。在一次积分电路中，有

$$u_i = u_R + u_C = Ri + \frac{1}{C}\int i\mathrm{d}t \tag{4-5}$$

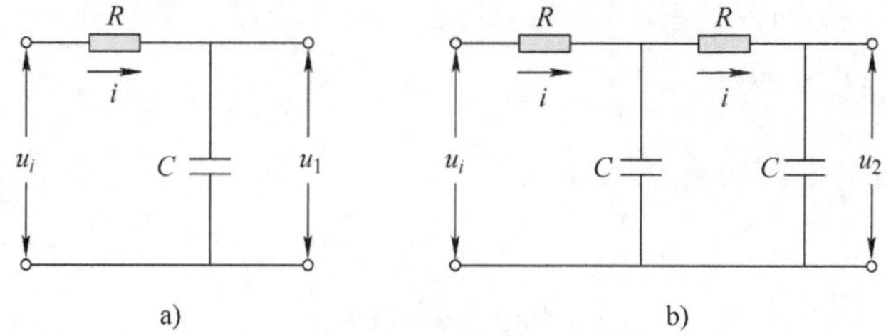

图 4-4　无源 RC 积分电路

a）一次积分　b）二次积分

与微分电路相反，当 $Z_C \ll R$ 时，即满足条件 $u_R \gg u_C$ 时，输入信号电压大部分压降在电阻 R 上，即 $u_i \approx u_R$，所以 $i \approx \dfrac{u_i}{R}$。电路的输出电压为电容两端的电压，有

$$u_1 = u_C = \frac{1}{C}\int i\mathrm{d}t = \frac{1}{RC}\int u_i\mathrm{d}t \tag{4-6}$$

从式（4-6）可知，输出电压 u_1 与输入电压 u_i 的积分成正比关系，比例常数为 $\dfrac{1}{RC}$（时间常数 τ 的倒数）。若输入的电压值是加速度电压值，则输出的电压值为速度电压值与比例常数

$\dfrac{1}{RC}$ 的乘积。对于二次积分电路，有

$$u_2 = \frac{1}{(RC)^2}\int\left(\int u_i \mathrm{d}t\right)\mathrm{d}t \tag{4-7}$$

此时，若输入为加速度电压值，则输出为位移电压值与比例常数 $\dfrac{1}{RC}$ 的平方的乘积。时间常数 $\tau = RC$ 越大，积分结果越准确，但输出信号越小。

4.1.4 积分电路的幅频特性

常见的是阻容 RC 积分电路，其幅频特性的表达式为

$$A(f) = \frac{u_1}{u_i} = \frac{1}{\sqrt{1 + (f/f_c)^2}} \tag{4-8}$$

式中，u_i、u_1 分别为积分电路的输入、输出信号电压；$A(f)$ 为放大因数（输出电压/输入电压）；f 为被测振动信号的变化频率；f_c 为积分电路的截止频率 $f_c = \dfrac{1}{2\pi RC}$。

在实际应用中，放大因数 $A(f)$ 通常用相对值 $L(f)$ 来表示，定义为

$$L(f) = 20\log A(f) = 20\log \frac{1}{\sqrt{1 + (f/f_c)^2}} \tag{4-9}$$

积分电路的对数幅频特性曲线如图 4-5 所示。它与微分电路的幅频特性曲线恰巧相反。式（4-9）存在两个极端状态：

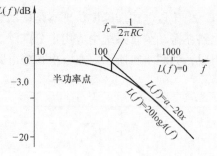

图 4-5　积分电路的对数幅频特性曲线

1) 当 $f \ll f_c$（低频）时，有
$A(f)\to 1$，$L(f) = 0$（一条与 f 轴重合的直线）

2) 当 $f \gg f_c$（高频）时，有
$$A(f)\to f_c/f$$
$$L(f) = 20\log\left(\frac{f_c}{f}\right) = 20\log f_c - 20\log f$$

令
$$x = \log f, \quad a = 20\log f_c$$
则
$$L(f) = a - 20x\,(\text{一条斜线})$$

积分电路的幅频特性曲线在这两条极限线内。在低端，可用直线 $L(f) = 0$ 来逼近，在高端，用斜线 $L(f) = a - 20x$ 来逼近。两直线交点的频率为 $f = f_c$，同样也是半功率点，输出电压值为输入电压值的 70%，即衰减了 3dB，在实际测量中，是用高端的斜线来代替理想的积分曲线的，因此，只有当 $f \gg f_c$ 时，才能有较精确的结果。

二次积分的对数幅频特性与一次类似，同样存在两个极限情况，但斜线的斜率大，为 $L(f) = 40\log f_c - 40\log f$，故覆盖的频率区间变窄。其对数幅频曲线的表达式为

$$L(f) = 20\log \frac{1}{\sqrt{[1 - (f/f_c)^2]^2 + [2\zeta(f/f_c)^2]^2}} \tag{4-10}$$

式中，ζ 为电路的阻尼比。

通过上述分析得知，无论是 *RC* 积分电路或 *RC* 微分电路，其覆盖的频率范围是有限的。要想使一个测量放大器具有较宽的频率测量范围，必须设计由多个微、积分电路组成的微、积分网络。

4.1.5 有源微、积分电路及比例运算器

前述的无源微、积分电路存在两点不足之处：一是电路无放大作用，信号经过微、积分电路时将受到很大的衰减，降低了信号强度；二是频率范围较窄，特别是积分电路，受到了低端截止频率的限制，影响了对低频信号的测量。为了克服上述两个缺点，在现代测试仪表中，多采用有源微、积分电路。所谓有源微、积分电路，就是在电路中有能源供给，使电路具有放大作用。除微、积分电路外，在振动测量中，还经常用到比例运算器。

1. 比例运算器

比例运算器的基本结构如图 4-6a 所示。它与前述无源微、积分电路不同之处是在电路中多了一个运算放大器。运算放大器是一种用来实现信号组合运算的放大器，是一个具有高放大倍数并带有深度电压负反馈的直流放大器，所以 *A* 点的电位很低。比例运算器就是运算放大器的一个典型应用。信号从输入端输入，经放大后输出，然后又把输出电压通过反馈电路反馈回来，以并联的形式加到输入端。这样从输入到输出之间构成一个闭合环路，通常把放大器的这种工作状态称作闭环状态。为了区别，把没有反馈作用的工作状态称作放大器的开环状态。开环放大倍数一般用 *K* 表示，它是把反馈电路看作输出端负载时的开环电压放大倍数，*K* 前面的负号表示输出电压的变化量和输入电压的变化量是反相的。

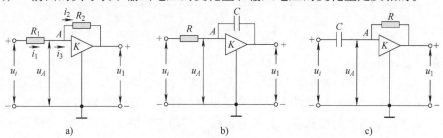

图 4-6 有源微、积分电路及比例运算器
a) 比例运算器 b) 有源积分电路 c) 有源微分电路

由于 *K* 值一般做得很大，而 u_1 又是一个有限值，所以迫使 u_A 接近于零电位但又不等于零，故 *A* 点称为"虚地"。由于 *A* 点的电位接近于零，流入放大器的电流 i_3 是很小的，所以 $i_1 \approx i_2$。当放大倍数 *K* 足够大时，负反馈放大器的输出电压 u_1 与输入电压 u_i 之间的关系就简单地由电阻比值 $-R_2/R_1$ 来确定，即

$$K = \frac{u_1}{u_i} = -\frac{R_2}{R_1}$$

这种情况称之为比例运算，此电路称为比例运算器。

2. 有源积分电路

有源积分电路中的运算放大器是用电容来构成反馈回路的，如图 4-6b 所示。由于 *A* 点为"虚地"，$i_3 \to 0$，有 $i_1 \approx i_2$，则电容两端的电压为

$$u_A - u_1 = \frac{1}{C}\int i_2 \mathrm{d}t \approx \frac{1}{C}\int i_1 \mathrm{d}t \qquad (4\text{-}11)$$

因为 $u_A \approx 0$，所以，$-u_1 \approx \frac{1}{C}\int i_1 \mathrm{d}t$，$i_1 = u_i/R$，代入式（4-11）得

$$u_1 \approx -\frac{1}{C}\int \frac{u_i}{R}\mathrm{d}t = -\frac{1}{RC}\int u_i \mathrm{d}t \qquad (4\text{-}12)$$

即输出电压与输入电压的积分成正比。有源积分电路的截止频率为

$$f_c = \frac{1}{K2\pi RC}$$

由于 K 很大，故截止频率 f_c 可以做得很低，从而扩大了积分的频率范围。

3. 有源微分电路

在有源微分电路中，运算放大器的输入端用电容连接，用电阻构成反馈电路。如图 4-6c 所示，同样，由于反馈作用，使 u_A 变得很小，有 $i_1 \approx i_2$。因此，反馈电阻 R 上的压降为

$$u_A - u_1 = i_2 R \approx i_1 R$$

由于 $u_A \rightarrow 0$，则有 $-u_1 \approx i_1 R$，而 $i_1 = C(\mathrm{d}u_i/\mathrm{d}t)$，所以

$$u_1 \approx -RC\frac{\mathrm{d}u_i}{\mathrm{d}t} \qquad (4\text{-}13)$$

即输出电压与输入电压的一次微分成正比，比例常数为 RC。同样，有源微分电路，无论在频率范围，或相对误差方面，都比无源微分电路好得多。

4.2 模拟滤波器

滤波器是振动测量和分析线路中经常需要用到的部件，它能选择需要的信号，滤掉不需要的信号，滤波器最简单的形式是一种具有选择性的四端网络，其选择性就是能够从输入信号的全部频谱中，分出一定频率范围的有用信号。为了获得良好的选择性，滤波器应以最小的衰减传输有用频段内的信号（称为通频带），而对其他频段的信号（称为阻频带）则给以最大的衰减，位于通频带与阻频带界限上的频率称为截止频率 f_c。

滤波器根据通频带的不同可分为：

1）低通滤波器，能传输 $0 \sim f_c$ 频带内的信号；

2）高通滤波器，能传输 $f_c \sim \infty$ 频带内的信号；

3）带通滤波器，能传输 $f_1 \sim f_2$ 频带内的信号；

4）带阻滤波器，不能传输 $f_1 \sim f_2$ 频带内的信号。

根据元件的性质可分为：

1）LC 滤波器，由电感和电容组成；

2）RC 滤波器，由电阻和电容组成。

另外，按滤波器电路内有无放大器，可分为有源滤波器和无源滤波器。

滤波器在振动测试和数据分析方面获得了越来越广泛的应用，一般来讲，低通和高通滤波器多用于振动数据的模拟分析。

滤波器的工作特性主要表现为衰减、相位移、阻抗特性及频率特性的优劣。

以低通滤波器为例，衰减频率特性决定着通频带与阻频带分隔的程度，如图 4-7 所示，而阻频带内衰减的大小则决定着对邻近通频带信号所产生的干扰程度的大小，阻频带内衰减特性的陡度越大，滤波器的选择性越好。

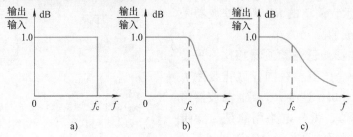

图 4-7　低通滤波器的衰减频率特性

a）理想的低通滤波器的频率特性曲线　b）理想的没有损耗的频率特性曲线　c）滤波器元件有损耗的特性曲线

4.2.1　无源 RC 高、低通滤波器

1. RC 低通滤波器

在振动测试中，压电式加速度传感器得到广泛应用，这种加速度传感器的工作区域在它的幅频特性的低频段，而高频段的存在对低频测试将会带来坏的影响，这种情况下一般都采用 RC 低通滤波器进行滤波，只让低频交流分量通过，高频交流分量受到最大的衰减。

RC 低通滤波器的典型电路和衰减频率特性曲线如图 4-8 所示。它主要是由一个电阻和一个电容构成。

f_c 称为滤波器截止频率，其对应的输出信号 u_1 和输入信号 u_i 的比值为 -3dB，则低通滤波器的通频带为 $0 \sim f_c$。

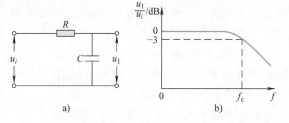

图 4-8　无源低通滤波器电路及幅频特性示意图

a）无源低通滤波器电路　b）无源低通滤波器的幅频特性

这种 RC 低通滤波器和 RC 积分电路非常相似，只是 RC 低通滤波器的工作段是 RC 积分电路的非积分区，而它的阻频带则是 RC 积分电路的积分工作区。

RC 低通滤波器的衰减频率特性，可以用电容元件的容抗值随频率变化的性质来说明，容抗随频率升高而减小，则电路两端的输出电压亦随之而减小，当 $f=f_c$ 时，容抗值和电阻值相等，即

$$\frac{1}{2\pi f_c C} = R \tag{4-14}$$

当 $f < f_c$ 时，容抗远远大于电阻值，这样在 R 上的信号压降可以忽略不计，输入信号 u_i 近似地认为全部传送到输出端，即 $u_1 = u_i$。当 $f > f_c$ 时，则输出电压 u_1 很小。

当应用一个 RC 低通滤波器衰减不够时，也可用两个 RC 滤波器网络串接起来，以提高滤波效果。

2. RC 高通滤波器

高通滤波器在振动测量中的作用，主要是排除一些低频干扰。造成低频干扰的来源很

多，如积分电路本身就会引起低频的输出电压晃动；此外如车辆和船舶的低频摇摆、桥梁的低频垂直挠度振动等，对振动测量来说都是低频干扰。低频区是位移传感器的非工作区，为了满足位移传感器的工作条件，必须利用高通滤波器排除低频成分。

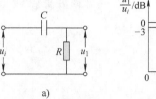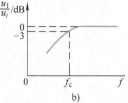

RC 高通滤波器电路和它的衰减频率特性曲线如图 4-9 所示，简单的 RC 高通滤波器是由电容和电阻构成的。

RC 高通滤波器与低通滤波器相比，只是把 R 和 C 对换一个位置。在同样截止频率 f_c 时，u_1/u_i 比值为 3dB，这种 RC 高通滤波器与微分电路极为相似，微分电路用的是阻频带区，而高通滤波器用的是非微分工作区间。

图 4-9　无源高通滤波器电路及幅频特性示意图
a) 无源高通滤波器电路　b) 无源高通滤波器的幅频特性

与低通滤波器相似，RC 高通滤波器的衰减频率特性曲线也可用电容元件的容抗随频率而变化的性质来说明。容抗随频率升高而减小，当 $f>f_c$ 时，则滤波器的输出电压与输入电压相接近，$u_1 = u_i$。当 $f<f_c$ 时，则输出电压很小。

4.2.2　有源高、低通滤波器

无源的 RC 高、低通滤波器，因具有线路简单、抗干扰性强，有较好的低频范围工作性能等优点，并且体积较小，成本较低，所以在测振仪中被广泛采用。但是，由于它的阻抗频率特性没有随频率而急剧改变的谐振性能，故选择性欠佳。为了克服这个缺点，在 RC 网络加上运算放大器，组成有源 RC 高、低通滤波器。有源 RC 滤波器在通频带内不仅可以没有衰减，还可以有一定的增益。

有源 RC 滤波器是一种带有负反馈电路的放大器，如图 4-10a 所示。若在反馈电路中接入高通滤波器，则得到有源低通滤波器。实际电路为了增大衰减频率特性曲线的衰减幅度，在电路的输入或输出端再接入 RC 低通滤波器，如图 4-10b 所示。它的频率特性曲线如图 4-11a 所示。

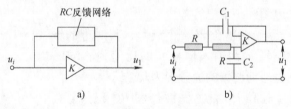

图 4-10　有源滤波器原理图

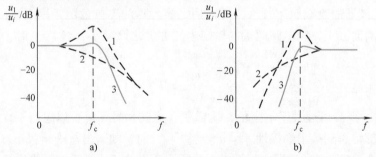

图 4-11　有源低通滤波器和高通滤波器的频率特性曲线
1—放大器本身的频响曲线　2—无源滤波器的频响曲线　3—合成后滤波器的实际频响曲线

由此可见，有源低通滤波器频率特性比无源低通滤波器频率特性有了明显提高。

同样，若在反馈电路中，接入 RC 低通滤波器时，得到的则是有源高通滤波器，为了增大衰减频率特性曲线的幅度，在输入或输出端再接入 RC 高通滤波器，它的频率特性曲线如图 4-11b 所示。

为了在阻频带有更大的衰减频率特性，实际应用的有源滤波器往往采用的是多级有源滤波器。

4.2.3　带通滤波器和带阻滤波器

选择适当的电阻、电容值并用适当的缓冲，可把高通 RC 滤波器和低通 RC 滤波器组合起来，构成带通滤波器或带阻滤波器。把高通滤波器和低通滤波器并联起来，当高通滤波器截止频率 f_{c1} 大于低通滤波器截止频率 f_{c2} 时，就可组成带阻滤波器。当低通滤波器截止频率 f_{c2} 大于高通滤波器截止频率 f_{c1} 时，它们串联起来就组成带通滤波器。带通滤波器是最常见的关键器件，下面主要介绍带通滤波器的主要工作性能。

1. 带通滤波器的基本参数

带通滤波器的基本参数为：中心频率、高端截止频率、低端截止频率、带宽、形状因子等。

带通滤波器有两个截止频率：高端截止频率 f_{c2} 和低端截止频率 f_{c1}，或称之为上截止频率和下截止频率。

带通滤波器的中心频率 f_0 根据滤波器的性质，分别定义为上、下截止频率 f_{c2} 和 f_{c1} 的算术平均值或几何平均值。对于恒带宽滤波器，取算术平均值，即

$$f_0 = \frac{1}{2}(f_{c2} + f_{c1}) \tag{4-15}$$

对恒百分比带宽滤波器，取几何平均值，即

$$f_0 = \sqrt{f_{c2} \cdot f_{c1}} \tag{4-16}$$

滤波器的带宽有两种定义。一是 3dB 带宽，也称为半功率带宽，记作 B_3，它等于上、下截止频率之差，即

$$B_3 = f_{c2} - f_{c1} \tag{4-17}$$

二是相对带宽，3dB 带宽与中心频率的比值称为相对带宽，或百分比带宽，记作 b，即

$$b = \frac{B_3}{f_0} = \frac{f_{c2} - f_{c1}}{f_0} \times 100\% \tag{4-18}$$

滤波器的频响特性在 3dB 带宽以外跌落的快慢，常用跌落 60dB 的带宽 B_{60} 与 B_3 的比值来衡量，如图 4-12 所示，称之为形状因子，记作 S_F，即

$$S_F = \frac{B_{60}}{B_3} \tag{4-19}$$

S_F 值小，表明滤波器的带外选择性好。对于理想带通滤波器，有 $S_F = 1$；实际带通滤波器，一般能实现 $S_F < 5$。

2. 恒带宽滤波器及恒百分比带宽滤波器

实现某一频带的频率分析，需用一组中心频率逐级变化的带通滤波器，其带宽应相互衔接，以完成整个频

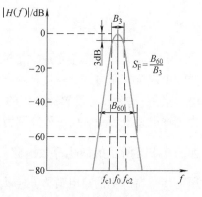

图 4-12　带通滤波器的形状因子

带的频率分析。当中心频率改变时，各个带通滤波器的带宽如何取值，通常有以下两种方式：一种是恒带宽滤波器，取绝对带宽等于常数，即

$$B_3 = f_{c2} - f_{c1} = 常数$$

另一种是恒百分比带宽滤波器，取相对带宽等于常数，即

$$b = \frac{B_3}{f_0} = \frac{f_{c2} - f_{c1}}{f_0} \times 100\% = 常数$$

中心频率变化时，这两种带通滤波器的带宽变化情况为，恒带宽滤波器不论其中心频率 f_0 取何值，均有相同的带宽，而恒百分比带宽滤波器的带宽则随 f_0 的升高而增加。

需要说明的是，恒带宽滤波器具有均匀的频率分辨率，对那些包含多个离散型简谐分量的信号，采用恒带宽滤波器是适宜的。恒带宽方式的缺点在于分析频带不可能很宽。而恒百分比带宽方式则可实现很宽的分析频带，在分析频带内，它给出相同的百分比频率分辨率。

4.3 压电式加速度传感器的测试系统

压电式加速度传感器具有高输出阻抗特性，因此，同它相连的前置放大器输入阻抗的大小将对测量系统的性能产生重大影响。前置放大器的作用是：

1）将压电式加速度传感器的高输出阻抗转换为低输出阻抗，以便同后续仪器相匹配。

2）放大加速度传感器输出的微弱信号，使电荷信号转换成电压信号。

3）实现输出电压归一化，在相同的加速度值时，与不同灵敏度的加速度传感器相配合，实现相同的输出电压。

目前前置放大器有两种基本设计形式。一种是前置放大器的输出电压正比于输入电压，称为电压放大器。此时，需要知道的是传感器的电压灵敏度 S_V。另一种是前置放大器的输出电压正比于加速度传感器的输出电荷，称为电荷放大器，此时需要知道的是传感器的电荷灵敏度 S_q。它们之间的主要差别是，电压放大器的输出电压大小同它的输入连接电缆分布电容有密切关系，而电荷放大器的输出电压基本上不随输入连接电缆的分布电容而变化。因此，电荷放大器测量系统适用于那些改变输入连接电缆长度的场所，特别适用于远距离测量。

4.3.1 电压放大器

电压放大器的作用是放大加速度传感器的微弱输出信号，把传感器的高输出阻抗转换为低输出阻抗，压电式加速度传感器与所用的电压放大器、传输电缆组成的等效电路如图 4-13a 所示，q_a 为压电传感器产生的总电荷，C_a、R_a 分别为传感器的电容量和绝缘电阻值，C_c 为传输电缆电容量，C_i、R_i 分别为放大器的输入电容值和输入电阻值。它也可进一步简化为如图 4-13b 所示的简化等效电路。则等效电容为 $C = C_a + C_c + C_i$，等效电阻为 $R = \frac{R_a \cdot R_i}{R_a + R_i}$。压电传感器产生的总电荷为 $q_a = d_x F$，设

$$q_a = q_{a1} + q_{a2} = d_x F \tag{4-20}$$

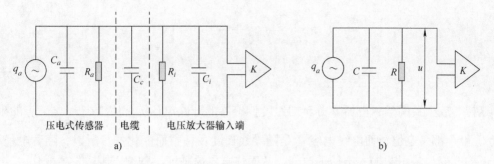

图 4-13　压电式传感器、电缆和电压放大器组成的等效电路和简化的等效电路
a) 等效电路　b) 简化的等效电路

式中，q_{a1} 为使电容 C 充电到电压 u 所需的电荷量，即 $u = \dfrac{q_{a1}}{C}$；q_{a2} 是电荷经电阻 R 泄漏的电荷量，并在 R 上也产生电压降，其值也相当于 u，即 $u = \dfrac{\mathrm{d}q_{a2}}{\mathrm{d}t}R$。将 q_{a1}、q_{a2} 分别代入式（4-20），并整理后可得

$$RC\frac{\mathrm{d}u}{\mathrm{d}t} + u = d_x R \frac{\mathrm{d}F}{\mathrm{d}t} \tag{4-21}$$

设牵连惯性力表达式为 $F = F_m \sin\omega t$，代入式（4-21）得

$$RC\frac{\mathrm{d}u}{\mathrm{d}t} + u = d_x R \frac{\mathrm{d}}{\mathrm{d}t}(F_m \sin\omega t)$$

该微分方程的特解为

$$u = u_m \sin(\omega t + \theta)$$

式中，

$$u_m = \frac{d_x F_m \omega R}{\sqrt{1 + (\omega RC)^2}} \quad \text{或} \quad u_m = \frac{d_x F_m \omega}{\sqrt{(1/R)^2 + (\omega C)^2}} \tag{4-22}$$

从式（4-22）中可以看出

1）当测量静态参数时（$\omega = 0$），则 $u_m = 0$，即压电式加速度传感器没有输出，所以它不能测量静态参数。

2）当测量频率足够大时（$\dfrac{1}{R} \ll \omega C$），则 $u_m \approx \dfrac{d_x F_m}{C}$，即电压放大器的输入电压与频率无关，不随频率变化。

3）当测量低频振动时（$\dfrac{1}{R} \gg \omega C$），则 $u_m \approx d_x F_m R\omega$，即电压放大器的输入电压是频率的函数，随着频率的下降而下降。

电缆电容对电压放大线路的影响也是一个主要因素，由于压电传感器的电压灵敏度 S_V 与电荷灵敏度 S_q 有以下关系：

$$S_V = \frac{S_q}{C_a} \tag{4-23}$$

而电荷灵敏度为 $S_q = \dfrac{q_a}{a}$，电压灵敏度为 $S_V = \dfrac{u_a}{a}$，则电压放大器的输入电压 u（因为 R_a 和 R_i 足够大忽略它们的影响）为

$$u = \frac{q_a}{C_a + C_c + C_i} = \frac{S_q a}{C_a + C_c + C_i}$$

$$= \frac{S_V C_a \cdot a}{C_a + C_c + C_i} = \frac{C_a}{C_a + C_c + C_i} u_a \tag{4-24}$$

这样，放大器的输入电压 u 等于加速度传感器的开路电压 u_a 和因数 $\dfrac{C_a}{C_a + C_c + C_i}$ 的乘积。一般 C_a 和 C_i 都是定值，而电缆电容 C_c 是随导线长度和种类而变化的，所以，随着电缆种类和长度的改变，将引起输入电压的改变，从而使电压灵敏度、频率下限也发生变化，这对实际使用是很不方便的。因此，为了克服导线电容的严重影响，通常采用电荷放大器作为压电式加速度传感器的测量线路。

为了克服电压放大器的缺点，消除电缆电容 C_c 的影响，近年来研制成功与测量线路于一体的集成式压电式加速度传感器，结构如图 4-14 所示。

这种传感器将微型电压放大器（或阻抗变换器）直接装入压电传感器内部，使内置引线电容几乎为零，解决了使用普通电压放大器时的引线电容问题，造价大大降低，且使用简单。

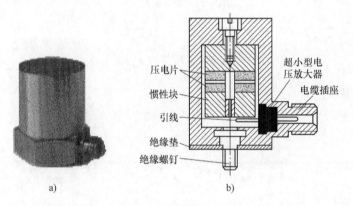

图 4-14　集成式压电式加速度传感器结构示意图

a）集成式压电式加速度传感器　b）结构示意图

目前集成式压电式加速度传感器已经广泛采用输出线与供电线共用一条电缆的方法（由一条电缆供电并同时用它输出被测电压信号）和恒流源供电的方式。它的主要优点是能直接输出高电平、低阻抗的高输出可达几伏特的电压信号。这样，既可消除电缆引起的噪声和虚假响应信号，又可使用普通类型长达几百米的同轴电缆传输信号，大大降低了测试费用。

当然，集成式压电式加速度传感器也存在有限测量范围的问题，但随着电子技术的飞跃发展，集成式压电式加速度传感器将得到迅速发展。

4.3.2　电荷放大器

电荷放大器是一种输出电压与输入电荷量成正比的前置放大器。由电荷放大器、传感器和电缆组成的等效电路如图 4-15 所示。图中 C_F 为反馈电容，K 为运算放大器的放大倍数，其他符号同图 4-13 所示。

为讨论方便，暂不考虑 R_a 和 R_i 的影响，试看电荷放大器的输出电压与传感器发出的电荷之间的关系。

电荷放大器输入端的电荷为加速度传感器发出的电荷 q_a 与"反馈电荷" q_F 之差，而 q_F 等于反馈电容 C_F 与电容两端电位差（$u_i - u_1$）的乘积，即

$$q_F = C_F(u_i - u_1) \qquad\qquad (a)$$

而电荷放大器的输入电压就是电荷差（$q_a - q_F$）在电容 $C = C_a + C_c + C_i$ 两端形成的电位差。即

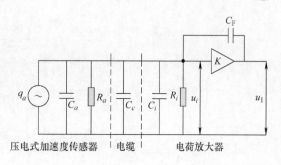

图 4-15　压电式加速度传感器、电缆和电荷放大器组成的等效电路

$$u_i = \frac{q_a - q_F}{C} \qquad\qquad (b)$$

由于放大器采用深度电压负反馈电路，即

$$u_1 = -Ku_i \qquad\qquad (c)$$

由式（a）~式（c）可得

$$u_i = \frac{q_a}{C + (1+K)C_F} \qquad\qquad (d)$$

所以，

$$u_1 = \frac{-Kq_a}{C + (1+K)C_F}$$

因为电荷放大器是高增益放大器，即 $K \gg 1$，因此，一般情况下 $(1+K)C_F \gg C$，则有

$$u_1 \approx \left| \frac{q_a}{C_F} \right| \qquad\qquad (4\text{-}25)$$

由此可见，电荷放大器的输出电压与加速度传感器产生的电荷成正比，与反馈电容 C_F 成反比，而且受电缆电容的影响很小，这是电荷放大器的一个主要优点。因此在长导线测量和经常要改变输入电缆长度时，采用电荷放大器是很有利的。

在实际电荷放大器线路中，为使运算放大器工作稳定，一般需要在反馈电容上跨接一个电阻，如图 4-16 所示。同时，它将对低频起抑制作用，因此实际上它起到了高通滤波器作用，有意选择不同的 R_F 值，可得到一组具有不同低截止频率的高通滤波器。电荷放大器的电路框图如图 4-17 所示。通常应用的丹麦 B&K 公司的 2635 型电荷放大器面板，如图 4-18 所示。电荷放大器的几个主要功能如下：

1）电路的输入级上设置了一组负反馈电容 C_F，改变 C_F 值，可以获得不同的增益，即可得到对应于单位加速度不同的输出电压值。

2）电路上设置有低通及高通滤波环节，这些环节在测量时可以抑制所需频带以外的高频噪声信号及低频晃动信号。高通是由并联反馈电阻 R_F 来实现的，低通则由另一个低通电路来实现。

3）多数电荷放大器设置有一次积分和二次积分电路。这样，由加速度传感器输出到电荷放大器的电荷量可经一次积分转换为与速度成正比的电压信号，或经二次积分转换为与位

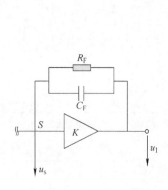

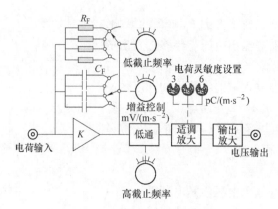

图 4-16　并联 R_F 情况　　　　图 4-17　电荷放大器的电路框图

a)

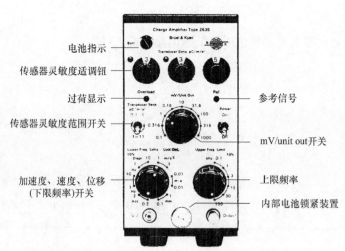

b)

图 4-18　2635 型电荷放大器的面板图

a) 电荷放大器的面板　b) 面板功能示意图

移成正比的电压信号。

4) 电路上最有特点的是适调放大环节，它的作用是实现"归一化"功能。适调放大环节就是一个能按传感器的电荷灵敏度调节其放大倍数的环节。它可以不论压电式加速度传感器的电荷灵敏度为多少，各通道都能输出具有统一灵敏度的电压信号，这也就是"归一化"的含义。

电荷放大器的优点很多，除上述优点外，电荷放大器的工作频率范围很大，低频能达到 0.1Hz，而高频可达 100kHz，甚至更高。但缺点是价格偏高。

例 4-1　用加速度传感器和丹麦 B&K 公司生产的 2635 型电荷放大器组成测试系统来测量振动速度，最低振动频率约为 10Hz，最高振动频率为 3000Hz，加速度传感器的电荷灵敏度为：$S_q = 2.1\text{pC}/(\text{m} \cdot \text{s}^{-2})$。

根据传感器的电荷灵敏度和测量频率，电荷放大器有关开关的设置步骤如下：

1）适调开关区间（电荷灵敏度区间）置：$1 \sim 11\text{pC}/(\text{m} \cdot \text{s}^{-2})$；

2）设置适调开关值（电荷灵敏度）：$2.1\text{pC}/(\text{m} \cdot \text{s}^{-2})$；

3）下限频率开关置：10Hz（高通滤波），对应的速度单位为 0.01m/s；

4）上限频率开关置：3kHz（低通滤波）；

5）根据显示仪表的灵敏度选择输出电压灵敏度开关，假定为 $100\text{mV}/(\text{m} \cdot \text{s}^{-1})$；

6）若输出电压为 3.16V，则振动速度为

$$v = \left(\frac{\frac{3.16}{100}}{1000} \times 0.01 \right) \text{m/s} = 0.316\text{m/s}$$

例 4-2　同上例，测量频率为 $2 \sim 1000\text{Hz}$ 区间内的振动加速度，加速度传感器的电荷灵敏度为 $S_q = 3.5 \times 10^{-1}\text{pC}/(\text{m} \cdot \text{s}^{-2})$。

开关设置步骤：

1）适调开关区间置：$0.1 \sim 1\text{pC}/(\text{m} \cdot \text{s}^{-2})$；

2）置适调开关值为 $0.35\text{pC}/(\text{m} \cdot \text{s}^{-2})$；

3）置下限频率为 2Hz，对应的加速度输出单位为 1m/s^2；

4）置上限频率为 1kHz；

5）选择输出电压灵敏度开关，假定为 $1000\text{mV}/(\text{m} \cdot \text{s}^{-2})$；

6）若输出电压为 3.16V，则振动加速度为

$$a = \left(\frac{3.16}{1000 \times 10^{-3}} \times 1 \right) \text{m/s}^2 = 3.16\text{m/s}^2$$

4.4　电涡流式传感器的测试系统

电涡流式传感器的工作原理主要是将测量间隙 d 的变化转化为测量 $L'(d)$ 的变化。进而根据 $L'(d)$ 的关系曲线求出 d 与输出电压 u_1 的变化规律。

为了测定 $L'(d)$ 的变化，并建立输出电压 u_1 与间隙 d 的变化关系，一般采用谐振分压线路，为此在电涡流式传感器的等效电路中并联一电容 C，如图 4-19 中虚线所示。这样就构成一个 R'、L'、C 谐振回路 $[R'_1 L'$ 由式 (3-28) 决定$]$，其谐振频率 $f_{\text{谐}}$ 为

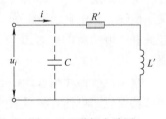

图 4-19　谐振电路图

$$f_{\text{谐}} = \frac{1}{2\pi} \frac{1}{\sqrt{L'(d)C}} \tag{4-26}$$

这样 $f_{\text{谐}}$ 将随 d 的变化而变化。即当间隙距离 d 增加时，谐振频率 $f_{\text{谐}}$ 将降低。反之，当间隙距离 d 减小时，谐振频率 $f_{\text{谐}}$ 将增大，若在振荡电压 u_i 与谐振回路之间引进一个分压电

阻 R_c，如图 4-20a 所示，当 R 远大于谐振回路的阻抗值时，则输出电压 u_1 决定于谐振回路的阻抗值。

对于某一给定的间隙距离 d，就有一相应的 $L'(d)$ 或 $f_谐$ 与之相对应，这时输出电压 u_1 随振荡频率的变化曲线而变化，如图 4-20b 所示。

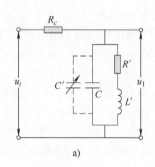

a)

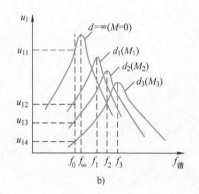

b)

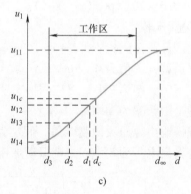

c)

图 4-20　电涡流式传感器的输出特性曲线

a）谐振分压电路　b）输出电压与谐振频率的关系　c）输出电压与间隙 d 的变化关系

如果将振荡输入电压 u_i 的频率值严格稳定在 f_0（如 1MHz）处，将得到对应于 $d=\infty$、$d=d_1$、$d=d_2$、…时的相应输出电压 u_{11}、u_{12}、…之间的对应关系。再将其以间隙 d 为横坐标，u_1 为纵坐标，画出相应变化曲线，就可得到图 4-20c 所示的输出电压 u_1 与间隙 d 的变化关系曲线。图中直线段部分是有效的测量工作部分。为了得到更长的直线段，在图 4-20a 上还并联一可微调的电容 C'，以调整谐振回路的参数，找到安装传感器的最合适的谐振位置 d_c。

整个传感器和测量线路示意图如图 4-21 所示，它通常是由晶体振荡器、高频放大器和检波器组成，也称为前置放大器或电涡流式测振仪。晶体振荡器提供的是高频振荡输入信号，传感器在 a 点输入的是随振动间隙 d 变化的高频载波调制信号，经高频放大器放大。最后从检波器输出的是带有直流偏置成分的振动电压信号。其直流偏置部分相当于平均间隙 d_c，交变部分相当于振动幅值的变化。由此可知，非接触式电涡流式传感器具有零频率响应，可以测量静态间隙，并可以用静态方法校准。

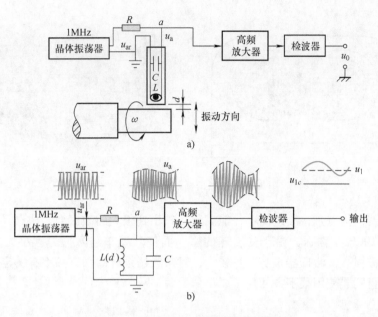

图 4-21　电涡流式传感器的结构及原理图

4.5　激振设备

振动激振设备主要是振动台和激振器，通常，激振器是安装在被测物体上直接激振，激振力是一个集中力。而振动台是把被测物体装在振动平台上，通过牵连惯性力而激振，激振力是一个分布力。激振设备产生干扰力使被测物体发生强迫振动，可以方便地实现在测试实验时被测物体所要求的强迫振动形式。

激振设备种类很多，根据结构原理可分为机械式、电磁式、液压式等多种形式。本节只对常用的振动台和激振器做一简单介绍。

4.5.1　激振器

1. 机械惯性式激振器

这种激振器是利用偏心质量的旋转，使之产生周期变化的离心力，以引起激振作用。由两个带偏心质量而反向等速旋转的齿轮结构组成的机械惯性式激振器，如图 4-22 所示。

偏心质量齿轮旋转时，两质量的惯性力的合力在铅直方向以简谐规律变化，在水平方向合力为零，则激振力的大小为

$$F = 2m\omega^2 e\cos\omega t \tag{4-27}$$

式中，m 为偏心块质量；e 为偏心块的偏心距；ω 为旋转角速度。

使用时，将激振器固定在被测物体上，激振力带动物体一起振动。此类激振器一般都用直流电动机带动，改变直流电动机的转速可调节干扰力的频率。

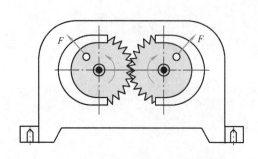

图 4-22　机械惯性式激振器示意图

这种激振器的优点是，制造简单，能获得从较小到很大的激振力。缺点是工作频率范围窄，一般小于 100Hz。激振力由于受转速的影响而使其频率与激振力大小无法分别单独控制，另外，机械惯性式激振器本身质量较大，对被激振系统的固有频率有一定附加刚度和附加质量影响，且安装使用很不方便。

2. 电磁式激振器

电磁式激振器是将电能转换成机械能，并将其传递给试验结构的一种设备。其结构原理示意图如图 4-23 所示。

电磁式激振器由磁路系统（永久磁铁）与动圈、弹簧、顶杆、外壳等组成。动圈固定在顶杆上，处在磁场气隙中，工作时顶杆处于限幅器的中间，弹簧与壳体相连接。

由于磁场气隙中是一个强大的磁场，同时再给动圈输入一个交变电流 I_e，则电流在磁场的作用下产生的电磁感应力 F 为

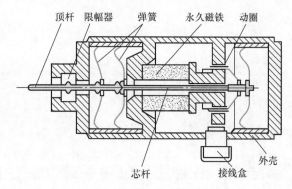

图 4-23　电磁式激振器原理

$$F = BLI_e \sin\omega t \tag{4-28}$$

式中，B 为磁感应强度；L 为动圈绕线有效长度；I_e 为通过动圈的电流。

力 F 使顶杆做上下运动，由顶杆传给试件的激振力是电磁感应力 F 和可动部分的惯性力、弹性力、阻尼力等的合力。但由于激振器的可动部分质量很小，弹簧较软，所以在一般情况下，其惯性力、弹性力和阻尼力可以忽略。当输入动圈内的电流 I_e 以简谐规律变化时，则通过顶杆作用在物体上的激振力也以简谐规律变化。

使用这种激振器时，是将它放置在相对于被测试物体静止的地面上，并将顶杆顶在被测试物体的激振处，顶杆端部与被测试物体之间要有一定的预压力，使顶杆处于限幅器中间，且要注意满足相应的跟随条件。

与电磁式激振器配套使用的仪器有信号发生器和功率放大器。连接框图如图 4-24 所示。

信号发生器是产生一定形式、一定频率范围和一定大小振动信号的设备，可产生多种振动信号，如正弦、脉冲（分波、三角波）随机和瞬态随机等多种激振信号。

功率放大器是将信号发生器输出的电压信号进行放大，给激振器提供与电压信号成正比

的电流，以使电磁式激振器产生符合要求的激振力。

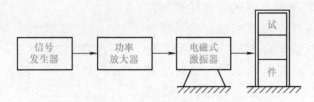

图 4-24　电磁式激振器系统连接示意框图

电磁式激振器的优点是能获得较宽频带（从 0Hz 到 10kHz）的激振力，即产生激振力的频率范围较宽。而可动部分质量较小，从而对被测物体的附加质量和附加刚度也较小，使用方便。因此，应用比较广泛，但这种激振器的缺点是不能产生太大的激振力。

4.5.2　振动台

1. 机械式振动台

机械式振动台有连杆偏心式和惯性离心式两种。它们的工作原理如图 4-25 所示。惯性离心式振动台是基于旋转体偏心质量的惯性力而引起振动平台的振动来工作的，其工作原理与离心式激振器的工作原理相同。

连杆偏心式振动台是基于偏心轮转动时，通过连杆机构而使工作台做交变正弦运动来工作的。振幅大小可用改变偏心距的大小来调节，频率可用改变电动机转速来调节。由于机械摩擦和轴承损耗的影响，

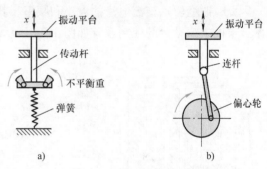

图 4-25　机械式振动台的工作原理
a) 惯性离心式　b) 连杆偏心式

这种振动台频率一般不能超过 50Hz，连杆偏心式振动台的主要优点是能够得到很低的频率，且振幅与频率的变化无关。主要缺点是不能进行高频激振，小振幅时失真度较大。一般来说，连杆偏心式振动台的有效频率范围为 0.5 ~ 20Hz；惯性离心式振动台的有效频率范围为 10 ~ 70Hz 左右。且振幅在大于 0.1mm 以上时效果较好，机械式振动台的优点是结构简单，容易产生比较大的振幅和激振力；缺点是频率范围小，振幅调节比较困难，波形失真度较大。

2. 电磁式振动台

电磁式振动台的工作原理与电磁式激振器相同，只是振动台有一个安装被激振物体的工作平台，其可动部分的质量较大。控制部分由信号发生器、功率放大器等组成。控制箱与振动台之间由电缆连接。电磁式振动台的种类很多，目前，除了正弦波振动台以外，还有随机振动台等。电磁式振动台的频率范围很宽，可从几赫兹到几千赫兹，最高可达几十千赫兹。

电磁式振动台的优点是，噪声比机械式振动台的小，频率范围宽，振动稳定，波形失真度小，振幅和频率的调节都比较方便。缺点是低频特性较差。电磁式振动台的外形图如图 4-26所示。

电磁式振动台的结构原理与电磁式激振器极为相似，如图4-27所示。它的驱动线圈绕在线圈骨架上，通过连杆与台面刚性连接，并由上下支撑弹簧悬挂在振动台的外壳上。振动台的固定部分是由高导磁材料制成的，上面绕有励磁线圈。当励磁线圈通以直流电流时，磁缸的气隙间就形成强大的恒定磁场，而驱动线圈就悬挂在恒定磁场中。

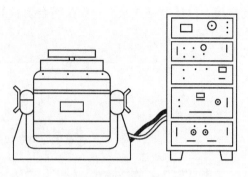

图4-26　电磁式振动台

当驱动线圈通过交流电流 $i = I_m \sin\omega t$ 时，由于磁场的作用，在驱动线圈上就产生电磁感应力 F，从而使驱动线圈带动工作台面上下运动。电磁感应力 F 的大小为

$$F = BLI_m \sin\omega t \qquad (4-29)$$

式中，B 为空气气隙中的磁感应强度；L 为驱动线圈导线的有效长度；I_m 为驱动线圈中的电流幅值；ω 为驱动交流电流的圆频率。

因此，改变驱动交流电流的大小和频率，就能改变工作台面的振动幅值的大小及振动的频率。电磁式振动台的控制系统如图4-28所示。

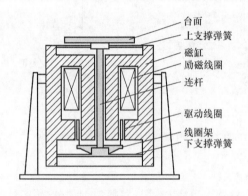

图4-27　电磁式振动台的结构原理图

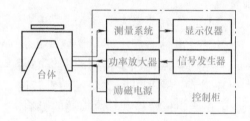

图4-28　电磁式振动台的控制系统框图

控制系统分为三路，一路是励磁部分，它主要给励磁线圈提供励磁电流而产生恒定的磁场；另一路是激励部分，它主要由信号发生器和功率放大器等组成，其输出信号接到振动台的驱动线圈上，以使其产生频率和幅值均为可调的振动信号；第三路是测量部分，其测量、显示、记录和控制系统组装在控制柜中，目前一些先进的振动台还装有计算机及有关数字分析软件。

3. 液压式振动台

液压式振动台是将高压油液的流动转换成振动台台面的往复运动的一种机械，其原理如图4-29所示。其中，台体由电液控制阀、液压缸、高压油路（供油管路）、低压油路（回油管路）等主要部件组成。而电液控制阀的结构和电磁式振动台的控制结构相同，由信号发生器、功率放大器供给驱动线圈驱动电信号，从而驱动控制阀工作，由于液压缸中的活塞同台面相连接，控制阀有多个进出油孔，分别通过管路与液压缸、液压泵和油箱相连。

液压振动台的工作原理比较简单，如图4-29a所示，振动台处于平衡位置的状态时，即控制阀的滑阀正好关闭了所有的进出油孔，使高压油不能通过控制阀进入液压缸，于是活塞处于静平衡位置。当给控制阀驱动线圈加一驱动信号使可动部分向上移动时，控制阀即离开平衡位置向上运动，如图 4-29b 所示，从而打开控制阀的高压油孔，高压油经油路从下面进入液压缸，并推动活塞向上运动，这样振动台台面就向上运动，而处在控制阀和活塞上端的油经回油管流入油箱中。当外加驱动信号使控制阀驱动线圈的可动部分向下运动时，控制阀即向下运动，如图 4-29c 所示，高压油从上面进入液压缸而推动活塞向下运动，这样振动台台面就向下运动。不难看出，液压振动台就是利用控制阀控制高压油流入液压缸的流量和方向来实现台面的振动，台面振动的频率和驱动线圈的振动频率相同。

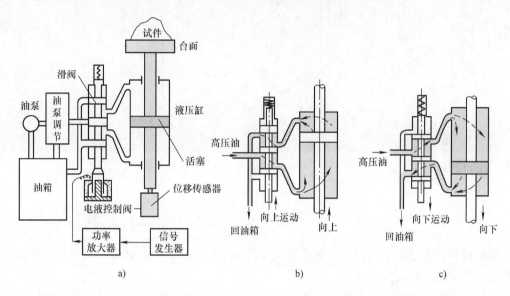

图 4-29　液压式振动台的结构原理

由于液压振动台可比较方便地提供大的激振力，台面能承受大的负载。因此，一般都做成大型设备加以使用，以便适应大型结构的模拟试验。它的工作频率段下限可低至 0Hz，上限可达几百赫兹。由于台面由高压油推动，因而避免了漏磁对台面的影响。但是，台面的波形直接受油压及油的性能的影响。因此，压力的脉动、油液受温度的影响等都将直接影响台面的振动波形。所以，与电磁式振动台相比，它的波形失真度相对来说要大一些。

振动台的主要技术参数是表明振动台所能达到的技术指标。

振动台的主要技术参数为下：

（1）主要性能范围　这是指振动台使用的频率范围，能达到的最大振幅或最大加速度值，振动台面的最大负荷等。图 4-30 所示是机械式、电磁式和液压式振动台的典型性能范围。

（2）振动台波形的失真度　这是衡量振动台输出波形偏离简谐波的程度。失真度 γ 的定义是

$$\gamma = \frac{\sqrt{E_2^2 + E_3^2 + \cdots + E_n^2}}{E_1} \times 100\% \qquad (4\text{-}30)$$

式中，E_1 为输出波形中基波的有效值；E_2、$\cdots$、E_n 为波形中各高阶谐波分量的有效值。根据式中所取的波形是位移（速度或加速度），γ 相应称为位移失真度（速度或加速度失度）。

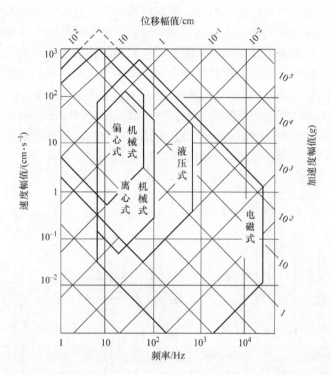

图 4-30　各种振动台的典型性能范围

振动台驱动信号或驱动力的质量直接决定了振动台的失真度。此外，机械与电气的干扰等都或大或小地影响着失真度。

一般振动台的加速度失真度，不大于 10% ~ 25%，对校准传感器用的标准振动台应小于 5%。

(3) 台面的横向运动　这是衡量振动台在垂直于名义振动方向的振动的大小，它以横向加速度幅值与名义方向加速度幅值的比来表示。普通振动台此值不应大于 15% ~ 25%，标准振动台应小于 10%。

(4) 台面各点振动的不均匀度　它是指台面上各点振动的不均匀程度，用台面上加速度最大值（或最小值）与台面中央点加速度幅值之差与后者的比来表示。对一般用振动台此值应小于 15% ~ 25%，标准振动台不大于 5%。

所以为满足不同的实验要求，根据振动台的技术参数，可选择使用不同类型的振动台。

4.5.3　力锤

力锤又称手锤，是目前实验模态分析中经常采用的一种激励设备。它的结构有两种形式，如图 4-31 及图 4-32 所示。它由锤帽、锤体和力传感器等几个主要部件组合而成。当用力锤敲击试件时，冲击力的大小与波形由力传感器测得，并通过放大后经记录设备记录下来。因此，力锤实际上是一种手握式冲击激励装置。使用不同的锤帽材料可以得到不同脉宽的力脉冲，相应的力谱也不同。一般橡胶锤帽的带宽窄，钢最宽。常用的锤帽材料有橡胶、尼龙、铝、钢等。因此，使用力锤激励结构时，要根据不同的结构和分析频带选用不同的锤帽材料。常用力锤的锤体重约几十克到几十千克，冲击力可达数万牛。

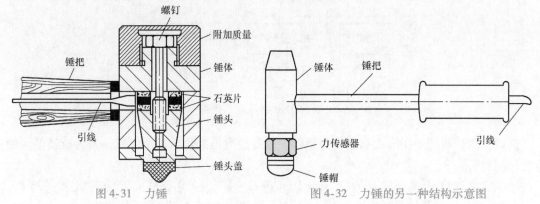

图 4-31　力锤　　　　图 4-32　力锤的另一种结构示意图

由于力锤结构简单，使用十分方便，而且避免了使用价格昂贵的激振设备及其安装激振器带来的大量工作，因此，它被广泛地应用于现场及实验室内的激振试验。

4.6　振动测试仪器的校准

为了保证振动测量的可靠性和精度，还必须对振动传感器和测量仪器进行校准。校准的主要内容有：

1）灵敏度，即输出量与被测振动量之间的比值。

2）频率特性，即在所使用频率范围内灵敏度随频率的变化关系。

3）幅值线性范围，即灵敏度随幅值的变化为线性关系的范围。

4）横向灵敏度、环境灵敏度等。

对于一般使用单位，通常只需对传感器的主要参数，如灵敏度和频率特性进行校准，并且只有在下述两种情况下才进行校准。

1）传感器或测试系统每年一次的定期校准。

2）传感器或测试系统出厂前或维修后进行的校准。

4.6.1　分部校准与系统校准

测振仪器的校准可以分两种形式进行：一种是分部校准，另一种是系统校准。

1. 测振仪器的分部校准

分部校准法是把传感器、放大器和记录设备放在全套仪器配套测量中，分别测定各段的灵敏度，然后把它们组合起来，求得测振仪最初输入量与最后输出量的关系。分部校准主要分三级：第一级是传感器的校准，即校准外界输入振动量与传感器输出物理量的关系，如输入的位移、速度、加速度等与输出的电荷、电压、电感、应变等之间的关系。第二级是放大器，校准输入电荷、电压、电感、应变及频率等量与其输出电压、电流之间的关系。第三级是记录仪器校准，校准其输入电压、电流与记录信号等之间的关系。分部校准原理示意图如图 4-33 所示。

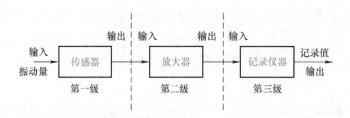

图 4-33　分部校准原理示意图

例如，测试系统由压电式加速度传感器、电荷放大器和显示器所组成，若各仪器的灵敏度已分别测得为：

压电式加速度传感器的灵敏度 $S_q = 10\mathrm{pC}/(\mathrm{m \cdot s^{-2}})$，电荷放大器的灵敏度（增益）$S_a = 1\mathrm{mV/pC}$，显示器的灵敏度 $S_r = 10\mathrm{mm/mV}$，则整个系统的灵敏度为

$$S = S_q \cdot S_a \cdot S_r = 10\mathrm{pC}/(\mathrm{m \cdot s^{-2}}) \times 1\mathrm{mV/pC} \times 10\mathrm{mm/mV} = 100\mathrm{mm}/(\mathrm{m \cdot s^{-2}})。$$

这里要注意，各个输出、输入量要统一用峰值，或有效值，或峰 – 峰值表示，以避免混淆而带来错误。

分部校准的优点在于它比较灵活，例如，只要遵循匹配关系，我们就可以方便地用备用仪器去更换测量系统中失效的传感器或放大器，而不必重新进行校准工作。本方法的缺点是对每一环节的校准要求相对要高些。

2. 测振仪器的系统校准

测振仪器的系统校准是对整个测量系统进行校准，如图 4-34 所示，直接确定输出记录量及输入机械量之间的关系。

系统校准的校准步骤较简单，使用也较方便，但因测量系统是不能更换的，所以如果要重新配套或者更换某一环节（如更换传感器或放大器），则必须重新校准。

具体应用中也可采用介于上述两者之间的校准方法，即把测量系统分成传感器与后续仪器两部分（图 4-35）分别加以校准。此外，放大器中配有一幅度恒定的校准电信号，称为"模拟传感器"，它可随时用来检验和校准放大器与记录仪器，在测试现场使用十分方便。

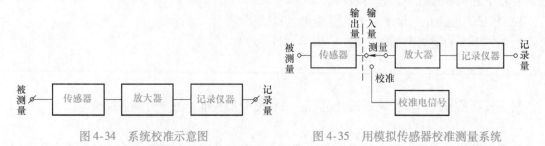

图 4-34　系统校准示意图　　　　　　图 4-35　用模拟传感器校准测量系统

4.6.2　静态校准

静态校准法仅能用于校准具有零频率响应的传感器及测量仪器，能校准的项目也具有局限性，如只能限于静态灵敏度、线性度、测量范围等方面的校准。但因所用设备简单，方法容易，所以应用也很普遍。

电涡流式、电感式、电容式等相对式位移传感器都具有零频率响应，可以用如图 4-36

所示的简单装置进行校准。用千分表改变传感器与靶体（用与被测对象相同的材料制成）之间的间隙值 d，对应每一间隙 d 值，读出传感器的输出电压值，就可得到如图 4-36d 所示的许多读数点，由此就求出了灵敏度和线性工作范围。

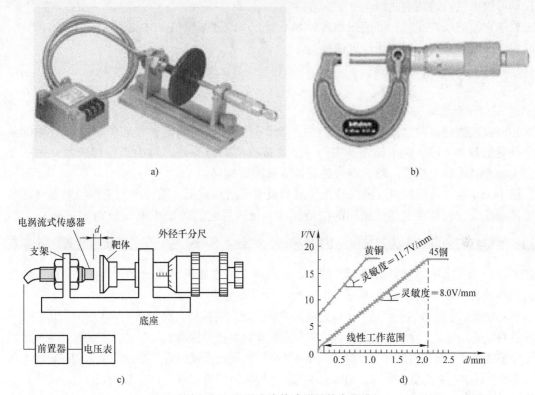

图 4-36 电涡流式传感器的静态校准

a）校准台　b）千分表　c）电涡流式传感器的静态校准　d）电涡流式传感器的校准曲线

4.6.3 绝对校准法

绝对校准法用于位移的测量时是用精度较高的读数显微镜或激光测振仪测出振幅，用频率计测出频率。若用读数显微镜在低于 50Hz 以下测量位移值时，精度可达±0.5% ~ ±1%。若用激光测振仪测位移时，校准测试频率范围可以扩大，精度可以更高。

绝对校准法示意图如图 4-37 所示。若校准位移型传感器灵敏度，可把振动台调到某一个固定频率，再调节振幅值于某一个固定数值，利用读数显微镜或激光测振仪读出振

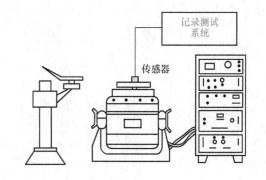

图 4-37 绝对校准法示意图

幅值，并测出被校准的传感器的输出量，由此就计算出灵敏度，即得到单位位移时传感器的输出量。

若校准速度传感器和加速度传感器时，则调节振动台位移幅值 A，使得振动速度或加速

度为某一固定值如 $v = 1\text{cm/s}$，或 $a = 9.8\text{m/s}^2$ 时，测得这时传感器的输出量，即可求得它们的真实灵敏度。

做频响曲线校准时，固定振动台各参量的幅值，改变频率，然后测出对应的各个输出数据，即可绘出它们的频响曲线。

校准它们的线性度时，可使振动台频率不变，而改变振幅值，并测出对应的输出量，绘制成曲线，即可求出它们的线性度曲线。

4.6.4 相对校准法

1. 相对校准法的基本原理和方法

相对校准法是将两个传感器（或测振系统）进行比较而确定被校准传感器（或测试系统）性能的校准方法。两个传感器中，一个是被校准的传感器，称为工作传感器；另一个是作为参考基准的传感器，称为参考传感器或标准传感器。

图4-38a 所示为用相对校准法确定传感器灵敏度的示意图。被校准的工作传感器与标准传感器都安装在振动台上经受相同的简谐振动。设测得它们的输出电压分别为 u 和 u_0，如已知标准传感器的灵敏度为 S_0，则工作传感器的灵敏度 $S = S_0 \dfrac{u}{u_0}$。改变振动台的频率并重复上述实验，即可求得传感器的幅频特性。若测量两个传感器输出的相位差，再根据标准传感器的相频特性，就可求出被校准的工作传感器的相频特性。

相对校准法中关键的一点是两个传感器必须感受相同的振动。对于图4-38a 中两个传感器并排安装的形式，必须十分注意振动台振动的单向性和台面各点振动的均匀性，安装时还应注意使两个传感器的重心落在台面的中心线上。若将两个传感器的安装位置互换，如果它们的输出电压之比不变，就表明它们感受到的振动确实相同。一种所谓"背靠背"的安装方式（图4-38b）能较好地保证两个传感器感受到相同的振动激励，校准时应优先加以采用。

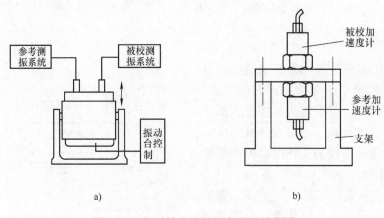

图4-38 相对校准法的基本原理示意图

a) 并排安装传感器 b) 背靠背安装传感器

2. 便携式加速度传感器校准器

一种便携式加速度传感器校准器是基于相对校准的工作原理而设计的。由于它的结构紧凑，使用方便，所以得到很广泛的应用。它的结构框图如图4-39 所示。图中永磁系统用柔

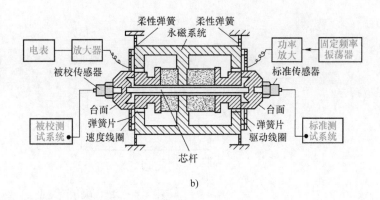

a)　　　　　　　　　　　　　　　b)

图 4-39　便携式加速度传感器校准器的原理示意图
a) 校准器　b) 工作原理示意图

性弹簧支承，磁路两端各有一个环状气隙；在其中一个气隙中装有驱动线圈；另一个气隙中装有速度线圈，两个线圈用芯杆连在一起，并用弹簧片支承在磁路系统中，即构成可沿轴向运动的可动系统。固定频率（79.6Hz）振荡器产生的简谐信号输入到驱动线圈，使可动系统沿轴向做 79.6Hz 的简谐振动。调节功率放大器中的驱动电流可改变可动系统的振动幅值。速度线圈和电表组成的测试系统用来测量可动系统的振动参数。此系统在出厂时已调整好，当表头指针指在一个特定的刻线时，可动系统的振幅为 40 μm（相应速度幅值为 20mm/s，加速度幅值为 $10m/s^2$）。被校准的加速度传感器安装在速度线圈附近的台面上，此时它就受到一个频率和幅值均已知的振动信号，因此，通过被校系统的测量数值与便携式加速度传感器校准器的标准数据相比较，就可对被校系统进行校准。

由于永磁系统是弹性支承的，所以当被校准加速度传感器质量不同时，由于附加质量的影响，此系统本身的振动也会不同，因而影响速度线圈产生的电动势和电表的读数值。为此，表头上的刻度应根据被校准加速度传感器的质量做出相应修正，这样，台面给出的标准振动幅值误差大约可控制在 2%。

如有高精度的标准传感器装在驱动线圈附近的台面上，用作比较校准。便可不用速度线圈和电表测量幅值，校准精度还可能会更高一些。

如需在 79.6Hz 以外的频率作校准，则可用一外接可变频率的信号发生器进行工作即可。

3. 加速度传感器横向灵敏度的测定

加速度传感器横向灵敏度通常也用相对方法来测定，为此要用一个特殊夹具把被测定加速度传感器的灵敏度轴方向安装得与振动台振动方向严格相垂直，如图 4-40 所示，通过与参考传感器的比较，就可测定被测传感器的横向灵敏度参数。由于横向灵敏度是有方向性的，所以在测量时必须用特制转台把被测加速度传感器绕其灵敏度轴转一系列角度做重复测定，最后就得到各个方向的横向灵敏度。

测量横向灵敏度最大的困难在于必须把振动台台面的横向运动控制在轴向振动的百分之几以下，否则测量就会失去校准的意义。

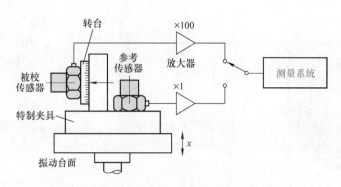

图 4-40　横向灵敏度的测定

习　题

4-1　简述无源微、积分电路及滤波器的工作原理，画出各自的幅频特性曲线及工作范围。

4-2　简述比例运算器的工作原理。

4-3　滤波器的主要参数如何表示？

4-4　简述电压放大器、电荷放大器的工作原理。它们的主要功能是什么？

4-5　简述电涡流式传感器测试系统的工作原理。

4-6　下列传感器测试系统，哪些具有零频率响应。

（1）压电式加速度计配电荷放大器。

（2）电涡流式传感器及测试系统。

4-7　指出三种激振设备（激振器、振动台、力锤）的激振方法及优缺点。

4-8　简述电磁式激振器的工作原理及主性能特点。

4-9　什么是绝对校准法？什么是相对校准法？什么是静态校准法？各适用于哪些传感器？

第 5 章
数字信号分析（Ⅰ）——傅里叶分析

数字信号分析是振动测试中的一种重要方法，也是近年来测试技术的发展方向。数字信号分析是将由传感器接收的模拟信号转化成数字信号，再利用数字信号处理技术进行分析与处理。数字信号分析有傅里叶分析和小波分析等方法，特别是依据快速傅里叶分析理论设计的数字式信号分析仪，彻底解决了非平稳信号的频率分析问题，弥补了模拟式频率分析仪的不足。其特点是精度高、速度快、内容丰富，许多在模拟量分析中难以实现的实时分析，在数字分析中却十分容易实现。

5.1 数据处理的基本知识

5.1.1 概述

在工程实际测量中的试验数据绝大多数均属于连续变化的动态信号，这些动态信号可归纳为 4 种类型：①周期性信号，②准周期信号，③随机信号，④非周期函数。

周期信号的数学形式可采用傅里叶级数的表达式

$$x(t) = \frac{a_0}{2} + \sum_{n=1}^{\infty} \left[a_n \cos(2\pi n f_1 t) + b_n \sin(2\pi n f_1 t) \right]$$

$$= \frac{x_0}{2} + \sum_{n=1}^{\infty} x_n \sin(2\pi n f_1 t + \theta_n) \tag{5-1}$$

式中，$f_1 = \dfrac{1}{T}$，为基频；$x_n = \sqrt{a_n^2 + b_n^2}$；$\theta_n = -\arctan\left(\dfrac{b_n}{a_n}\right)$。周期信号的离散谱如图 5-1 所示。

准周期信号是非周期信号中的一种，数学表达式为

$$x(t) = \sum_{n=1}^{\infty} x_n \sin(2\pi f_n t + \theta_n) \tag{5-2}$$

式中的任意两个频率之比 f_m/f_n 并不等于有理数，如图 5-2 所示的准周期信号的离散谱。即常常没有公共的整数倍周期。所以，实质上可认为它不是一种非周期性函数。例如：

$$x(t) = x_1 \sin(2t + \theta_1) + x_2 \sin(3t + \theta_2) + x_3 \sin(\sqrt{50}t + \theta_3) \tag{5-3}$$

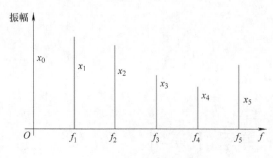

图 5-1　复杂周期型数据的离散谱

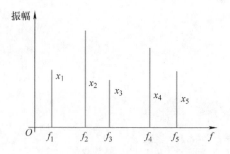

图 5-2　准周期型数据的频谱

该式虽由三个简谐振动叠加而成，但 $x(t)$ 不是周期性函数，因为 $2/\sqrt{50}$ 和 $3/\sqrt{50}$ 不是有理数（基本周期无限长），但经测试而得到的频谱仍然为离散谱。

除了准周期型信号以外的非周期信号都属于瞬变型数据。它有一个重要特征，就是不能用离散谱加以表示。从数学上讲，它不能表达为傅里叶级数，只能写成傅里叶积分的形式，即

$$X(f) = \int_{-\infty}^{+\infty} x(t)\,\mathrm{e}^{-\mathrm{j}2\pi ft}\,\mathrm{d}t \tag{5-4}$$

$$X(f) = |X(f)|\,\mathrm{e}^{-\mathrm{j}\theta(f)} \tag{5-5}$$

一般在有限时间 T 内，可进行即时频谱密度计算，数学表达式为

$$X(f) = \int_{0}^{T} x(t)\,\mathrm{e}^{-\mathrm{j}2\pi ft}\,\mathrm{d}t \tag{5-6}$$

另一类非确定性数据，即随机数据，不能用精确的数学关系式描述。所以，随机数据的分析研究必须采用概率与数理统计原理才能奏效。

5.1.2　振动信号的特征值

在振动信号处理中常用统计函数来描述它的基本特性，即均方值、自相关函数和自功率谱密度函数。这里，均方值提供了数据强度方面的描述；自相关函数和功率谱密度函数分别在时域和频域上提供了有关信息。

此外，在不少场合下还要描述两个或几个振动信号的一些联合特性，以确定它们描述各个过程之间的相互关系，即互相关函数和互谱密度函数，它们分别描述了幅度域与时域和频率域上的有关联合特性。

1. 均方值（均值和方差）

（1）均值　在时间历程 T 内的振动信号 $x(t)$ 所有值的算术平均值。即

$$\mu_x = \lim_{T \to \infty} \frac{1}{T} \int_{0}^{T} x(t)\,\mathrm{d}t \tag{5-7}$$

如果用有限个离散量来表示，则为

$$\mu_x = \frac{1}{N} \sum_{i=1}^{N} x_i \tag{5-8}$$

均值 μ_x 主要是用以描述振动过程不变（静止）的分量。

（2）均方值　在时间历程 T 内，振动信号 $x(t)$ 平方值的算术平均值，即

$$\psi_x^2 = \lim_{T\to\infty} \frac{1}{T}\int_0^T x^2(t)\,\mathrm{d}t \tag{5-9}$$

如果用有限个离散量来表示，则表达式为

$$\psi_x^2 = \frac{1}{N}\sum_{i=1}^N x_i^2 \tag{5-10}$$

均方值 ψ_x^2 用以描述振动过程的平均能量或平均功率。均方值的正平方根 ψ_x 称为均方根值或有效值。

（3）方差　表示振动信号偏离均值的平方的平均值。即

$$\sigma_x^2 = \lim_{T\to\infty} \frac{1}{T}\int_0^T [x(t)-\mu_x]^2\mathrm{d}t \tag{5-11}$$

若用有限个离散量来表示，则数学表达式为

$$\sigma_x^2 = \frac{1}{N}\sum_{i=1}^N (x_i-\mu_x)^2 \tag{5-12}$$

方差 σ_x^2 用以描述振动信息离开均值的波动情况或分散程度。方差的平方根称为标准差或均方差 σ_x。

它们之间的关系为

$$\psi_x^2 = \sigma_x^2 + \mu_x^2 \tag{5-13}$$

2. 自相关函数

振动信号的自相关函数用以描述一个时刻 t 的数据值与另一个时刻 $t+\tau$ 的数据值之间的依赖关系，即变量 $x(t)$ 在时刻 t 和 $t+\tau$ 时刻的量值的乘积在观察时间内的平均值

$$R_{xx}(\tau) = \lim_{T\to\infty} \frac{1}{T}\int_0^T x(t)x(t+\tau)\,\mathrm{d}t \tag{5-14}$$

R_{xx} 值可正可负，但恒为偶函数，即 $R_{xx}(-\tau)=R_{xx}(\tau)$，且在 $\tau=0$ 时取最大值 $R_{xx}(0)=\psi_x^2$。此外，由于任何周期性信号的自相关也是周期性的，因此，可以采用自相关函数特性从噪声中检测周期性的分量。一般随机噪声的自相关函数为 0，周期性分量的自相关函数不为 0。

3. 功率谱密度函数

功率谱用以表示振动信号在某频段的能量成分，振动信号在时间历程 T 内的平均功率为

$$P = \frac{1}{T}\int_0^T x^2(t)\,\mathrm{d}t \tag{5-15}$$

振动信号在单位带宽 Δf 内的平均功率称为自功率谱密度函数 $G_{xx}(f)$，即

$$G_{xx}(f) = \frac{1}{\Delta f}\lim_{T\to\infty}\frac{1}{T}\int_0^T x^2(t,f,\Delta f)\,\mathrm{d}t \tag{5-16}$$

功率谱密度函数有一个非常重要的特性就是它与自相关函数的关系，即两者互为正、逆傅里叶变换：

$$G_{xx}(f) = \int_{-\infty}^{+\infty} R_{xx}(\tau)\mathrm{e}^{-\mathrm{j}\omega\tau}\,\mathrm{d}\tau \tag{5-17}$$

$$R_{xx}(\tau) = \frac{1}{2\pi}\int_{-\infty}^{+\infty} G_{xx}(f)\mathrm{e}^{\mathrm{j}2\pi f\tau}\,\mathrm{d}f \tag{5-18}$$

称为维纳－辛钦关系式。

显然，这里 $x^2(t)$ 可用以表示时间历程 $x(t)$ 的平均能量或平均功率，$G_{xx}(f)$ 描述了平均能量或平均功率随频率 f 分布的分布密度，故称为功率谱密度。而 $G_{xx}(f)$ 和 f 轴间所包围的面积等于 $x(t)$ 的均方值，称 $G_{xx}(f)$ 为均方功率谱密度函数。

4. 互相关函数

互相关函数 R_{xy} 是表示两个振动信号 $x(t)$、$y(t)$ 相关性的统计量。其定义为

$$R_{xy}(\tau) = \lim_{T \to \infty} \frac{1}{T} \int_0^T x(t) y(t + \tau) \mathrm{d}t \tag{5-19}$$

如果 $x(t) = y(t)$，则 $R_{xy}(\tau)$ 成为自相关函数 $R_{xx}(\tau)$。$R_{xy}(\tau)$ 虽也是可正可负的实值函数，但不一定在 $\tau = 0$ 时有最大值，也不一定是偶函数。但其在 x 和 y 互换时，$R_{xy}(\tau)$ 是对称于纵轴的，即

$$R_{xy}(\tau) = R_{yx}(-\tau) \tag{5-20}$$

而且

$$\left.\begin{aligned} |R_{xy}(\tau)| &\leqslant \frac{1}{2}\big[R_{xx}(0) + R_{yy}(0)\big] \\ |R_{xy}(\tau)|^2 &\leqslant R_{xx}(0)R_{yy}(0) \end{aligned}\right\} \tag{5-21}$$

图 5-3 给出了一对振动信号记录分析的互相关函数与时差 τ 的关系图（称为互相关图），图上出现的尖峰表明 $x(t)$ 与 $y(t)$ 在时差为某值时具有相关性。

互相关函数有着许多重要的应用，例如可以用其确定滞后时间和确定传递通道等。

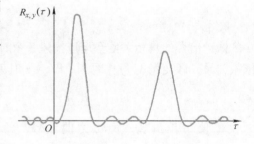

图 5-3　互相关函数与时差 τ 的关系图

5. 互功率谱密度函数

两组振动信号的互功率谱密度函数定义为相对应的互相关函数的傅里叶变换

$$G_{xy}(f) = \frac{1}{\Delta f} \lim_{T \to \infty} \frac{1}{T} \int_0^T x(t, f, \Delta f) y(t, f, \Delta f) \mathrm{d}t \tag{5-22}$$

或

$$G_{xy}(\omega) = \frac{1}{2\pi} \int_{-\infty}^{+\infty} R_{xy}(\tau) \mathrm{e}^{-\mathrm{j}\omega\tau} \mathrm{d}\tau \tag{5-23}$$

反之，可写成

$$R_{xy}(\tau) = \int_{-\infty}^{+\infty} G_{xy}(\omega) \mathrm{e}^{\mathrm{j}\omega\tau} \mathrm{d}\omega \tag{5-24}$$

因为互相关函数不是偶函数，所以，互功率谱密度函数一般是复数形式，即

$$G_{xy}(f) = E_{xy}(f) - \mathrm{j}Q_{xy}(f) \tag{5-25}$$

式中，实部 $E_{xy}(f)$ 称为共谱密度函数；虚部 $Q_{xy}(f)$ 称为重谱密度函数。互功率谱密度函数在工程上也有许多应用，例如确定系统的传递函数，即

$$H_{xy}(\omega) = \frac{G_{xy}(\omega)}{G_{xx}(\omega)} \tag{5-26}$$

即两点 x、y 之间的传递函数等于互功率谱密度函数与点 x 的功率谱密度函数之比。

6. 相干函数

相干函数也是一个在频域中描述两个振动信号相关特性的函数。其定义为

$$\gamma_{xy}^2(\omega) = \frac{|G_{xy}(\omega)|^2}{G_{xx}(\omega)G_{yy}(\omega)} \tag{5-27}$$

如果在某个频域上 $\gamma_{xy}^2(\omega) = 0$，则 $x(t)$ 和 $y(t)$ 在此频率上是不相干的；如果对所有频率的 $\gamma_{xy}^2(\omega) = 0$ 都成立，则 $x(t)$ 和 $y(t)$ 在统计意义上是独立的。

相干函数在工程上也有许多应用，例如：

1）检验互谱和传递函数测量的有效性，在相干函数为 1 时，充分有效。

2）确定许多单独信号源对一给定测点信号的贡献大小，γ^2 越大，说明由 $x(t)$ 引起的 $y(t)$ 的成分越大。$\gamma^2 = 1$ 表示 $y(t)$ 全部由 $x(t)$ 引起。$\gamma^2 = 0$ 表示 $y(t)$ 全部由噪声 $n(t)$ 所引起。因而，可以用来分离噪声。

7. 卷积

卷积是在时域上对系统进行分析的主要参数，其定义为

$$y(t) = x(t) * h(t) = \int_{-\infty}^{+\infty} h(\tau)x(t-\tau)\mathrm{d}\tau \tag{5-28}$$

式中，$h(\tau)$ 称为权函数，为系统在任意时刻对单位脉冲输入的输出响应。在振动系统中类似于杜阿梅积分式（1-37）。

8. 倒频谱分析

从一个具有周期波形的复杂振动的时间历程中很难直接看出其中的周期信号，但进行功率谱分析后就很容易看出来。同样，对于一个复杂的频谱图，有时很难直观看出它的一些特点和变化情况。这主要是功率谱图中包含很多大小和周期都不相同的周期成分，在功率谱图上都混在一起，很难分离，即很难直观看出其特点。如果用倒频谱（cepstrum）分析，则能突出频谱图的一些特点。

因为功率谱中的周期分量在谱图中是离散线谱，则对功率谱再作一次谱分析，就能把有关信号分离出来，其高度就反映出原功率谱中周期分量的大小。这就是倒频谱分析。

倒频谱定义为功率谱函数的对数 $\log G_x(f)$ 的功率谱。若时间历程函数为 $x(t)$，从而倒功率谱为

$$C_x(\tau) = \left| \int_{-\infty}^{+\infty} \log G_x(f)\mathrm{e}^{-\mathrm{j}2\pi f\tau}\mathrm{d}f \right|^2 \tag{5-29}$$

由于 $\log[G_x(f)]$ 是频率 f 的函数，所以这里傅里叶正变换的积分变量是频率 f 而不是时间 τ。因此倒频谱 $C_x(\tau)$ 的自变量 τ 具有时间的量纲。我们称 τ 为倒频率（quefrency），单位为 s 或 ms。

例如，某机器的齿轮箱修理前后的恒带宽振幅谱如图 5-4 所示，可以看出，修理前后两条曲线有一定差别，但不突出，特性不明显。

图 5-5 表示齿轮箱修理前后振动响应信号的倒频谱，图上横坐标单位是 ms。从图上可以明显地看出修理前 85Hz 的信号很强，从修理后的倒频谱曲线可以看出，85Hz 的分量就很小了，修理后齿轮箱振动谱中的振动信号已大幅度地变小了。

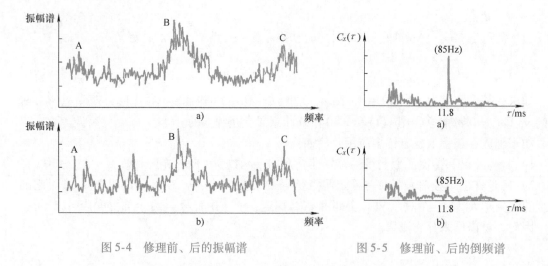

图 5-4　修理前、后的振幅谱　　　图 5-5　修理前、后的倒频谱

总的来讲，使用倒频谱分析可以很清楚地检测和分离振幅谱和功率谱中含有的周期分量。

5.2　傅里叶变换

复杂周期振动数据可按公式展开成傅里叶级数，如

$$x(t) = \frac{a_0}{2} + \sum_{n=1}^{\infty} (a_n\cos2\pi nf_1 t + b_n\sin2\pi nf_1 t) \tag{5-30}$$

其中，$x(t)$ 为一个时间域的周期函数，$f_1 = \frac{1}{T}$ 为基频，T 为该周期函数的一个时间周期，a_n 和 b_n 为傅里叶级数的系数，分别为

$$a_n = \frac{2}{T}\int_0^T x(t)\cos 2\pi nf_1 t\mathrm{d}t(n = 0,1,2,\cdots) \tag{5-31}$$

$$b_n = \frac{2}{T}\int_0^T x(t)\sin 2\pi nf_1 t\mathrm{d}t(n = 0,1,2,\cdots) \tag{5-32}$$

若假设 $x(t)$ 的均值 $\mu_x = 0$，则有 $a_0 = 0$。傅里叶系数 a_n、b_n 的曲线如图 5-6 所示，其中 $\Delta\omega = 2\pi f_1$。

根据欧拉公式

$$\mathrm{e}^{\mathrm{j}2\pi nf_1 t} = \cos2\pi nf_1 t + \mathrm{j}\sin2\pi nf_1 t, \quad \mathrm{e}^{-\mathrm{j}2\pi nf_1 t} = \cos2\pi nf_1 t - \mathrm{j}\sin 2\pi nf_1 t$$

得

$$\cos2\pi nf_1 t = \frac{\mathrm{e}^{\mathrm{j}2\pi nf_1 t} + \mathrm{e}^{-\mathrm{j}2\pi nf_1 t}}{2}, \quad \sin2\pi nf_1 t = \frac{\mathrm{e}^{\mathrm{j}2\pi nf_1 t} - \mathrm{e}^{-\mathrm{j}2\pi nf_1 t}}{2\mathrm{j}}$$

式中，$\mathrm{j} = \sqrt{-1}$。则代入式（5-30）~式（5-32）整理得

$$x(t) = \sum_{n=-\infty}^{+\infty} X(nf_1)\mathrm{e}^{\mathrm{j}2\pi nf_1 t} \tag{5-33}$$

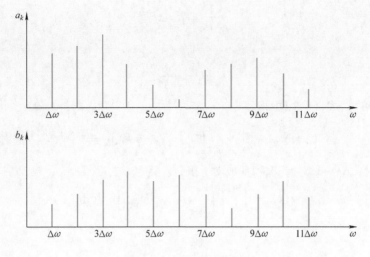

图 5-6 傅里叶系数图

$$X(nf_1) = \frac{a_n - jb_n}{2} = \frac{1}{T}\int_0^T x(t)\,e^{-j2\pi nf_1 t}dt \tag{5-34}$$

式中，$X(nf_1)$ 称为 $x(t)$ 的傅里叶变换，是一个复数，因此它也可以表示为

$$X(nf_1) = |X(nf_1)|\,e^{j\varphi} \tag{5-35}$$

式中，

$$|X(nf_1)| = \frac{1}{2}\sqrt{a_n^2 + b_n^2},\ \ \varphi = \arctan\left(\frac{b_n}{a_n}\right)$$

$X(nf_1)$ 在正负频率上都有定义，而式（5-31）、式（5-32）所示傅里叶系数只在正频率上有定义。$X(nf_1)$ 的实部是偶函数，在正频率上的值等于图 5-6 所示傅里叶系数 a_n 的 1/2。$X(nf_1)$ 的虚部是奇函数，其在正频率上的值反号后等于图 5-6 所示傅里叶系数 b_n 的 1/2。

如果 $x(t)$ 不是周期函数，那么在时间 t 的有限区间 $(t_0, t_0 + T)$ 内，傅里叶级数及傅里叶系数的公式仍然成立：

$$x(t) = \sum_{n=-\infty}^{+\infty} X(nf_1)\,e^{j2\pi nf_1 t}\ (t \in [t_0, t_0 + T]) \tag{5-36}$$

$$X(nf_1) = \frac{1}{T}\int_{t_0}^{t_0+T} x(t)\,e^{-j2\pi nf_1 t}dt \quad (n = 0,\ \pm 1,\ \pm 2, \cdots) \tag{5-37}$$

以上所述表明，在有限时间区间上一个复杂波可以分解成为无限个简谐波。

下面讨论非周期函数 $x(t)$ 在无限时间区间（$-\infty$，$+\infty$）上的分解。先考察有限区间 $\left[-\dfrac{T}{2}, \dfrac{T}{2}\right]$。由式（5-36）、式（5-37）得

$$x(t) = \sum_{n=-\infty}^{+\infty} X(nf_1)\,e^{j2\pi nf_1 t} \qquad \left(t \in \left[-\frac{T}{2}, \frac{T}{2}\right]\right) \tag{5-38}$$

$$X(nf_1) = \frac{1}{T}\int_{-\frac{T}{2}}^{\frac{T}{2}} x(t)\,e^{-j2\pi nf_1 t}dt \qquad (n = 0,\ \pm 1,\ \pm 2, \cdots) \tag{5-39}$$

在傅里叶级数中，$\dfrac{1}{T}$ 就是基频 f_1，它也等于谱线间隔大小 Δf，故有

$$\frac{1}{T} = f_1 = \Delta f$$

又

$$nf_1 = n\frac{1}{T}$$

据式（5-38）、式（5-39）得

$$x(t) = \sum_{n=-\infty}^{+\infty}\left[\Delta f\int_{-\frac{T}{2}}^{\frac{T}{2}}x(t)\,\mathrm{e}^{-\mathrm{j}2\pi nf_1 t}\mathrm{d}t\right]\mathrm{e}^{\mathrm{j}2\pi nf_1 t}$$

当 $T\to\infty$ 时，$\Delta f\to\mathrm{d}f$ 对 nf 求和变成对 f 积分。得

$$x(t) = \int_{-\infty}^{+\infty}\left[\int_{-\infty}^{+\infty}x(t)\,\mathrm{e}^{-\mathrm{j}2\pi ft}\mathrm{d}t\right]\mathrm{e}^{\mathrm{j}2\pi ft}\mathrm{d}f$$

由此可得

$$X(f) = \int_{-\infty}^{+\infty}x(t)\,\mathrm{e}^{-\mathrm{j}2\pi ft}\mathrm{d}t \tag{5-40}$$

$$x(t) = \frac{1}{2\pi}\int_{-\infty}^{+\infty}X(f)\,\mathrm{e}^{\mathrm{j}2\pi ft}\mathrm{d}f \tag{5-41}$$

式（5-40）、式（5-41）称为傅里叶积分，是复数形式的傅里叶变换对。$x(t)$ 要求满足绝对可积条件。

傅里叶积分可看作傅里叶级数的推广，是非周期函数在无限区间上的分解，得到的频率分量是连续频谱。

5.3　有限离散傅里叶变换

傅里叶变换公式（5-40）及其逆变换公式（5-41）都不适用于数字计算机计算。要进行数字计算，必须将连续数据离散化，对模拟信号进行采样处理。而采样只能对有限长度的样本进行，所以首先要进行的是有限离散傅里叶变换（DFT）。

有限离散傅里叶变换是先对样本记录 $x(t)$ 采样，然后对离散值序列进行傅里叶变换。设样本长度为 T，采样间隔为 Δt，采样点数为 N。则周期为 $T = N\Delta t$ 的周期函数，由式（5-30）可得到在 $[0,T]$ 区间内 $x(t)$ 的有限傅里叶级数表达式

$$x(t) = \frac{a_0}{2} + \sum_{n=1}^{\frac{N}{2}}a_n\cos 2\pi nf_1 t + \sum_{n=1}^{\frac{N}{2}-1}b_n\sin 2\pi nf_1 t \qquad (t\in[0,T])$$

这里 $\dfrac{N}{2}$ 个 a_n、$\left(\dfrac{N}{2}-1\right)$ 个 b_n 加上 a_0 总共刚好是 N 个频域数据点。在点 $t = k\Delta t$（$k = 0$，1，2，$\cdots$，$N-1$）处有

$$x_k = x(k\Delta t) = \frac{a_0}{2} + \sum_{n=1}^{\frac{N}{2}}a_n\cos\frac{2\pi kn}{N} + \sum_{n=1}^{\frac{N}{2}-1}b_n\sin\frac{2\pi kn}{N} \quad (k = 0,1,2,\cdots,N-1)$$

式中，

$$a_n = \frac{2}{N}\sum_{k=0}^{N-1} x_k\cos\frac{2\pi kn}{N} \qquad \left(n = 0,1,2,\cdots,\frac{N}{2}\right)$$

$$b_n = \frac{2}{N}\sum_{k=0}^{N-1} x_k\sin\frac{2\pi kn}{N} \qquad \left(n = 0,1,2,\cdots,\frac{N}{2}-1\right)$$

在做有限离散傅里叶变换的计算时，当 $x(t)$ 是周期函数时，T 就是其周期，当 $x(t)$ 不是周期函数时，T 就是样本长度。二者计算公式相同。

有限离散傅里叶变换常用复数形式表示。因为 $x(t)$ 的傅里叶变换为

$$X(f) = \int_{-\infty}^{+\infty} x(t)\,\mathrm{e}^{-\mathrm{j}2\pi ft}\mathrm{d}t$$

而计算 $X(f)$ 的离散值时，常在离散频率

$$f_n = nf_1 = \frac{n}{T} = \frac{n}{N\Delta t} \qquad (n=0,\ 1,\ 2,\ \cdots,\ N-1)$$

处计算，所以 $X(f)$ 的离散值定义为

$$X_n(n\Delta f) = X_n = \frac{1}{T}\int_{-\infty}^{+\infty} x(t)\,\mathrm{e}^{-\mathrm{j}2n\pi ft}\mathrm{d}t$$

$$= \frac{1}{N}\sum_{k=0}^{N-1} x(k\Delta t)\,\mathrm{e}^{-\mathrm{j}\frac{2\pi kn}{N}} \qquad (k = 0,1,2,\cdots,N-1) \tag{5-42}$$

显然，$\{X_n\}$ 具有周期性。由

$$X_{N+n} = X_n$$

可知周期为

$$f_N = N\Delta f = N\frac{1}{T} = \frac{1}{\Delta t}$$

X_n 是复数，但根据 $X(f)$ 的定义，其实部是偶函数，虚部是奇函数。因而 X_n 也应有这种奇偶特性，但 X_n 又以 $f_N = \frac{1}{\Delta t}$ 为周期，所以 N 个复数只有 $\frac{N}{2}$ 个是独立的。故这里的频域数据与 N 个时域数据 x_k 对应，也是 N 个数据值。

由 N 个 x_k 值可得到 X_n（$n=0,\ 1,\ 2,\ \cdots,\ N-1$），由 X_n 能否计算 $x_k(k=0,1,2,\cdots,N-1)$ 呢？回答是肯定的，这称为有限离散傅里叶逆变换（IDFT）。推导如下：

$$x_k = x(k\Delta t) = \int_{-\infty}^{+\infty} X(f)\,\mathrm{e}^{\mathrm{j}2\pi ft}\mathrm{d}f$$

$$= \sum_{n=0}^{N-1} X_n(n\Delta f)\,\mathrm{e}^{\mathrm{j}\frac{2\pi kn}{N}} \qquad (k = 0,1,2,\cdots,N-1) \tag{5-43}$$

式（5-42）、式（5-43）称为有限离散傅里叶变换对，适于用数字计算机计算。

在工程实际计算处理时，我们不能把无限长时间历程内的整个信号都拿来处理，必须进行截断采样处理。这时傅里叶变换就转化为傅里叶级数，其周期为采样长度，这实际上就是对非周期信号的离散傅里叶分析，从实质上来讲是一种等效的傅里叶级数分析。也就是说无论处理周期信号或非周期信号，其计算公式与式（5-42）、式（5-43）的形式相同。即

$$x(k\Delta t) = x_k = \sum_{n=0}^{N-1} X_n(n\Delta f)\,\mathrm{e}^{\frac{\mathrm{j}2\pi nk}{N}}$$

$$X_n(n\Delta f) = X_n = \frac{1}{N}\sum_{k=0}^{N-1} x(k\Delta t)\,\mathrm{e}^{-\frac{\mathrm{j}2\pi nk}{N}}$$

当 $x(t)$ 是周期函数时，T 就是其周期；当 $x(t)$ 不是周期函数时，T 就是截断的样本长度。

通过以上分析，离散傅里叶变换的真正意义在于：可以对任意连续的时域信号进行抽样和截断，然后进行傅里叶变换得到一系列离散型频谱，该频谱的包络线，即是原来连续信号真实频谱的估计值，当然，也可以对给定的连续频谱，在抽样截断后做傅里叶逆变换，以求得相应时间历程的函数。

从式（5-42）和式（5-43）中可以看出，若计算某一个频谱 X_n，则需进行 x_k 与 $e^{-j2\pi nk/N}$ 的 N 次复数乘式运算和 $N-1$ 次的复数加法运算。若将 N 个频谱全部计算完，则需：

复数乘法运算——N^2 次，

复数加法运算——$N(N-1)$ 次。

例如：在振动测试中，若信号的样本数据长度取为 $N=1024(2^{10})$，此时需要进行 2096128 次复数运算。在普通微机上进行两百多万次复数运算，计算时间是相当长的，不仅达不到实时分析的要求，而且浪费机时。为了减少计算次数，节省计算时间，很多学者对此进行了研究，1965 年库利 - 图基（Cooley - Tukey）提出一个新的计算方法——快速傅里叶变换法（FFT）。

5.4 快速傅里叶变换

快速傅里叶变换（FFT）的基本思想是巧妙地利用了复指数函数的周期性、对称性，充分利用中间运算结果，使计算工作量大大减少。

下面以式（5-42）为例介绍快速傅里叶变换的时域分解法。它是将一长时间序列 $\{x_i\}$ 分解成比较短的子时间序列，子时间序列还可再继续分解成更小的子时间序列，递推下去直到最后得到一个最简单的子时间序列：一个数为止。然后利用傅里叶变换计算公式对最后得到的最简单的子时间序列进行傅里叶变换，再将各子时间序列的傅里叶变换结果按一定规则进行组合，最后便得到原时间序列的傅里叶变换结果。为满足分解和组合的需要，时间序列的长度必须满足 $N=2^P$（P 为整数）的关系。

以 $N=8$ 为例，时间序列如图 5-7 所示，现将其分解为两个子序列，偶数排成一个序列，用 $\{y_k\}$ 表示，奇数排成一个序列，用 $\{z_k\}$ 表示，两个子序列长度均为 4，即

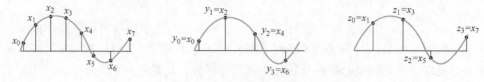

图 5-7 时间序列的分解示意图

$$\begin{cases} y_k = x_{2k} \\ z_k = x_{2k+1} \end{cases} (k=0,1,2,\cdots,(N/2)-1) \tag{5-44}$$

利用式（5-42），两个子时间序列 $\{y_k\}$ 和 $\{z_k\}$ 的傅里叶变换分别为

$$\begin{cases} Y_n = \dfrac{1}{\dfrac{N}{2}} \sum_{k=0}^{\frac{N}{2}-1} y_k \mathrm{e}^{-\frac{\mathrm{j}2\pi nk}{\frac{N}{2}}} \\[4mm] Z_n = \dfrac{1}{\dfrac{N}{2}} \sum_{k=0}^{\frac{N}{2}-1} z_k \mathrm{e}^{-\frac{\mathrm{j}2\pi nk}{\frac{N}{2}}} \end{cases} \qquad (n=0,1,2,\cdots,(N/2)-1) \tag{5-45}$$

为建立两个子时间序列的频谱与原时间序列频谱之间的关系，现将原时间序列的傅里叶变换计算公式的偶数项和奇数项分开写出，则有

$$\begin{aligned} X_n &= \frac{1}{N} \sum_{k=0}^{N-1} x_k \mathrm{e}^{-\frac{\mathrm{j}2\pi nk}{N}} \\ &= \frac{1}{N} \left(\sum_{k=0}^{\frac{N}{2}-1} x_{2k} \mathrm{e}^{-\frac{\mathrm{j}2\pi n 2k}{N}} + \sum_{k=0}^{\frac{N}{2}-1} x_{2k+1} \mathrm{e}^{-\frac{\mathrm{j}2\pi n(2k+1)}{N}} \right) \\ &= \frac{1}{N} \left(\sum_{k=0}^{\frac{N}{2}-1} y_k \mathrm{e}^{-\frac{\mathrm{j}2\pi 2nk}{N}} + \sum_{k=0}^{\frac{N}{2}-1} z_k \mathrm{e}^{-\frac{\mathrm{j}2\pi n(2k)}{N}} \mathrm{e}^{-\frac{\mathrm{j}2\pi n}{N}} \right) \\ &= \frac{1}{N} \left(\sum_{k=0}^{\frac{N}{2}-1} y_k \mathrm{e}^{-\frac{\mathrm{j}2\pi nk}{\frac{N}{2}}} + \mathrm{e}^{-\frac{\mathrm{j}2\pi n}{N}} \sum_{k=0}^{\frac{N}{2}-1} z_k \mathrm{e}^{-\frac{\mathrm{j}2\pi nk}{\frac{N}{2}}} \right) \end{aligned} \tag{5-46}$$

将式（5-45）代入式（5-46）得

$$X_n = \frac{1}{2} \left\{ Y_n + \mathrm{e}^{-\frac{\mathrm{j}2\pi n}{N}} Z_n \right\} \quad (n=0,1,2,\cdots,(N/2)-1) \tag{5-47}$$

如果仅用 $n=0,1,\cdots,(N/2)-1$ 来计算 X_n 的全部值，并注意到 $\mathrm{e}^{-\mathrm{j}\pi}=-1$，则有

$$X_{n+\frac{N}{2}} = \frac{1}{2} \left\{ Y_n - \mathrm{e}^{-\frac{\mathrm{j}2\pi n}{N}} Z_n \right\} \quad (n=0,1,2,\cdots(N/2)-1) \tag{5-48}$$

令

$$W = \mathrm{e}^{-\frac{\mathrm{j}2\pi}{N}}$$

复变量 W 称为"旋转因子"。将 W 代入式（5-47）、式（5-48）得

$$\left. \begin{aligned} X_n &= \frac{1}{2} \left\{ Y_n + W^n Z_n \right\} \\ X_{n+\frac{N}{2}} &= \frac{1}{2} \left\{ Y_n - W^n Z_n \right\} \end{aligned} \right\} \quad (n=0,1,2,\cdots,(N/2)-1) \tag{5-49}$$

同样的道理：子序列 Y_n 与 Z_n 的计算也可以重复前面的方法，将 $\{y_k\}$ 和 $\{z_k\}$ 再分成更短的子序列，即 1/4 子序列。以此类推，可得到 1/8 子序列，一直到 $1/2^p$ 子序列，对于 $N=2^P$ 的时间序列，则最后每个子序列只包含有一项，而单项的傅里叶变换就等于它自己。即

$$X_0 = \frac{1}{N} \sum_{k=0}^{N-1} x_k \mathrm{e}^{-\frac{\mathrm{j}2\pi kn}{N}} = \frac{1}{1} \sum_{k=0}^{1-1} x_0 = x_0 (N=1, k=0, n=0) \tag{5-50}$$

将每一项最简子序列利用式（5-50）进行傅里叶变换，然后再利用式（5-49）进行组

合，最后可得到原时间序列的傅里叶变换结果。因此，式（5-49）、式（5-50）称为快速傅里叶变换的基本计算迭代公式，此计算方法称为 FFT 算法。

该法的复数计算次数公式为

$$\frac{N}{2}\log_2 N（乘法）+ N\log_2 N（加法）$$

以 $N = 1024$ 为例，原为 2096128 次（两百多万次）。现为 15360 次（一万五千多次），运算次数减少为原来的 1/136。

下面以 $N = 2^2$ 的 $\{x_k\}$ 时序为例来说明快速傅里叶变换的计算过程，如图 5-8 所示，原时间序列经两次分解后得到 4 个单项子序列，然后利用式（5-50）对单项子序列进行傅里叶变换，将其结果再利用式（5-49）进行两次组合，就得到了原时间序列的傅里叶变换结果。具体计算过程为：

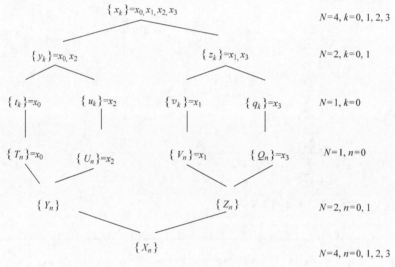

图 5-8　FFT 的分解过程

1）根据式（5-50）4 个单项 1/4 子序列的傅里叶变换为

$$T_0 = x_0，\quad U_0 = x_2，\quad V_0 = x_1，\quad Q_0 = x_3$$

即单个数值的傅里叶变换就是它本身。

2）两个 1/2 子序列的傅里叶变换。此时，$n = 0，1$；$N = 2$；$W = \mathrm{e}^{-\frac{j2\pi}{2}} = -1$。根据式（5-49），得

$$Y_0 = \frac{1}{2}\{x_0 + (-1)^0 x_2\} = \frac{1}{2}\{x_0 + x_2\} \quad (n = 0)$$

$$Y_1 = \frac{1}{2}\{x_0 + (-1)^1 x_2\} = \frac{1}{2}\{x_0 - x_2\} \quad (n = 1)$$

$$Z_0 = \frac{1}{2}\{x_1 + (-1)^0 x_3\} = \frac{1}{2}\{x_1 + x_3\} \quad (n = 0)$$

$$Z_1 = \frac{1}{2}\{x_1 + (-1)^1 x_3\} = \frac{1}{2}\{x_1 - x_3\} \quad (n = 1)$$

3）原时序频谱计算。此时，$N = 4$，$W = \mathrm{e}^{-j2\pi/N} = \mathrm{e}^{-j\pi/2} = -j$，$n = 0，1，2，3$。得

$$X_0 = \frac{1}{2}\{Y_0 + W^0 Z_0\}$$

$$= \frac{1}{2}\left\{\frac{1}{2}(x_0 + x_2) + (-j)^0 \frac{1}{2}(x_1 + x_3)\right\}$$

则有

$$X_0 = \frac{1}{2}\{Y_0 + W^0 Z_0\} = \frac{1}{4}\{x_0 + x_2 + x_1 + x_3\} \quad (n = 0)$$

$$X_1 = \frac{1}{2}\{Y_1 + W^1 Z_1\} = \frac{1}{4}\{x_0 - x_2 - j(x_1 - x_3)\} \quad (n = 1)$$

$$X_2 = \frac{1}{2}\{Y_0 - W^0 Z_0\} = \frac{1}{4}\{x_0 - x_2 - (x_1 + x_3)\} \quad (n = 2)$$

$$X_3 = \frac{1}{2}\{Y_1 - W^1 Z_1\} = \frac{1}{4}\{x_0 - x_2 + j(x_1 - x_3)\} \quad (n = 3)$$

上述这种计算过程称为蝶形（Butterfly）计算，可用蝶形交叉图来表示，如图 5-9 所示。每个蝶形有四个数据点，上面两个是参加计算的数据，下面两个是计算的结果，箭头表示参加计算的数与结果之间的联系，蝶形的一边写上"旋转因子"数 W。不管 N 有多长，其蝶形计算流程图是一样的。图 5-9 中共有 2 排，4 个蝶形，其中下排蝶形是交叉的。

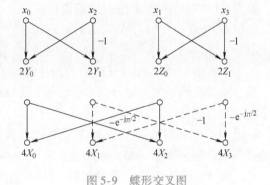

图 5-9　蝶形交叉图

在蝶形计算中，数据是按它的奇偶位置来排列的，每进行一次计算都要排列一次。以 $N = 16$ 为例来说明排列情况，因为 $N = 2^4$，故共有 4 排，数据前后共排列了 4 次，排列情况如表 5-1 所示。

表 5-1　$N = 16$ 时的数据排列情况

0	1	2	3	4	5	6	7	8	9	10	11	12	13	14	15
0	2	4	6	8	10	12	14	1	3	5	7	9	11	13	15
0	4	8	12	2	6	10	14	1	5	9	13	3	7	11	15
0	8	4	12	2	10	6	14	1	9	5	13	3	11	7	15

以上是针对式（5-42）在时域离散化后所进行的快速傅里叶变换，对于式（5-43）所进行的傅里叶逆变换，同理可进行在频域离散化的快速傅里叶逆变换，其基本思想同上，故而不再论述。可参见有关书籍。

5.5　频率混淆与采样定理

在数字式信号分析的过程中由于计算机不可能对无限长连续的信号进行分析处理，只能将其变成有限长度的离散信号，那么无限长连续信号的傅里叶变换和经过采样后截断的离散信号的傅里叶变换之间是什么关系？它能否反映原信号的频谱关系？这是我们所关心的主要问题。

另外，在数字分析过程中有一些问题也是需要特别注意的，如果处理得不好会引起误差或错误，甚至得到完全错误的结果。诸如波形离散抽样所产生的频率混叠的问题、波形截断所产生的泄漏问题和信号中的信噪比问题等，就是在数字频率分析中所要关心的主要问题。

要把连续模拟信号转换为离散数字信号，需要对连续模拟信号的时间历程 $x(t)$ 进行采样。采样就是将连续模拟信号转换成离散数字信号，并且保证离散后的信号能唯一确定原连续信号，即要求离散信号能恢复成原连续信号。采样一般都是以等间隔 Δt 取值，得到离散信号 $x(k\Delta t)$（$k=0,1,2,\cdots$），如图 5-10 所示。

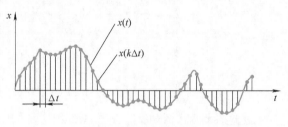

图 5-10　信号的离散化

由于离散信号 $x(k\Delta t)$ 只是 $x(t)$ 的一部分值，即 $x(k\Delta t)$ 与 $x(t)$ 是局部与整体的关系。这个局部能否反映整体，能否由离散信号 $x(k\Delta t)$ 复原到原连续信号 $x(t)$，这与 $x(t)$ 的频率大小和采样间隔 Δt 的大小有关。

设 $x(t)$ 的频谱为 $X(f)$，则 $X(f)$ 的表达式如式（5-40）所示。用时间间隔 Δt 对 $x(t)$ 采样得到的离散信号 $\{x(k\Delta t)\}$（$k=0,1,2,\cdots$）的频谱 $X_n(n\Delta f)$ 的表达式如式（5-42）所示。

下面分析连续信号 $x(t)$ 的频谱 $X(f)$ 与离散信号 $x(k\Delta t)$ 的频谱 $X_n(n\Delta f)$ 的关系，即讨论 $X_n(n\Delta f)$ 能复现原模拟信号 $x(t)$ 的条件。若连续信号 $x(t)$ 如图 5-11a 所示，在物理意义上，采样过程可以看成是周期为 Δt 的采样脉冲对模拟信号的调制。周期性单位脉冲序列记为 $\delta_s(t)$，即

$$\delta_s(t) = \sum_{k=-\infty}^{+\infty} \delta(t-k\Delta t)$$

单位脉冲序列形同梳子，又称梳状函数，如图 5-11b 所示。当原始连续信号 $x(t)$ 按采样频率 f_s 采样后，采样信号 $x(k\Delta t)$ 可以看成是 $x(t)$ 和脉冲序列 $\delta_s(t)$ 的乘积，即

$$x(k\Delta t) = x(t)\delta_s(t) = x(t)\sum_{k=-\infty}^{+\infty} \delta(t-k\Delta t) \tag{a}$$

如图 5-11c 所示。

单位脉冲序列 $\delta_s(t)$ 为周期函数，可按傅里叶级数展开，由式（5-39），其傅里叶系数 C_n 为

$$C_n = \frac{1}{\Delta t}\int_{-\frac{\Delta t}{2}}^{\frac{\Delta t}{2}} \delta_s(t)\mathrm{e}^{-\mathrm{j}2\pi kf_s\Delta t}\mathrm{d}t = \frac{1}{\Delta t}\int_{-\frac{\Delta t}{2}}^{\frac{\Delta t}{2}} \sum_{k=-\infty}^{+\infty} \delta(t-k\Delta t)\mathrm{e}^{-\mathrm{j}2\pi k}\mathrm{d}t$$

在 $|t|\leqslant\dfrac{\Delta t}{2}$ 积分区间，只有一个脉冲 $\delta(t)$，故

$$C_n = \frac{1}{\Delta t}\int_{-\frac{\Delta t}{2}}^{\frac{\Delta t}{2}} \delta(t)\mathrm{e}^{-\mathrm{j}2\pi k}\mathrm{d}t = \frac{1}{\Delta t} = f_s$$

由式（5-38）可得 $\delta_s(t)$ 的傅里叶级数的指数形式为

$$\delta_s(t) = f_s \sum_{n=-\infty}^{+\infty} e^{j2\pi nf_st} \tag{b}$$

根据傅里叶变换的时移定理，可得 $\delta_s(t)$ 的频谱为

$$F(\delta_s(t)) = f_s \sum_{n=-\infty}^{+\infty} \delta(f - nf_s)$$

很明显，只有当 $f = nf_s$ 时，$\delta(0)$ 才取值为 1，即频谱的谱线是离散的，谱线间距为 f_s，如图 5-11e 所示。将式（b）代入式（a），采样信号可表示为

$$x(k\Delta t) = \sum_{n=-\infty}^{+\infty} f_s x(t) e^{j2\pi nf_st}$$

经傅里叶变换，其频谱表达式为

$$X_n(n\Delta f) = F(x(k\Delta t)) = F\left(\sum_{n=-\infty}^{+\infty} f_s x(t) e^{j2\pi nf_st}\right) = \sum_{n=-\infty}^{+\infty} f_s F(x(t) e^{j2\pi nf_st})$$

根据傅里叶变换的频移定理

$$X_n(n\Delta f) = \sum_{n=-\infty}^{+\infty} f_s X(f - nf_s) \tag{5-51}$$

式中，$X(f)$ 为原始连续信号的频谱，如图 5-11d 中的实线所示。采样信号的频谱 $X_n(n\Delta f)$ 如图 5-11f 中的实线所示。由此可见，采样信号的频谱包含着原信号频谱及无限个经过平移的原信号频谱（频谱的幅值均乘以常数 f_s）。平移量等于采样频率 f_s 及其各次倍频 nf_s。

当连续信号频谱的最大频率 $f_m \leqslant f_s/2$，即 $f_s \geqslant 2f_m$ 时，在 $0 \leqslant f_m$ 频率范围内，采样信号的频谱 $X_n(n\Delta f)$ 与原信号频谱 $X(f)$ 完全一样，即采样信号无失真。

但是，当 $f_m > f_s/2$ 或 $f_s < 2f_m$ 时，如图 5-11d 中的虚线所示，平移谱将与原信号谱重叠，这种现象称为频率混叠，如图 5-11f 中的虚线所示，两个虚线组合成为虚假的频谱曲线，如图 5-11f 中的点画线所示。其幅值相当于原频谱曲线以 $\dfrac{f_s}{2}$ 为镜面做的镜面映射，如图 5-11f 中的虚粗线所示。频率混叠使采样信号的频谱图产生失真，造成误差。其物理概念是，采样频率太低，采样点太少，在一个周期内少于两个点，以致不能复现原信号。

例如：当信号频率为 $2mf_N \pm f$ 时，若取采样间隔为 $\Delta t = \dfrac{1}{2f_N}$，则 $t = k\Delta t$，振动信号离散结果为

$$x(t) = \sin[2\pi(2mf_N \pm f)t] = \sin(4m\pi f_N t \pm 2\pi ft)$$

$$= \sin\left[4m\pi f_N\left(\frac{k}{2f_N}\right) \pm 2\pi ft\right] = \sin(2\pi ft)$$

式中，m 为整数。频率分别为（$2mf_N \pm f$）与 f 时，相应的余弦值是相同的，因此会误把高频分量当作低频分量。如图 5-12 所示，对图中高频信号 $\sin[2\pi(2mf_N \pm f)t]$，按采样间隔 $\Delta t = 1/(2f_N)$ 采样后得到的离散信号就会误认为是低频信号 $\sin 2\pi ft$，这就是频率混淆。

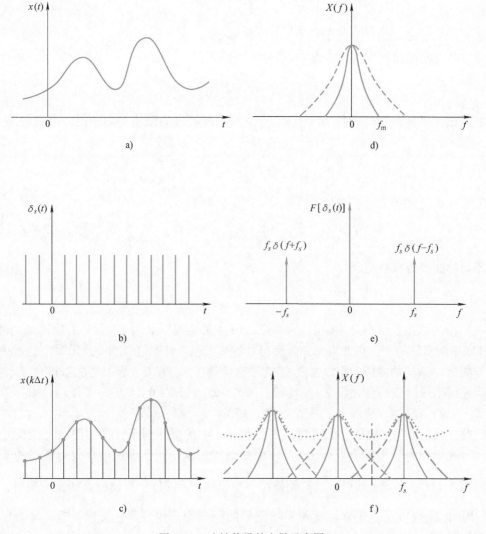

图 5-11 连续信号的离散示意图

a）连续信号 b）梳状信号 c）采样信号 d）连续信号的频谱 e）梳状信号的频谱 f）采样信号的频谱

既然 $X_n(n\Delta f)$ 并不等于同一频率范围之内的 $X(f)$，而 $x(t)$ 又由 $X(f)$ 唯一确定。所以 $x(k\Delta t)$ 不能还原到 $x(t)$。

设连续信号 $x(t)$ 的频谱 $X(f)$ 有最大频率成分为 f_m，则以间隔

$$\Delta t \leqslant \frac{1}{2f_m}$$

采样就没有混淆。因为这时满足 $f_m \leqslant \frac{1}{2\Delta t}$，即保证了最大频率值信号在一个周期内有两个采样点。

可见离散信号 $x(k\Delta t)$ 能否恢复原来的连续信号 $x(t)$，与采样频率有关。所以，我们在具体采样时，应做到如下两点：

1）采样前，对连续信号用一低通滤波器滤波，将不感兴趣或不需要的高频成分去掉，

然后再进行采样处理。此法是有效而实用的方法。这里使用的低通滤波器就是常说的抗混淆滤波器。抗混淆滤波器应该有良好的截断特性。

2）采样点应足够的多。但采样点太多也没有必要，而且增加计算工作量。采样频率必须满足采样定理。

采样定理：采样频率 f_s 必须大于被分析信号成分中最高频率 f_m 值的两倍以上。f_m 是原始信号的最大频率值。

$$f_s = \frac{1}{\Delta t} > 2f_m \qquad (5\text{-}52)$$

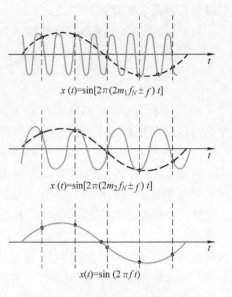

$$x(t) = \sin[2\pi(2m_1 f_N \pm f)t]$$

$$x(t) = \sin[2\pi(2m_2 f_N \pm f)t]$$

$$x(t) = \sin(2\pi f t)$$

图 5-12 高、低频混淆现象示意图

在实际采样时，若事先不知道原始连续信号的最大频率值 f_m，可以用任意间隔 Δt_1 和 Δt_2 分别采样，得到频谱 $X_{n1}(n\Delta f_1)$ 和 $X_{n2}(n\Delta f_2)$。设 $\Delta t_1 > \Delta t_2$，比较 $X_{n1}(n\Delta f_1)$ 与 $X_{n2}(n\Delta f_2)$。若差别不大，可以认为最大频率 $f_m \leqslant \dfrac{1}{2\Delta t_1}$。若差别较大，取 $\Delta t_3 < \Delta t_2$

再采样，得 $X_{n3}(n\Delta f_3)$，与 $X_{n2}(n\Delta f_2)$ 比较。若差别不大，则可认为最大频率为 $f_m \leqslant \dfrac{1}{2\Delta t_2}$。否则，以此类推，即可确定最大频率 f_m。如果较为精确地确定 f_m，则需多做几次试采样来进行相对比较。f_m 确定后，就可选取采样频率 f_s。

同理，对于建立在傅里叶变换基础上的所有函数关系都有将产生频率混淆现象的可能。所以这是我们在实验中要特别注意的。例如功率谱密度函数，若真功率谱密度函数如图 5-13a 所示，如果采样频率为 f_s，由于产生频率混淆，则真功率谱密度函数将被折叠进混淆功率谱密度函数，如图 5-13b 所示。

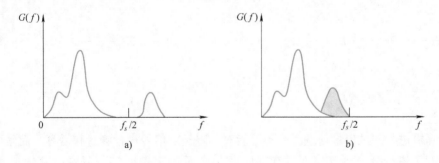

图 5-13 功率谱密度函数的混淆示意图

所以，在振动测试中，为避免高、低频混淆现象产生。必须首先确定采样时间间隔，再设置抗混淆滤波器的高、低频截断开关，抗混淆滤波的工作主要在专门的抗混淆滤波器上进行，也可在前置放大器的高、低通滤波器上进行。

例 5-1 设所分析信号的频率范围为 1Hz ~ 3kHz，采用电荷放大器。试确定其采样时间间隔和设置高、低频截断开关。

解：（1）由信号的最高分析频率 3kHz，根据采样定理式（5-52），得

$$\Delta t \leqslant \frac{1}{2 \times 3000 \text{s}} = 0.0001667 \text{s}$$

取
$$\Delta t = 160 \mu \text{s}$$

（2）根据信号的区间范围，为达到消除混淆的目的，电荷放大器的高、低频截断开关设置为：低频截断开关置 1Hz 档，高频截断开关置 3kHz 档。

〰〰〰〰〰〰〰〰〰〰〰〰〰〰〰〰〰〰〰〰〰〰〰〰〰〰〰〰〰〰〰〰〰

例 5-2　设分析信号的振幅为 1.0mm，频率为 $f_m = 30$Hz，采样频率为 $f_s = 50$Hz。求：（1）产生的高、低频混淆频率值；（2）为防止产生高、低频混淆现象应如何选取采样频率。

解：由信号的最高频率 30Hz，根据镜面频率折射原理，得高、低频混淆频率应为
$$f = 25 \text{Hz} - （30 \text{Hz} - 25 \text{Hz}） = 20 \text{Hz}$$

折射点为 $f_s/2 = 25$Hz，如图 5-14 所示。为避免高、低频混淆频率的产生，为达到抗混淆的目的，采样频率应大于 60Hz。

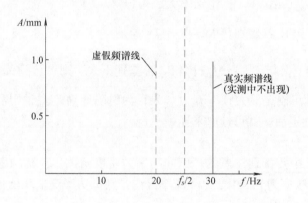

图 5-14　高、低频混淆频率示意图

5.6　泄漏与窗函数

用计算机进行测试信号处理时，不可能对无限长的信号进行测量和运算，而是取其有限的时间长度 T 进行分析计算，即对有限时间长度 T 的离散数字信号进行离散傅里叶变换（DFT）运算，这意味着首先要对时域信号进行截断，这相当于用一个高为 1、长为 T 的矩形时间窗函数乘以原时间函数。那么截断的信号能否代表无限长的连续信号呢？为了进行验证，首先对截断信号进行周期延拓，从而可得到虚拟的无限长的连续信号。可看到当截断长度是周期长度 T 时，周期延拓的虚拟无限长信号与原信号相同，如图 5-15 所示。当截断长度不是周期长度 T 时，则周期延拓的虚拟无限长信号与原信号是不同的，如图 5-16 所示。

由此可知，当截断长度是周期长度 T 时，虚拟的无限长的连续信号与原信号相同，所

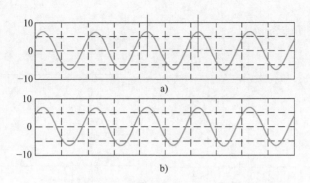

图 5-15   截断长度是周期长度 T 时的虚拟信号示意图
a) 原信号   b) 截断长度是周期长度 T 时虚拟信号

计算的结果应该是正确的。当截断长度不是周期长度 T 时，虚拟的无限长的连续信号与原信号不同，其截断部位出现信号突变，从而在傅里叶分析时引起了许多其他的虚假频率成分存在，导致频谱分析出现误差，其效果是使得本来集中于某一频率的功率（或能量），部分被分散到该频率邻近的频域，也就是说，时域的这种信号损失将导致频域内附加一些虚假的频率分量，给傅里叶变换带来误差，这种现象称为"泄漏"现象。

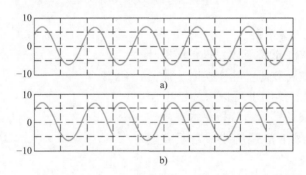

图 5-16   截断长度不是周期长度 T 时的虚拟信号示意图
a) 原信号   b) 截断长度不是周期长度 T 时虚拟信号

众所周知，正弦函数 $x(t)$ 在频域应为 δ 函数，如图 5-17a 所示。若矩形时间窗函数 $w(t)$ 的时间区间是 $\left[-\dfrac{T}{2}, \dfrac{T}{2}\right]$，则 $w(t)$ 的傅里叶变换为

$$W(f) = \frac{\sin(\pi T f)}{\pi f} \tag{5-53}$$

如图 5-17b 所示。而时域两量之积的傅里叶变换等于各自傅里叶变换之卷积，即时域中 $[x(t) \cdot w(t)]$ 对应在频域中为 $[X(f) * W(f)]$。又 $X(f)$ 是 δ 函数

$$X(f) * W(f) = W(f) * \delta(f - f_0) = W(f - f_0) \tag{5-54}$$

即将 $W(f)$ 曲线在频率轴上向右移动 f_0 就成为 $X(f) * W(f)$ 的图形，如图 5-17c 所示。

在图 5-17 中的频谱曲线在频率范围 $\left[-\dfrac{1}{T}, \dfrac{1}{T}\right]$ 之内的图形叫作主瓣，在频率范围 $\left[\dfrac{n}{T}, \dfrac{n+1}{T}\right]$ （$n = \pm 1, \pm 2, \cdots$）内的图形都叫作旁瓣。因时域被截断而在频域增加很多频

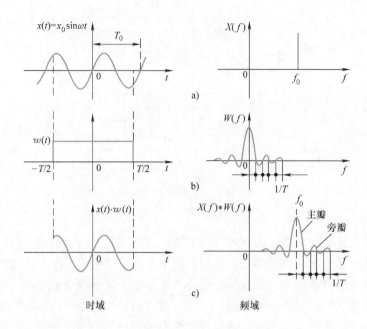

图 5-17　正弦信号被矩形窗截断形成的泄漏

率成分（旁瓣），就称为泄漏。

　　上述是连续函数（正弦函数）进行傅里叶变换时的泄漏。当做离散傅里叶变换时，泄漏情况如图 5-18 所示。从图上可以看出，由于只对长度为 T 的有限长样本做分析，本来应该是单一频率 f_0 的谱图在 f_0 周围变成若干离散频率分量。

　　但是，如果在截断函数的长度 T 内，$x(t)$ 是周期函数，且有 n 个完整周期波形（n 是整数），则做有限离散傅里叶变换时可以避免泄漏。这只是一个极为理想的状态，要在工程中做到很难。

　　为了抑制泄漏，需采用特种窗函数来替代矩形窗函数。这一过程，称为窗处理，或者叫加窗。加窗的目的，是使在时域上截断信号两端的波形突变变为平滑，在频域上尽量压低旁瓣的高度。

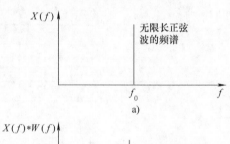

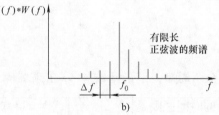

图 5-18　泄漏示意图

　　在一般情况下，压低旁瓣通常伴随着主瓣的变宽，但是旁瓣的泄漏是主要考虑因素，然后才考虑主瓣变宽的泄漏问题。

　　在数字信号处理中常用的窗函数有：

1）矩形（Rectangular）窗

$$w(t) = 1 \quad (0 \leqslant t \leqslant T) \tag{5-55}$$

2）汉宁（Hanning）窗

$$w(t) = 1 - \cos\frac{2\pi}{T}t \quad (0 \leqslant t \leqslant T) \tag{5-56}$$

3）凯塞-贝塞尔（Kaiser-Bessel）窗

$$w(t) = 1 - 1.24\cos\frac{2\pi}{T}t + 0.244\cos\frac{4\pi}{T}t - 0.00305\cos\frac{6\pi}{T}t \quad (0 \leqslant t \leqslant T) \tag{5-57}$$

4）平顶（Flat Top）窗

$$w(t) = 1 - 1.93\cos\frac{2\pi}{T}t + 1.29\cos\frac{4\pi}{T}t - 0.388\cos\frac{6\pi}{T}t + 0.0322\cos\frac{8\pi}{T}t \quad (0 \leqslant t \leqslant T)$$

$$\tag{5-58}$$

图 5-19 给出了上述四种窗函数的时域图像，为了保持加窗后的信号能量不变，要求窗函数曲线与时间坐标轴所包围的面积相等。对于矩形窗，该面积为 $T \times 1$，因此，对于任意窗函数 $W(t)$，必须满足积分关系式

$$\int_0^T w(t)\,\mathrm{d}t = T \tag{5-59}$$

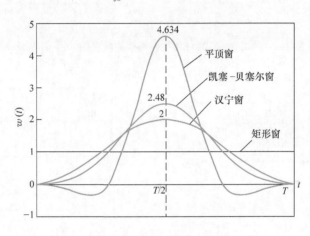

图 5-19　常用窗函数的时域图

图 5-20 分别给出了上述四种窗函数的频谱。

在数字信号频率分析中要求对不同类型的时间信号，选用不同的窗函数。例如，对随机信号的处理，通常选用汉宁窗。因为它可以在不太加宽主瓣的情况下，较大地压低旁瓣的高度，从而有效地减少了功率泄漏，图 5-21 表示一宽带随机信号用汉宁窗加权后的波形。

对本来就具有较好的离散频谱的信号，例如周期信号或准周期信号，分析时最好选用旁瓣极低的凯塞-贝塞尔窗或平顶窗。图 5-22 表示一简谐信号被平顶窗加权后的波形。加窗以后的波形似乎发生了很大的变化，但其频谱却能较准确地给出原来信号的真实频谱值，因为这两种窗的频谱主瓣较宽，对下文所述"栅栏效应"导致的测量偏差较小。

冲击过程和瞬态过程的测量，一般选用矩形窗而不宜用汉宁窗、凯塞-贝塞尔窗或平顶窗，因为这些窗对起始端很小的加权会使瞬态信号失去其基本特性。因此，通常将截短了的矩形窗应用于冲击过程中力的测量（称为力窗），指数衰减窗用于测量衰减振动过程（称为指数窗）。

从频域看，窗函数的作用就像带通滤波器，窗函数的傅里叶频谱就相当于带通滤波器的滤波特性。N 条谱线，就相当于 N 个并联的恒带宽滤波器，它们的中心频率各等于相应的

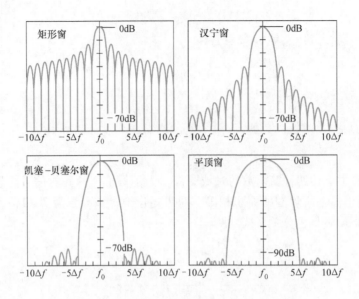

图 5-20　常用窗函数的频谱图

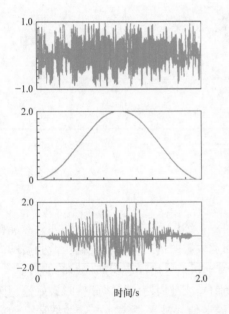

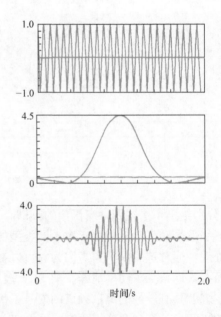

图 5-21　宽带随机信号加汉宁窗前后的波形　　图 5-22　简谐信号加平顶窗前后的波形

频率采样 $n\Delta f(n=1,2,3,\cdots,N-1)$。如果信号中某频率分量的频率 f，恰好等于 $n\Delta f$，即 f_i 恰好与显示或输出的频率采样完全重合，那么该谱线可给出精确的谱值；反之，若 f_i 与频率采样不重合，就会得到偏小的谱值。这种现象则称为"栅栏效应"，四种常用窗函数的栅栏效应如图 5-23 所示。由此可知，由于频谱图中的曲线由 N 条谱线组成，若被测频率 f 正好是在 f_n 点，则测试数据没有偏差，若被测频率 f 在 $f_n<f<f_{n+1}$ 之间，则存在误差，最大误差

处为 $f = \dfrac{f_n + f_{n+1}}{2}$ 点。四种常用的窗函数由于栅栏效应可能产生的最大误差值为

矩形窗：-3.92dB 或 -36.3%

汉宁窗：-1.42dB 或 -15.1%

凯塞-贝塞尔窗：-1.02dB 或 -11.1%

平顶窗：-0.01dB 或 -0.1%

由图 5-23 所示，平顶窗的偏度误差最小，但它的主瓣带宽很宽，等于 $3.77\Delta f$。所以，选用平顶窗时要求被测信号之间的间隔不小于 $5\Delta f$，否则难以分辨。

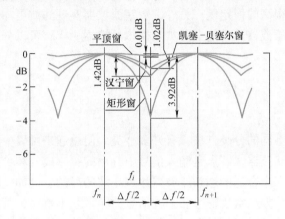

图 5-23 常用窗函数的栅栏效应

例 5-3 已知：$x(t) = 100.0\sin(2\pi f_0 t + \alpha)$ mm，若采用不同的采样频率、采样点数和不同的窗函数，应用离散傅里叶变换式进行傅里叶变换，将得到不同的测试结果。测试结果如下：

1）若取 $f_0 = 90.0$Hz，采样频率为 128.0Hz，$N = 1024$ 点，傅里叶变换后在幅频曲线中的频率间隔 $\Delta f = 0.125$Hz，测试结果显示的频率应为 38Hz，不满足采样定理。

2）若 $f_0 = 40.251$Hz，采样频率为 512Hz，$N = 1024$ 点。采样的时间间隔 $\Delta t = 1/512$s，傅里叶变换后在幅频曲线中的频率间隔 $\Delta f = 0.5$Hz，测试结果的频率为 40.5Hz，满足采样定理。若加矩形窗测试结果的振幅为 63.7mm。

3）若 $f_0 = 95.251$Hz，采样频率为 256Hz，$N = 512$ 点。采样的时间间隔 $\Delta t = 1/256$s，傅里叶变换后在幅频曲线中的频率间隔 $\Delta f = 0.5$Hz，测试频率结果为 95.5Hz，在此例中可引起频率的最大误差是 0.25Hz，满足采样定理。若加平顶窗测试振幅的结果为 99.9mm。

例 5-4 在实验振动测试过程中，若采样频率为 1256Hz，$N = 1024$ 点。振动信号经 FFT 计算显示，振幅为 50mm，频率为 $f = 130$Hz，通过什么方法才能判断此信号没有发生频率混淆？

解：增加采样频率，若计算频率的变化在频率间隔 Δf 之间，则可判断此信号没有发生频率混淆。反之，此信号发生频率混淆，要再加大采样频率进行反复计算判断，直到满意为止。

5.7　数字滤波器

滤波器分为模拟滤波器和数字滤波器两种。模拟滤波器适用于连续时间系统，在前面章节已进行了介绍。数字滤波器是指输入、输出均为数字信号，它适用于离散系统，可用计算机软件实现，也可用大规模集成数字硬件实现。

数字滤波的概念和模拟滤波的概念基本相同，只是信号的形式和实现滤波方法不同。但模拟滤波器的效果有受电压漂移、温度漂移和噪声影响等问题，而数字滤波器不存在这些问题，因而它可以达到很高的稳定度。另外，数字滤波器实现滤波更加灵活，并能同时完成信号的存储。一般数字滤波器从功能上分类与模拟滤波器一样，可以分成低通、高通、带通和带阻等滤波器。

5.7.1　数字滤波器的基本概念

1. 数字滤波器的分类

数字滤波器按照不同的分类方法，有许多种类，但总起来可以分成两大类。一类称为经典滤波器，即一般的滤波器，特点是输入信号中有用的频率成分和希望滤除的频率成分各占有不同的频带，通过一个合适的选频滤波器达到滤波的目的。例如，输入信号中除常规信号外，还含有干扰信号，如果常规信号和干扰信号的频带互不重叠，可滤除干扰信号得到纯信号。但对于一般滤波器，如果信号和干扰的频带互相重叠，则不能完成对干扰信号的有效滤除，这时需要采用另一类所谓的现代滤波器，例如维纳滤波器、卡尔曼滤波器、自适应滤波器等最佳滤波器。这些滤波器可按照随机信号内部的一些统计分布规律，从干扰中最佳地提取信号。

根据滤波计算原理的不同，数字滤波器又可以分为 IIR（Infinite Impulse Response）数字滤波器和 FIR（Finite Impulse Response）滤波器。

IIR 数字滤波器的系统函数可以写成封闭函数的形式，采用递归型结构，即结构上带有反馈环路，它的运算结构通常由延时、乘以系数和相加等基本运算组成，可以组合成直接型、正准型、级联型、并联型四种结构形式，都具有反馈回路。由于运算中的舍入处理，误差不断累积，有时会产生微弱的寄生振荡。在进行 IIR 数字滤波器设计时，可以借助成熟的模拟滤波器的成果，如巴特沃斯、切比雪夫和椭圆滤波器等，有现成的设计数据或图表可查，其设计工作量比较小，对计算工具的要求不高。在设计一个 IIR 数字滤波器时，可以根据指标先写出模拟滤波器的公式，然后通过一定的变换，将模拟滤波器的公式转换成数字滤波器的公式。另外需要注意的是，IIR 数字滤波器的相位特性不好控制，对相位要求较高时，需加相位校准网络。

FIR 滤波过程是一个信号逐级延迟的过程，将各级延迟输出加权累加，得到滤波输出，其中最主要的运算是乘累加运算。FIR 每完成一次滤波过程需要进行 N 次乘法和 $N-1$ 次加法运算，其中 N 为滤波器的阶数。所以，滤波器的运算量完全取决于 N 的大小，当 N 很大时，延迟将非常长，无法实现高速信号处理。FIR 滤波器的设计方法有多种，如窗函数设计法、频率采样法和切比雪夫逼近法等。窗函数设计方法是 FIR 滤波器的一种基本设计方法，它的优点是设计思路简单，性能也能满足常用选频滤波器的要求。最常用的窗函数有矩形窗、三角形（Bartlett）窗、汉宁（Hanning）窗、汉明（Hamming）窗、布莱克曼（Black-man）窗和凯塞（Kaiser）窗等。

从两种滤波器的名称就能知道，IIR 数字滤波器的单位响应为无限脉冲序列，FIR 数字滤波器的单位响应为有限脉冲序列。IIR 滤波器的幅频特性精度高，不是线性相位的，可以应用于对相位信息不敏感的信号上；FIR 滤波器的幅频特性精度比 IIR 低，但是线性相位的，即不同频率分量的信号经过 FIR 滤波器后的时间差不变，这是它最大的优势。

2. 数字滤波器的技术要求

我们通常用的数字滤波器一般属于选频滤波器。假设数字滤波器的传输函数 $H(f)$ 用下式表示：

$$H(f) = |H(f)| e^{j\varphi(f)} \tag{5-60}$$

式中，$|H(f)|$ 称为幅频特性；$\varphi(f)$ 称为相频特性。幅频特性表示信号通过该滤波器后各频率成分衰减情况，而相频特性反映各频率成分通过滤波器后在时间上的延时情况。因此，即使两个滤波器幅频特性相同，而相频特性不一样，对相同的输入，滤波器输出的信号波形也是不一样的。一般选频滤波器的技术要求由幅频特性给出，相频特性一般不做要求，但如果对输出波形有要求，则需要考虑相频特性的技术指标。

表示低通滤波器的幅频特性如图 5-24 所示，f_p 和 f_s 分别称为通带截止频率和阻带截止频率。通带频率范围为 $0 \leq f \leq f_p$，在通带中要求 $(1 - \delta_1) < H(f) \leq 1$，阻带频率范围为 $f_s \leq f$，在阻带中要求 $H(f) \leq \delta_2$，从 f_p 到 f_s 称为过渡带，一般是单调下降的。但通带内和阻带内允许的衰减一般用 dB 数表示。当幅度下降到 $\sqrt{2}/2$ 时（衰减 3dB），称 f_c 为 3dB 通带截止频率，其物理意义与模拟式滤波器相同。f_p、f_c 和 f_s 统称为边界频率，它们在滤波器设计中是很重要的。

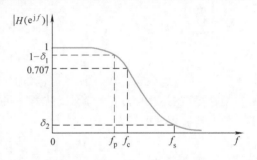

图 5-24 低通滤波器的幅频特性示意图

3. 数字滤波器设计方法概述

滤波器的设计方法有两类，经常用的一类是借助于模拟滤波器的设计方法进行。其设计步骤是：先设计模拟滤波器得到传输函数 $H_a(f)$，然后将 $H_a(f)$ 按某种方法转换成数字滤波器的系统函数 $H(f)$。这一类方法相对容易一些，这是因为模拟滤波器设计方法已经很成熟，它不仅有完整的设计公式，还有完善的图表供查阅；另一类是直接在频域或者时域中进行设计，由于要解联立方程，设计时需要计算机作辅助设计。

本章只简单介绍模拟低通滤波器的设计，因为模拟高通、带通和带阻滤波器的设计是采用频率转换法从低通转换而来。

5.7.2 数字滤波方法

当振动信号中同时具有高频、低频等多种信号时，若要分离振动信号频率分量中的各种成分或评定各频率区间的性质时，可以通过滤波器进行工作。图 5-25 所示是某振动离散信号进行高通、低通滤波时后的结果示意图。高通滤波器可以通过高频噪声，而低频滤波器可以对基础正弦波进行平滑。这就是对数据进行滤波的目的。

线性滤波器输入 $x(t)$ 和输出 $y(t)$ 之间的一般关系可以用式（5-61）的卷积形式表示，即

$$y(t) = \int_{-\infty}^{+\infty} h(\tau) x(t - \tau) \mathrm{d}\tau \quad (5\text{-}61)$$

式中，$h(\tau)$ 是滤波器的权函数。滤波器的频率响应函数 $H(f)$ 是 $h(\tau)$ 的傅里叶变换，即

$$H(f) = \int_{-\infty}^{+\infty} h(\tau) \mathrm{e}^{-\mathrm{j}2\pi f\tau} \mathrm{d}\tau \quad (5\text{-}62)$$

与模拟滤波器不同之处就在于数字滤波器的设计并不一定要求在物理上是可以实现的，也就是不必要求 $h(\tau)$ 在 $\tau < 0$ 时为零。因为计算机可以储存数据，然后再把相反的数据送回到滤波器中。

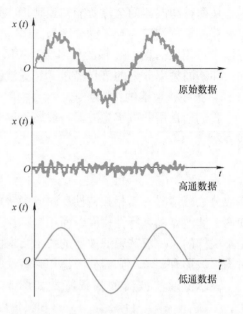

图 5-25　滤波器的作用

1. 非循环数字滤波器

用一个对称滤波器可以把式（5-61）表示为 $t = k\Delta t (k = 1, 2, \cdots, M)$ 的等价有限和形式：

$$y_n = \sum_{k=1}^{M} h_k (x_{n+k} + x_{n-k}) (n = 1, 2, \cdots, N)$$

$$(5\text{-}63)$$

其中，$h_k = h_{-k}$。注意，式（5-63）包含有未来的输入值。为了方便起见，采样区间 Δt 通常包括在滤波器权中。对于对称滤波器，可利用式（5-62）的等效有限和表示成一个具有零相位的滤波器，即

$$H(f) = 2 \sum_{k=1}^{M} h_k \cos (2\pi f k\Delta t) \quad (5\text{-}64)$$

物理上非零相位的特性可以用非对称滤波器得到。注意，式（5-63）和式（5-64）总共具有 M 个系数 h_k，它们称为滤波器的权。第 k 个权值可以用式（5-64）的逆傅里叶变换得到，即

$$h_k = \int_{-\infty}^{+\infty} H(f) \cos(2\pi f k\Delta t) \mathrm{d}f \quad (5\text{-}65)$$

这类滤波器，不管是对称的或不对称的，都称为非循环数字滤波器。因为它们的输出仅仅是有限个输入项之和的结果。

例 5-5　设滤波器的理想频率响应函数 $H(f)$ 为

$$H(f) = \begin{cases} 1, & -f_0 \leqslant f \leqslant f_0 \\ 0, & \text{其他} \end{cases} \quad (a)$$

求此对称非循环低通滤波器的权函数。

解：将式（a）代入式（5-65），则滤波器的权函数 $\{h_k\}$ 为

$$h_k = \int_{-f_0}^{f_0} \cos(2\pi f k\Delta t) \mathrm{d}f = \frac{\sin(2\pi f_0 k\Delta t)}{\pi k\Delta t} \quad (b)$$

因此，滤波器的权函数正比于 $(1/k)$。在这些权变成很小以前要求 k 值很大。在实践

中，这类非循环滤波器通常要求有很多的权（100 或更多），一般不能作为很有效的滤波方法。而且，权函数 h_k 所确定的 $H(f)$ 与理想 $H(f)$ 之间有很大的截断误差。因为 $H(f)$ 从零到 1 的突变会在截断频率附近区域引起吉勃斯（Gibbs）现象。

还有一些其他类型非循环滤波器的研究。它们在 $H(f)$ 从 1 变到零时，突变要比式（5-65）小，因此可以减少截断误差的影响。

2. 循环数字滤波器

循环数字滤波器的输出结果，不仅来自有限项输入之和，而且也用了以前的输出作为输入，这在工程上称为反馈。简单的标准循环滤波器可由下式确定：

$$y_n = cx_n + \sum_{k=1}^{M} h_k y_{n-k} \tag{5-66}$$

这里用了 M 个以前的输出和一个输入，更一般的循环滤波器包含 M 个输出和较多的输入。对式（5-66）做傅里叶变换，得

$$Y(f) = cX(f) + Y(f)\sum_{k=1}^{M} h_k e^{-j2\pi fk\Delta t} \tag{5-67}$$

将指数 $e^{-j2\pi fk\Delta t}$ 用字母 z 表示就可以得到数字滤波器分析中的所谓 z 变换理论。由式（5-67）知，整个系统的频率响应函数为

$$H(f) = \frac{Y(f)}{X(f)} = \frac{c}{1 - \sum_{k=1}^{M} h_k e^{-j2\pi fk\Delta t}} \tag{5-68}$$

因此，$H(f)$ 性质的研究可以简化为确定式（5-68）分母中的极点位置和性质的研究。

例 5-6　试求由 $y_n = (1-a)x_n + ay_{n-1}$ 定义的循环低通滤波器的幅频特性，并证明在连续情况时与模拟式低通 RC 滤波器相似。

解：设 $a = \exp(-\Delta t/RC)$，代入式（5-68），有

$$H(f) = \frac{1-a}{1 - ae^{-j2\pi f\Delta t}}$$

因此，滤波器频率响应函数的平方为

$$|H(f)|^2 = \frac{(1-a)^2}{(1+a^2) - 2a\cos 2\pi f\Delta t}$$

如果 $RC \gg \Delta t$，则 $a = \exp(-\Delta t/RC) \approx 1-(\Delta t/RC)$，$(1-a) \approx (-\Delta t/RC)$。如果 $2\pi f\Delta t \ll 1$，则 $e^{-j2\pi f\Delta t}$ 可以用 $1-j2\pi f\Delta t$ 来近似。故有

$$H(f) \approx \frac{1}{1+j2\pi fRC}$$

和

$$|H(f)|^2 \approx \frac{1}{1+(2\pi fRC)^2}$$

这就是通常的低通模拟 RC 滤波器的结果。

由此可知，利用式（5-68），求出一组权函数值 $\{h_k\}$ 和系数 c，即可组成一个能很好近似巴特沃思（Butterworth）滤波器的循环数字滤波器。它的 $|H(f)|^2$ 具有如下形式：

$$|H(f)|^2 \approx \frac{1}{1 + \left(\frac{\sin\pi f\Delta t}{\sin\pi f_0\Delta t}\right)^{2M}} \quad \left(0 \leqslant f \leqslant \frac{1}{2\Delta t}\right)$$

当 $f=0$ 时，$|H(f)|^2=1$；当 $f=f_0$ 时，$|H(f)|^2=\frac{1}{2}$；由此可知，f_0 相当于模拟滤波器的截止频率，因此 $0\sim f_0$ 的范围是数字滤波器的通频带，其作用就像一个形如

$$|H(f)|^2 = \frac{1}{1 + \left(\frac{f}{f_0}\right)^K} \tag{5-69}$$

的低通巴特沃斯滤波器。其中 f_0 是半功率点，K 确定斜率。

所以，在测试过程中，要充分掌握各种数字滤波器的特性，才能做到正确地选用并得到真实的实验结果。

5.8 噪声与平均技术

在数字信号的采集和处理过程中，都有不同程度地被噪声污染的问题，如电噪声、机械噪声等。这种噪声可能来自试验结构本身，也可能来自测试仪器的电源及周围环境的影响等。

通常采用平均技术来减小噪声的影响，一般的信号分析仪都具有多种平均处理功能，它们各自有不同的用途，我们可以根据研究的目的和被分析信号的特点，选择适当的平均类型和平均次数。

5.8.1 谱的线性平均

这是一种最基本的平均类型。采用这一平均类型时，对每个给定长度的记录逐一做 FFT 和其他运算，然后对每一频率点的谱值分别进行等权线性平均，即

$$\bar{A}(n\Delta f) = \frac{1}{n_d}\sum_{i=1}^{n_d} A_i(n\Delta f) \quad (n=0,1,\cdots,N-1) \tag{5-70}$$

$A(f)$ 可代表自谱、互谱、有效值谱、频响函数、相干函数等频域函数，i 为被分析记录的序号，n_d 为平均次数。

对于平稳随机过程的测量分析，增加平均次数可减小相对标准偏差。

对于平稳的确定性过程，例如周期过程和准周期过程，其理论上的相对标准差应该总是零，平均的次数没有意义。不过实际的确定性信号总是或多或少地混杂有随机的干扰噪声，采用线性谱平均技术能减少干扰噪声谱分量的偏差，但并不降低该谱分量的均值，因此实质上并不增强确定性过程谱分析的信噪比。

5.8.2 时间记录的线性平均

增强确定性过程的谱分析信噪比的有效途径是采用时间记录的线性平均，或称时域平均。时域平均首先设定平均次数 n_d，对于 n_d 个时间记录的数据，按相同的序号样点进行线性平均，即

$$\bar{x}(k\Delta t) = \frac{1}{n_d}\sum_{i=1}^{n_d} x_i(k\Delta t) \qquad (k=0,\ 1,\ \cdots,\ N-1) \qquad (5\text{-}71)$$

然后对平均后的时间序列再做 FFT 和其他处理。

为了避免起始时刻的相位随机性使确定性过程的平均趋于零，时域平均应有一个同步触发信号。例如，在分析转轴或轴承座的振动时，可用光电传感器或电涡流传感器获得一个与转速同频的键相脉冲信号 $u(t)$，如图 5-26 所示，以该信号作为转轴（或轴承的振动信号）的触发采样信号，便可使每一段时间记录都在振动波形的同一相位开始抽样。对于冲击激励时某一测点的自由振动响应信号的平均，可以采用自信号同步触发采样，如图 5-27 所示，虽然各段记录的起始相位会稍有偏差，但求和及平均的结果不丧失确定性过程的基本特征，如衰减振动的周期和振幅衰减系数等。

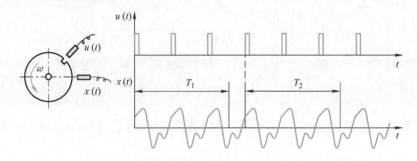

图 5-26　转轴振动信号的同步触发时域平均

$u(t)$—键相同步触发信号　$x(t)$—转轴（或轴承）振动信号　T—平均周期

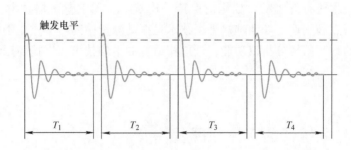

图 5-27　冲击瞬态过程的自信号同步触发时域平均

时间记录平均可以在时域上抑制随机噪声，提高确定性过程谱分析的信噪比。由于数字信号分析中，占有机时较多的是 FFT 运算，采用时域平均只需最后做一次 FFT，与多次 FFT 的谱平均相比，可以节省机时，提高分析速度。然而，随机过程的测量，一般不能采用时域平均。

5.8.3　指数平均

上述功率谱平均和时间记录平均都是线性平均，其参与平均的所有 n_d 个频域子集或时域子集赋予相等的权，即 $1/n_d$。

指数平均与线性平均不同，它对新的子集赋予较大的加权，越是旧的子集赋予越小的加权。例如，HP3582A 谱分析仪的指数平均就是对最新的子集赋予 1/4 加权，而对以此前经过指数平均的谱再赋予 3/4 的加权，二者相加后作为新的显示或输出的谱。也就是说，在显示或输出的谱中，最新的一个谱子集（序号 m）的权是 1/4，从它往回数序号为 $m-n$ 的子集的权是 $\dfrac{1}{4}\left(\dfrac{3}{4}\right)^n$，如图 5-28 所示。

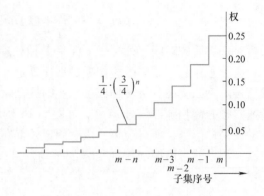

图 5-28　指数平均中各个子集的权

一般连续进行的线性平均可用公式表为

$$A_m = A_{m-1} + \frac{Z_m - A_{m-1}}{m} = \frac{(m-1)A_{m-1} - Z_m}{m}$$

(5-72)

式中，Z_m 为第 m 个子样的值；A_m 为前 m 个子样的线性平均值。而指数平均则可表示为

$$A_m = A_{m-1} + \frac{Z_m - A_{m-1}}{K} = \frac{(K-1)A_{m-1} - Z_m}{K}$$

(5-73)

式中，Z_m 为第 m 个子样的值；A_m 为前 m 个子样的指数平均值；K 为衰减系数，由操作者进行设定。

指数平均常用于非平稳过程的分析。因为采用这种平均方式，即可考察“最新”测量信号的基本特征，又可通过与“旧有”测量值的平均（频域或时域）来减小测量的偏差或提高信噪比。

有关的平均技术还有许多种，如峰值保持平均技术、无重叠平均技术、重叠平均技术等，它们各有其特点和用途，如何选择平均技术是振动测量中的一个重要手段，在实际测量中要依据所选用的数字信号分析仪功能，选用相适应的平均技术，以提高振动测量的结果。

5.9　数字信号分析仪的工作原理及简介

5.9.1　数字信号分析仪的一般原理和功能

整个过程是通过数字运算来完成频谱分析的专用分析设备称为数字信号分析仪。数字信号分析仪的基本过程如图 5-29 所示。输入信号经过抗混滤波、波形采样及数模转换、加窗、FFT，最后可将分析结果——信号的频谱显示在 CRT 屏幕上。其中，抗混滤波是在输入信号数模转换前首先由一个模拟式低通滤波器进行抗混滤波。然后再进行采样数据处理。

一般在 FFT 分析的基础上，扩充其他的运算和处理功能，便可构成一台多功能的数字信号分析仪。这种仪器也被称为信号处理机或 FFT 分析仪。图 5-30 表示一种双通道数字信号分析仪的数据处理流程图。信号 $x(t)$ 和 $y(t)$ 分别从两个通道（CHA 和 CHB）输入，经过上面讨论过的时域处理（抗混滤波、A/D 和加窗等）和 FFT 分析后，通过平均技术处理，求得两个信号的自谱和互谱，再通过其他运算处理，求得信号的自相关函数、互相关函数、频响函数、相干函数、冲激响应函数和倒频谱等。现将其一般原理分述如下：

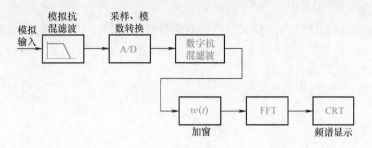

图 5-29　数字频率分析的基本流程

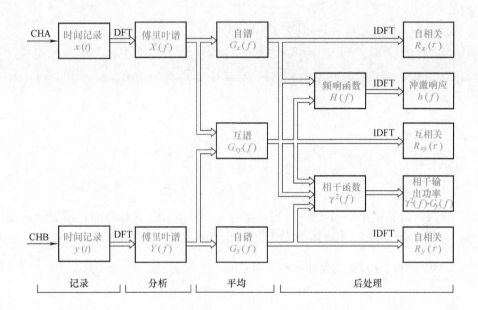

图 5-30　典型双通道信号分析仪的信号流程图

1. 功率谱估计

在 FFT 分析的基础上，可按下面的关系式求得自功率谱估计 $\tilde{G}_x(f)$、$\tilde{G}_y(f)$ 和互功率谱估计 $\tilde{G}_{xy}(f)$：

$$\tilde{G}_x(f) = \frac{k_c}{n_d} \sum_{i=1}^{n_d} X_i^*(f) \cdot X_i(f) \tag{5-74}$$

$$\tilde{G}_y(f) = \frac{k_c}{n_d} \sum_{i=1}^{n_d} Y_i^*(f) \cdot Y_i(f) \tag{5-75}$$

$$\tilde{G}_{xy}(f) = \frac{k_c}{n_d} \sum_{i=1}^{n_d} X_i^*(f) \cdot Y_i(f) \tag{5-76}$$

其中 $X_i(f)$ 和 $Y_i(f)$ 是信号 $x(t)$ 和 $y(t)$ 第 i 个时间记录经 FFT 计算的傅里叶变换，$X_i^*(f)$ 和

$Y_i^*(f)$ 是它们的共轭复数，k_c 为标尺系数，n_d 为平均次数。平均次数越多，谱估计的相对标准偏差越小。

2. 相关函数估计

离散数据的自相关估计和互相关估计，有两种计算途径：一种是时域抽样数据的直接卷积运算；另一种是利用功率谱估计的数据做有限离散傅里叶变换的逆变换（IDFT）。一般数字信号分析仪多数采用后者，即

$$\tilde{G}_x(f) \xrightarrow{\text{IDFT}} \tilde{R}_x(\tau) \tag{5-77}$$

$$\tilde{G}_y(f) \xrightarrow{\text{IDFT}} \tilde{R}_y(\tau) \tag{5-78}$$

$$\tilde{G}_{xy}(f) \xrightarrow{\text{IDFT}} \tilde{R}_{xy}(\tau) \tag{5-79}$$

自相关函数常用于检测信号中的周期分量，互相关函数常用于探寻信号来源及信号源的传播途径。

3. 频响函数、相干函数和冲击响应函数估计

当信号 $x(t)$ 和 $y(t)$ 分别为某系统的输入（激励）信号和输出（响应）信号时，数字信号分析仪通常按下面关系式求得系统的频响函数估计 $\tilde{H}(f)$ 和相干函数估计 $\tilde{\gamma}^2(f)$。

$$\tilde{H}(f) = \frac{\tilde{G}_{xy}}{\tilde{G}_x(f)} \tag{5-80}$$

$$\tilde{\gamma}^2(f) = \frac{|\tilde{G}_{xy}(f)|^2}{\tilde{G}_x(f) \cdot \tilde{G}_y(f)} \tag{5-81}$$

相干函数的值总是在 $0 \sim 1$ 之间。当它接近于 1 时，说明 $x(t)$ 与 $y(t)$ 有良好的线性因果关系；当它明显小于 1 时，说明信号受到干扰噪声的"污染"。或者系统具有非线性特性。

通过频响函数估计数据的傅里叶逆变换，得到系统的冲激响应函数估计 $\tilde{h}(t)$，即

$$\tilde{H}(f) \xrightarrow{\text{IDFT}} \tilde{h}(t) \tag{5-82}$$

冲激响应函数表示了系统的一种固有属性。结构模态试验中利用冲激响应函数数据做最小二乘拟合曲线，然后再进行模态参数识别的方法称为复指数拟合法。

5.9.2 数字式信号分析仪的特点及类型

数字分析系统的主要部分是一个数字计算机，能用软件程序实现各种计算功能。所以，数字式信号分析仪被广泛地应用，并且具备以下几个显著的特点：

1）运算功能多。数字式分析仪一般都具有十几种或者几十种乃至几百种功能。常用的运算功能有：正反傅里叶变换、自相关函数、互相关函数、自谱密度函数、互谱密函数、概率密度与概率分布函数分析、多种加权窗函数、多种平均方式，以及频率响应函数、相干函数和数字滤波等。此外还可以作冲击谱、模态分析和功率谱场、振幅频次统计、细化 FFT 分析。同时它还有许多其他的运算功能，如时域函数的相加减、频域函数的相加减或相乘、时域与频域的微分和积分运算，各种曲线拟合等。另外，数字式信号分析仪能表示的坐标参数也是极其丰富的，可以是时域 (t)、时差域 (τ)、频域 (f)、幅值域 (x)；坐标尺度可以是

线性(L)、百分比(%)、对数（log）、开方($\sqrt{\ }$）、阶次（order），也可以是频率(f)、转速频率(r/mim)、倍频程(octave)、分贝（dB）等各种工程单位。图像显示有平面和立体的各种表示方法，除了各种常规的图像外，还有乃氏图、临界转速图、各阶模态运动图，以及各种阻抗导纳图等。

2）运算速度快，实时分析能力强。现代数字式信号分析仪大多配有高速硬件乘法器和高速 FFT 处理器，所以分析速度一般都很高。

3）分辨能力高。由于采用数字滤波，滤波器的带宽可以设计得很窄，特别是细化 FFT 的出现，能在不扩大计算机容量的情况下大大提高所感兴趣段内的频率分辨率，目前最高的频率分辨率可达到几十微赫兹，这对于振动模态分析中密集频率的分离，故障诊断中密集边频的分析都是十分重要的。

4）小信号、高分析频率范围。现代的数字式信号分析仪的电压灵敏度都在毫伏级，有些甚至到微伏级，而能够分析的最大频率已突破声频，接近 100kHz。因此它们都在设计精密的大倍率放大衰减器和高精度快速模数转换器。

5）分析精度高，数字精度可达十进制 5 位。

6）操作简便，显示直观，复制与存储、扩展与处理等均很方便。每一种功能的运算只要一次或几次键接触就可以完成，运算要求和程序调配可实现人机对话。

7）小型化和仪器化。现代的数字式分析仪一般都较小，重不过 20~30kg，大部分用简单的按键输入各种参数和选择所需的功能，即使不熟悉计算机，用户也能很快掌握其使用方法。由于功能多、参数范围广，为了减少面板上的按键数，常采用组合键及树状控制结构。

8）结构模块化、产品系统化。为了满足不同用户的要求，现代的数字分析仪在其产品设计中，都采用模块化积木式结构，选用不同的功能模块，可以得到不同档次的设备。

目前，各种型号的数字式信号分析仪大致可分为以下几种类型：

1）以通用数字计算机为中心的综合分析系统。它是以微型机或小型机为中心，配以模数变换器和其他相应的外围设备。FFT 由软件实现，对常用的振动分析项目备有专门的标准程序。其优点是可根据需要自编程序，改变处理内容，使用比较灵活，缺点是分析速度慢，对使用人员要求的技术水平较高。

2）以 FFT 硬件为中心的分析仪。它的主要特点是其 FFT 运算由硬件实现。这样就大大地提高了分析速度，扩大了实时分析的频率范围。同时，许多分析功能实现键盘化，操作简单，使用方便，体积小、重量轻。缺点是只能进行有限的固定处理方式，使用不够灵活。

3）比较先进的数字式信号分析仪是把软件与硬件结合起来。这种分析仪的处理功能全面，分析速度很快，能进行各种谱分析、特征分析和模态分析等。而且还能用于振动的实时控制，既有专用程序，又能进行自编程序处理分析数据，使用方便。

习　题

5-1　简述相干函数在工程中的应用？

5-2　周期函数与非周期函数的离散傅里叶变换公式有无区别。

5-3　简述 FFT 计算方法，取 $N=4$ 说明。

5-4　应用窗函数和采样定理的作用是什么？

5-5 简述常用窗函数的栅栏效应。

5-6 模拟滤波与数字滤波有何区别。

5-7 平均技术在测试过程中的作用是什么？

5-8 在对简谐信号进行傅里叶分析之前，加平顶窗的作用是什么？

5-9 填空题。

已知：$x(t) = 1000.0\sin(2\pi f_0 t + \alpha)$ mm，应用离散傅里叶变换式进行傅里叶变换，若 $f_0 = 60.06251$ Hz，采样频率为 128.0 Hz，$N = 1024$ 点，测试显示的结果的频率应为 _____ Hz。

若采样频率为 256 Hz，$N = 2048$ 点。采样的时间间隔 $\Delta t =$ _____，傅里叶变换后在幅频曲线中的频率间隔 $\Delta f =$ _____ Hz，若加矩形窗振幅为 _____ mm，频率为 _____ Hz；若加平顶窗振幅为 _____ mm，频率为 _____ Hz，在此例中频率的最大误差是 _____ Hz。是否满足采样定理？

5-10 在实验振动测试过程中，若采样频率为 1024 Hz，$N = 1024$ 点。振动信号经 FFT 计算显示，振幅为 50 mm，频率为 $f = 130$ Hz，通过什么方法才能判断此信号没有发生频率混淆？说明其原理。

第6章
虚拟仪器技术

虚拟仪器主要是通过计算机语言编程在计算机上实现测试仪器功能的软件，它是利用数字信号分析中的基本原理，根据实验的需要运用图形化语言所编制的软件（虚拟仪器），是目前实验测试手段发展的主要方向之一。

6.1 虚拟仪器概述

虚拟仪器的起源可以追溯到 20 世纪 70 年代，那时计算机应用迅速普及，促进了测试测量和自动化仪器系统的革新，其中最显著的一点就是提出了虚拟仪器（Virtual Instrument，简称 VI）的概念。虚拟仪器是在计算机的基础上，增加相关硬件和软件构建而成的。它可以使任何一个用户方便灵活地用鼠标或按键在计算机显示屏幕上操作虚拟仪器面板的各种旋钮进行测试工作，并可以根据不同的测试要求，通过窗口切换不同的虚拟仪器，或通过修改软件来改变、增减虚拟仪器系统的功能与规模。所以软件才是在硬件基础上创建虚拟仪器系统的关键技术之一，它是虚拟仪器发展的核心，它可以使虚拟仪器系统提供多功能的技术指标及新仪器的创新。总的来说，虚拟仪器技术是测试领域的一个重大创新。

在前面有关章节中所介绍的仪器相对虚拟仪器来说一般称为物理仪器，独立的物理仪器（滤波器、信号发生器等），在出厂时就被厂家限定了功能，只能根据出厂说明书的要求完成一件或几件具体的工作，因为仪器的内置电路功能对这台仪器来说都是不能更换的。虚拟仪器的出现，彻底打破了物理仪器由厂家定义，用户无法改变的模式，用户可以随心所欲地根据自己的需求，设计自己的仪器系统，与传统的物理仪器相比，虚拟仪器有许多优势，如表 6-1 所示。虚拟仪器比较突出的四大优势可总结为：性能高、扩展性强、开发时间少、集成度高。

表 6-1 虚拟仪器与物理仪器的区别

虚拟仪器	物理仪器
测试功能由用户确定	测试功能由生产厂家确定
修改、增减测试功能灵活	测试功能固定，不可更改

（续）

虚拟仪器	物理仪器
根据需要修改显示项	显示项固定不变
技术更新周期短（0.5~1年）	技术更新周期长（5~10年）
开发、维护成本低	开发、维护成本高
二次开发功能强大	无二次开发功能
价格成本低	价格成本高
关键技术是软件	关键技术是硬件
易实现自动测试及网络功能	难以实现自动测试及网络功能
集成度高，可形成仪器库	集成度低

性能高——虚拟仪器继承了现成的 PC 技术，使用户在数据高速导入磁盘的同时就能实时地进行复杂的分析。

扩展性强——得益于软件的灵活性，只需更新用户的计算机或测量硬件，就能以最少的硬件投资和极少的软件升级，即可改进整个测试系统。

开发时间少——为方便用户的操作，它具有强大的功能和灵活性，用户可轻松地创建、维护和修改测试方案。

集成度高——在工程测试中，通常需要集成多个测量设备来满足完整的测试需求，而连接和集成这些不同设备总是要耗费大量的时间。虚拟仪器软件平台为所有的设备提供了标准的接口，用户可轻松地将多个测量设备集成为一个系统，形成一种新的仪器。

所以说，虚拟仪器从本质上说就是一个集成的软硬件概念。近年来计算机技术、数据采集和处理技术迅速发展，使得计算机数据采集分析集成更加容易实现，在振动测试领域有逐步取代物理仪器的趋势。

6.2　虚拟仪器的组成

虚拟仪器是在计算机的基础上，增加相关硬件和软件构建而成的，所以在应用之前，必须对虚拟仪器的组成结构或框图有所了解，才可能方便自如地加以运用。

6.2.1　虚拟仪器的组成模型

虚拟仪器技术是利用高性能的模块化硬件，结合高效灵活的软件来完成各种测试任务，只有同时拥有模块化的硬件、高效的软件这两大组成部分，虚拟仪器技术才能充分发挥性能高、扩展性强、开发时间少，以及出色的集成这四大优势。虚拟仪器系统的工作框图如图6-1所示。

1. 模块化的 I/O 硬件

硬件是虚拟仪器的基础，虚拟仪器中的硬件主要的功能是获取被测信号。虚拟仪器的硬件平台主要包括计算机和总线与 I/O 接口设备两大部分。计算机指的是一般的便携式计算机、台式计算机或者计算机工作站，这是硬件平台的核心。I/O 设备主要包括数据采集设备、输出控制设备，也包括机械插件、插槽、电缆等。总线是连接计算机和 I/O 接口设备的

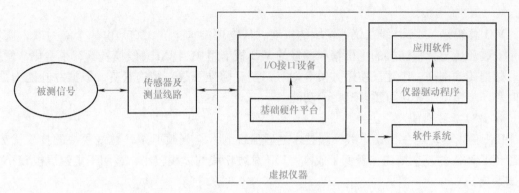

图 6-1　虚拟仪器组成框图

通道，用于完成命令、数据的传输与交换。

2. 高效的软件

软件是虚拟仪器的核心，虚拟仪器中的软件是控制实现数据采集、分析、处理、显示等功能，并将其集成为仪器操作与运行的命令环境。虚拟仪器的软件主要包括计算机操作系统、I/O 接口软件、仪器驱动程序和应用软件等。计算机操作系统是虚拟仪器软件的运行平台，目前常用的微软操作系统、Linux、SunOS 等都可选择。I/O 接口软件是实现仪器设备和驱动程序之间传递命令、数据的通道，主要用来对仪器设备的直接数据操作。仪器驱动程序是直接控制各种仪器硬件接口的程序，通常由硬件生产商随同硬件一起提供给用户。应用软件是虚拟仪器软件的核心，用户可通过虚拟仪器操作面板实现对仪器设备的控制和应用。

6.2.2　虚拟仪器的功能

虚拟仪器的功能模型可以分为三部分：数据采集与控制、数据分析与处理、结果显示与输出。数据采集与控制模块主要通过通用硬件平台和仪器驱动程序共同完成，其主要构成部件是硬件电路。数据分析与处理模块和结果显示与输出模块主要通过应用软件由计算机来实现。

6.2.3　虚拟仪器的硬件功能模块

依据计算机系统所采用的总线类型，可以将虚拟仪器的硬件功能模块分为以下几种类型：PC - DAQ 数据采集卡模块、GPIB 总线模块、VXI 总线模块、PXI 总线模块、RS - 232 串行接口模块、现场总线模块。

1. PC - DAQ 数据采集卡模块

PC - DAQ 系统是利用计算机的拓展槽和外部接口组建成的灵活的虚拟仪器，可以直接插在计算机上，是目前比较流行的一种计算机虚拟仪器系统。目前，各厂家已设计了多种性能和用途的数据采集卡，按照计算机总线类型，PC - DAQ 数据采集卡可以分为 ISA 卡、PCI 卡、EISA 卡、VESA 卡、PCMCIA 卡、并口卡、串口卡、USB 卡等。

2. GPIB 总线模块

GPIB 是测量仪器与计算机通信的一个标准。GPIB 总线是一种并行方式的外总线，通过 GPIB 总线可以将所有符合这个标准的仪器设备连接起来，组成计算机虚拟仪器测试系统。GPIB 总线可以连接的仪器数量最多不超过 15 台，电缆总长度不超过 20m，过长的传输距离会使信噪比下降，对数据的传输质量有影响。

3. VXI 总线模块

VXI 总线是 VME 总线在仪器领域的扩展，从物理结构上看，它是由一个能为嵌入模块提供安装环境与背板连接的主机箱和插接的 VXI 板卡组成。VXI 总线模块具有小型化、便捷性、数据传输率高、组建及使用方便等特点，具有标准开放、结构紧凑、数据吞吐能力强、定时和同步精确、模块可重复利用等功能。

4. PXI 总线模块

PXI 总线模块是在 VXI 总线模块技术之后出现的，它兼顾了 VXI 总线模块的技术优势，又避免了 VXI 的复杂结构，降低了成本。PXI 总线模块的体积较小，适用于组建规模较小的测试系统。

5. RS–232 串行接口

RS–232 串行接口是计算机早期采用的通用串行总线，由于很多的仪器均带有 RS–232 串行接口，通过连接电缆将仪器与计算机相连接构成虚拟仪器测试系统，因此，它至今仍然适用于要求较低的虚拟仪器系统中。

6. 现场总线模块

现场总线模块是一种抗干扰能力很强的总线仪器模块，可适用于恶劣的环境中。与其他硬件功能模块的连接方法相似，通过现场总线电缆将安装有现场总线接口的计算机项链，就构成了计算机虚拟仪器测试系统。

总之，虚拟仪器主要由硬件系统和软件系统组成，这些由计算机和插入式硬件及软件所具有的功能，如数据采集速率、测量精度等功能决定了虚拟仪器的总的功能和效率，它们是虚拟仪器的主要指标。

6.3 虚拟仪器的编制

软件是虚拟仪器中最重要的组成部分。软件所能提供的一个重要优势就是进行设计模块化。在编制一个大型虚拟仪器时，通常将不同功效的虚拟仪器分成几个模块，这样容易进行测试及仪器的调整，因为这样减少了会引起意外的相互依赖性。

计算机编程语言有许多种，近年来，图形化编程语言得到了迅速发展，使得计算机编程更加容易简单。图形化编程语言就是用计算机编程语言编制的子程序，然后用图形化来表示，就像 Windows 系统面板一样，便于应用时调用。

这些语言不同于一般的编程语言，它包括各种专用的数据采集和仪器控制的函数库和开发工具，而且是用图形化数据流程编程语言来表示的。所以图形化编程语言一般是为虚拟仪器使用的模块化语言。只需将各个图标连在一起创建各种流程图表，即可完成虚拟仪器程序的开发。所以也可以说虚拟仪器是利用数字信号分析中的基本原理，根据实验的需要运用图形化语言所编制的软件（虚拟仪器）。

编制虚拟仪器的平台有许多种，常用的有 DASYLab、LabVIEW 等，它们是基于图形语言，可使用图标、连线来编写程序，编程界面形象直观，它代替了传统编程语言（Basic、Fortran 等）的文本语句；它提供的各种旋钮、仪表盘、波形图等控制软件的图标，用于创建虚拟仪器的前面板，以代替物理仪器的硬面板及它内置的各个函数，由此几乎可以完成经典的测试信号处理的全部功能。进入这个开发环境，只要调出几个图标，连上线，就构成一台虚拟仪器，它可以在最基本的硬件支持下，进行各种实际的工程测试。下面以 DASYLab 为例进行介绍。

6.3.1　DASYLab 简介

DASYLab 是一个 Windows 操作系统下的数据采集、过程控制和分析系统，它可以利用 Windows 提供的全部有利的功能和图形接口。DASYLab 的最突出的设计是它集成了市场上主要的控制设备，形成了真正的直观操作环境，可以获得最快的信号处理速度和最有效的图形显示效果。

DASYLab 系统有多达 118 余种功能模块，可方便地完成数据采集、显示、存储、分析、统计、运算、控制、触发等各种功能，如表 6-2 所示。只需将数据采集及控制应用以流程图的形式设计出来，并将各种功能用线连接即可。每个功能模块就是一些简单的"虚拟仪器"。例如函数发生器、示波器等。

表 6-2　DASYLab 功能模块

Control Module Group	1	Coded Switch	Data Reduction Module Group	12	Average
	2	Latch		13	Block Average
	3	PID Control		14	Separate
	4	Sequence Generator Module (optional)		15	Merge/Expand
	5	Signal Generator		16	Cut Out
	6	Slider		17	Time Slice
	7	Stop		18	Circular Buffer
	8	Switch	Display Module Group	19	Y/t Chart
	9	Time Delay		20	X/Y Chart
	10	TTL Pulse Generator		21	Chart Recorder
	11	Two – point control		22	Analog Meter

（续）

Display Module Group	23		Digital Meter	Input/Output Module Group	41		RS232 input
	24		Bar Graph		42		RS232 Output
	25		Status Lamp		43		Combi Trigger
	26		List Display		44		Pre/Post Trigger
Files Module Group	27		Read Data	Trigger Functions Module Group	45		Start/Stop Trigger
	28		Write Data		46		Relay
	29		Data Archiving		47		Trigger on Demand
	30		ODBC Input		48		Sample Trigger
	31		ODBC Output		49		Arithmetic
	32		FlexPro Data storage		50		Differentiation/Integration
Input/Output Module Group	33		Analog Input		51		Formula Interpreter
	34		Analog Output		52		Logical Operations
	35		Digital Input		53		Bit Operations
	36		Digital Output	Mathematics Module Group	54		Flip – Flop
	37		Counter Input		55		Gray – Code
	38		Frequency Output		56		Scaling
	39		DDE Input		57		Slope Limitation
	40		DDE Output		58		Trigonometry
					59		Reference Curve

（续）

Network Module Group	60		Net Input	Statistics Module Group	79		Position in the Signal
	61		Net Output		80		Histogram
	62		Input Message		81		Regression
	63		Output Message		82		Counter
	64		Data Socket Import		83		Check Reference Curve
	65		Data Socket Export		84		Pulse Analysis
Signal Analysis Module Group	66		Filtering	DASY Lab Add – on Modules	85		Convolution Module
	67		Correlation		86		Sequence Generator Module
	68		Data Window		87		Transfer Function Module
	69		FFT		88		Weighting Module
	70		Polar/Cartesian		89		Rainflow Module
Special Modules Module Group	71		New Black Box		90		Techfilter Module
	72		Export/Import Module		91		FFT Filter
	73		Action		92		FFT Maximum
	74		Message		93		SIMATIC S5
	75		Time Base		94		SIPART DR
	76		Signal Adaptation		95		Save Universal Format (UFF 58)
Statistics Module Group	77		Minimum/Maximum		96		Two – Dimensional Classification
	78		Statistical Values				

打开 DASYLab 程序后，显示的面板如图 6-2 所示，上方是工具栏，左边是常用的功能模块栏，中间是程序模块编制区，可显示程序框图等，每个程序中可以放置 256 个模块。若需要模块较多，可将若干个模块放到一个黑合子中（相当于应用的文件夹）。每个黑盒子中也可以放置 256 个模块。模块之间由数据通道（导线）连接，由此可以组成一些复杂的测试系统。在程序编制过程中，可以先安装一个信号发生器的模块进行程序调试，待调试成功后换成 A/D 模块采集信号，以完成数据采集分析工作。当然在调试过程中，要根据数字信号分析原理对每个模块的设置对话框根据需要设置，这是一项非常重要的工作。

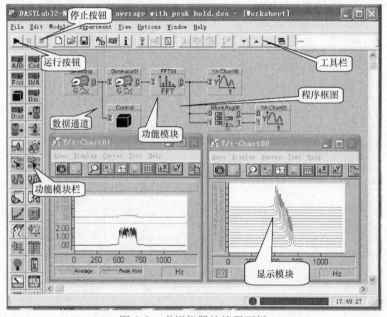

图 6-2　虚拟仪器的编程面板

利用虚拟仪器的 DASYLab 编制平台可进行 Layout 设计，Layout 是一个由文本、图形、控制按钮和 DASYLab 的所有的显示设备组成的一个平面图形，其形式可以模拟物理仪器的面板，它是由用户根据自己的意愿编制的有特性的工作界面，如图 6-3 所示。

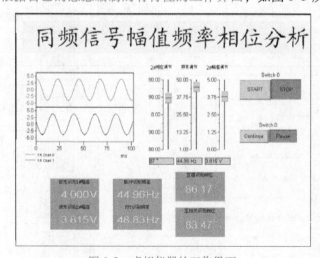

图 6-3　虚拟仪器的工作界面

6.3.2　常用模块的介绍

1. A/D 转换模块

A/D 转换模块可以将传感器等硬件设备采集到的模拟信号转换为数字信号，其图标为"▓"。用鼠标左键单击图标，屏幕上会出现如下活动窗口，根据提示，首先选择通道的个数，如图 6-4 所示。选择完毕后，在 DASYLab 的工作面内就会出现一个 A/D 转换的模块。

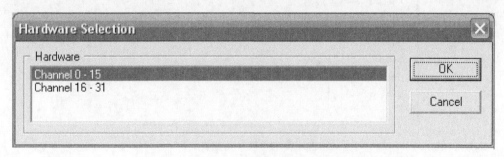

图 6-4　虚拟仪器 A/D 转换模块的通道菜单

双击模块图标，可以看到 A/D 转换模块的属性，如图 6-5 所示，在此窗口内，我们可以根据测试的需要，更改 A/D 转换模块的名称"Module Name"，选择激活通道的数目，并且设置各个通道的名称"Channel Name"、各个通道的输出量的单位"Unit"，以及设置各个通道的输入数据的幅值范围"Input Range"，等等。

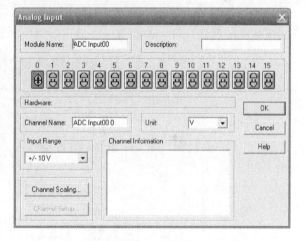

图 6-5　A/D 转换模块的属性

2. 信号发生器模块

信号发生器模块的主要功能是根据用户的需要，生成相应的信号，其图标为"▓"。单击图标，屏幕上会出现一个选项窗口，如图 6-6 所示，通过这个选项窗口可以选择生成信号的种类。以 Frequency Modulation 为例，选择完毕后，工作面内会出现信号发生器模块。

双击模块图标，可以看到信号发生器模块的属性，如图 6-7 所示，在此窗口内，可以更改 A/D 转换模块的名称"Module Name"，选择激活通道的数目，设置各个通道的输出单位"Unit"，设置各个通道的输入数据的参数，包括生成信号的频率"Frequency"、幅值"Amplitude"及波形"Wave Form"，等等。

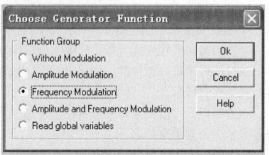

图 6-6　信号发生器生成信号的选择

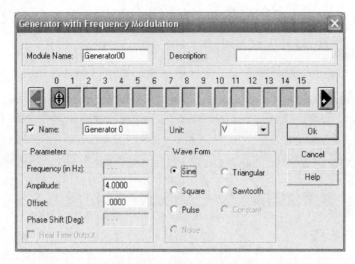

图 6-7　信号发生器的属性

3. 加窗模块

单击加窗模块的图标后即可在工作表中添加一个加窗模块，双击加窗模块图标，可以设置加窗模块的属性，可以选择每一个通道所对应的窗函数"Window"等，如图 6-8 所示。

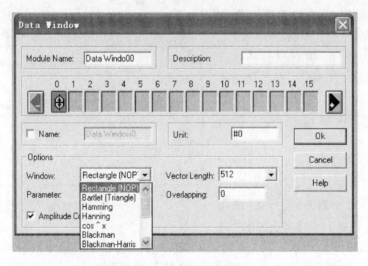

图 6-8　窗函数的选择

4. 快速傅里叶变换（FFT）模块

单击快速傅里叶变换（FFT）频率分析模块的图标后，屏幕上会显示出一个选项窗口，根据窗口的提示可以选择数据的显示类型。选择完毕后，工作表中会出现频率分析的模块图表，如图 6-9 所示。

双击图标，可以设置频率分析模块的输出参数，如图 6-10 所示，包括通道的选择、频谱图显示、数据的选择等。

5. 示波器模块

DASYLab 里面的示波器有两种，分别是 Y/t 类型和 X/Y 类型，单击各自图标，就会在

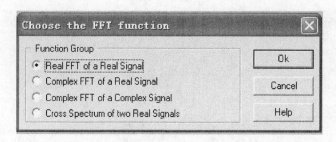

图 6-9 FFT 模块的函数选择及模块图

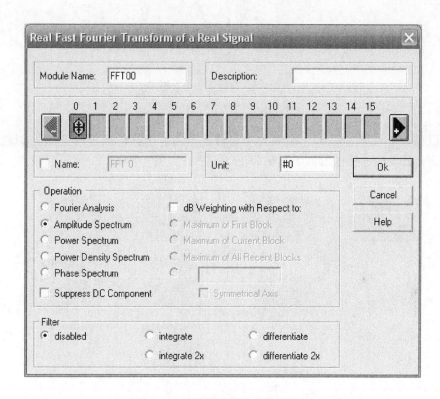

图 6-10 FFT 模块输出参数的选择

工作面板中添加一个示波器模块,Y/t 类型示波器图标如图 6-11a 所示,X/Y 类型示波器图标如图 6-11b 所示。与上述几个模块类似,可以双击示波器模块图标,对示波器的相应参数进行设置,如图 6-12 所示。

a)   b)

图 6-11 示波器图标

由此可知,在应用虚拟仪器过程中,对于每一个功能模块都要依据数字信号分析理论对其属性进行编辑,选择有关参数,才能正确地进行测试,这是必须要加以注意的。

6.3.3 DASYLab 测试实例

为了说明虚拟仪器的编制过程,了解信号发生器模块、频率分析模块和示波器模块的使

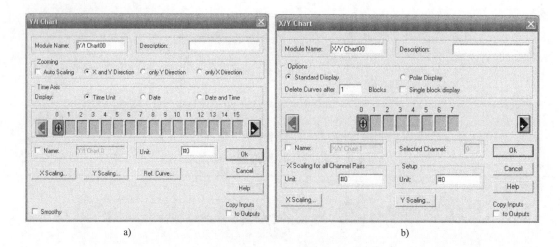

图 6-12　示波器参数选择

a）Y/t 示波器　b）X/Y 示波器

用方法，以对一个频率为 25Hz、振幅为 4.0 的正弦信号进行的傅里叶变换为例进行说明。首先编制虚拟仪器的连接框图，如图 6-13 所示。

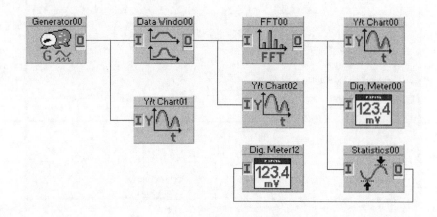

图 6-13　虚拟仪器的连接框图

打开信号发生器模块的属性，根据要求设置信号的频率、振幅和波形等有关参数，如图 6-14a 所示。然后打开 A/D 模块的属性表，选择采样频率和采样点数，如图 6-14b 所示。随后打开窗模块属性，选择窗函数及数据点数，要注意此点数要和采样点数相同，如图 6-14c 所示。打开快速傅里叶变换（FFT）模块的属性，选择所要输出的谱函数，如图 6-14d 所示。打开显示模块的属性，选择显示的范围，如图 6-14e 所示。打开数字显示模块的属性，选择显示的数据的取值范围，如图 6-14f 所示。本测试框图还应用了统计模块，利用统计模块可确定读数位置，在此测试系统中是为了读出最大点的频率数值，所以选择了"Max Position"位置。

以上这些参数设置只是说明了一下主要参数的设置，在应用的过程中要把每一个参数的设置项都要看一下，避免有误而出现大的测试误差。在每一个功能模块中，每一个设置按钮都对应一系列参数值，对于较多的模块，可能有多层设置，所以要认真查看，细心选择，并且前后模块的参数数据要相互耦合对应，当所有参数设置好以后，单击运行按钮，测试系统进行运行，并且可以从显示模块中读出测试数据，如图 6-15 所示。

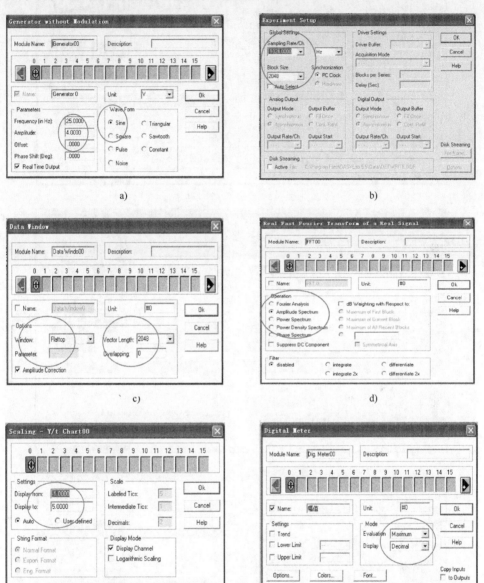

图 6-14 虚拟仪器的主要参数选择

a) 发生器模块的参数选择 b) A/D 模块的参数选择 c) 窗函数模块的参数选择

d) FFT 模块的参数选择 e) 显示模块的参数选择 f) 数字显示模块的参数选择

当采样频率为 1024Hz、采样点数为 2048 时，$\Delta f = 0.5$，所测频率为 25.0Hz，如图 6-15a 所示。当改变采样频率为 1000 Hz 时，25.0Hz 并非是 Δf 的整数倍，所测频率为 24.90Hz，误差数据在 $0.5\Delta f$ 范围内，如图 6-15b 所示。若将采样频率改为 1035Hz 时，25.0Hz 几乎在

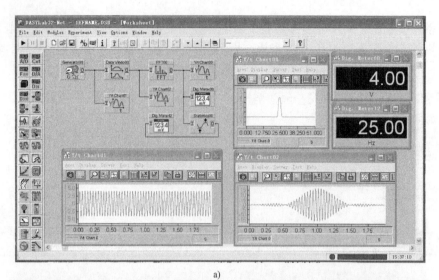

a)

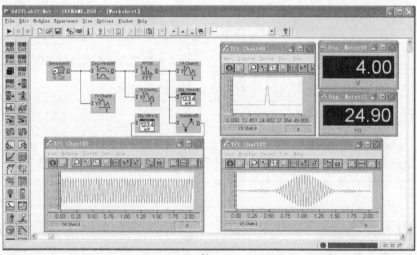

b)

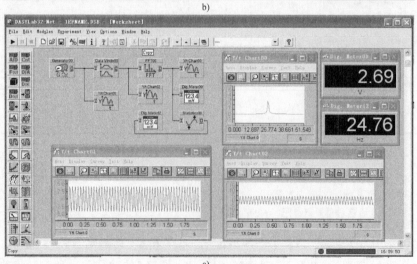

c)

图 6-15　虚拟仪器的运行图

两个频率点的中间，由于是矩形窗，所测频率数据为 24.76Hz，振幅为 2.69，其栅栏效应突出，误差较大，如图 6-15c 所示。以上只是利用编制的测试系统运行了一些例题，由于是给定数值所以知道误差，但在具体实验中真实数据是不知道的，所以无法估计误差，只能尽量减小误差。由此可知，应用虚拟仪器要有扎实的数据分析理论基础，否则，测试结果将无法保证正确，这是科技工作者必须加以重视的。

6.4 虚拟仪器的应用

中华文物龙洗是我国的著名文物，当洗中充部分水，搓动两耳即出现嗡鸣声及四点喷水现象，为测试龙洗在搓动时振动现象，选择了四个测点装压电式加速度传感器，并且利用虚拟仪器进行测试，编制四通道的虚拟仪器框图，如图 6-16 所示。在虚拟仪器调试过程中，先用信号发生器代替传感器测试系统的信号，以验证虚拟仪器测试结果的正确与否，当编制调整完成后，再用 A/D 模块替换信号发生器进行测试。

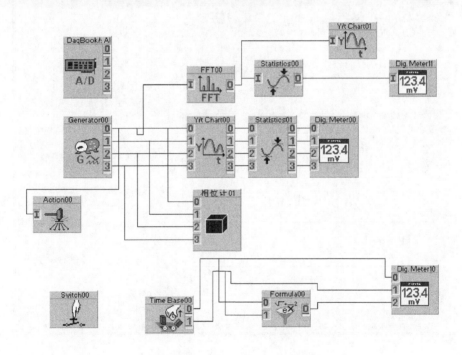

图 6-16 中华文物龙洗的虚拟仪器框图

框图中增加了 A/D 模块、黑盒子模块等，黑盒子内的框图如图 6-17 所示，每个模块的调整与参数设置可参阅有关软件的操作指南。

本程序利用虚拟仪器的 DASYLab 编制平台进行了 Layout 设计，使其控制按钮和 DASY-Lab 的所有的显示设备组成的一个平面图形，以模拟物理仪器的面板，在调整程序阶段，单击运行后所显示的面板，如图 6-18 所示。

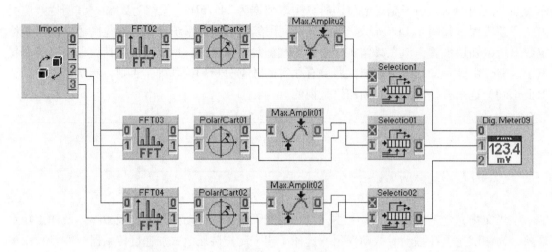

图 6-17　黑盒子内的框图

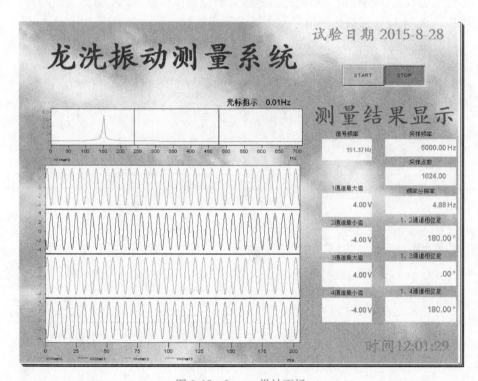

图 6-18　Layout 设计面板

　　限于篇幅，本书中所介绍的 DASYLab 中的模块都是最常见的模块，DASYLab 还有很多功能强大的测试模块可供使用，读者如需进一步了解，可参看软件的帮助文档学习。

<h1 style="text-align:center">习　题</h1>

6-1　什么是虚拟仪器?

6-2　虚拟仪器与物理仪器相比有何优点和缺点？

6-3　掌握 DASYLab 的使用方法，编制测试频谱分析的虚拟仪器。完成数字信号频域分析的实验。

6-4　利用编制的测试频谱分析的虚拟仪器，验证发生频率混淆条件。

6-5　编制相应虚拟仪器，验证泄漏与加窗的效果。

6-6　编制相应虚拟仪器，画出栅栏效应图。

第 7 章
实验模态分析简介

　　由线性振动理论可知，在多自由度振动系统中，由于弹性力和阻尼力往往和两个物理坐标之间的相对位移或相对速度有关，所以由此得到振动方程的矩阵表达式为非对角阵表达式，对于有成千上万自由度的系统来说，解非对角阵（或耦合方程）既费时费力又产生很大误差。为克服其难点，首先应用正则振型（进行解耦）进行坐标变换，使其成为对角阵，然后对其求解，再反变换到物理坐标，从而得到物理坐标中的解。

　　模态分析实质上也是一种坐标变换，与线性振动理论相似，其目的也在于把原物理坐标系统中描述的相应向量转换到"模态坐标系统"中来描述。模态坐标中的正交向量能更好地反映结构特性。实验模态分析就是通过对结构或部件的实验数据的处理和分析以寻求"模态参数"的一种方法。

7.1　实验模态分析概述

　　实验模态分析及参数识别是研究复杂机械和工程结构振动的重要方法。由于模态是机械结构的固有振动特性，每一个模态具有特定的固有频率、阻尼比和模态振型。这些模态参数可以由计算或实验分析取得，这样一个计算或实验分析过程称为模态分析。

　　如果这个分析过程是由有限元计算取得的，则称为计算模态分析，其理论就是线性振动理论。有关的有限元分析软件在结构设计中被普遍采用，但在设计中，有限元简化模型和计算的误差较大，主要因为：①计算模型和实际结构的误差，②边界条件很难准确确定，③某些大型结构的形状和动态特性十分复杂。

　　如果通过实验将采集的系统输入与输出信号经过参数识别获得模态参数，称为实验模态分析。通常，模态分析都是指实验模态分析。而实验模态分析则是对结构进行动力学激励，由响应的信号求得系统的频响函数矩阵，再采用多种识别方法求出模态参数，得到结构固有的动态特性。

　　实验模态分析可以正确确定其动态特性，并利用动态实验结果修改有限元模型，从而保证了在结构响应、寿命预计、振动与噪声控制及优化设计时获得有效而正确的结果。

　　近十几年来，由于计算机技术、FFT 分析仪、高速数据采集系统以及振动传感器、激振器等技术的发展，实验模态分析得到了很快的发展，受到了机械、电力、建筑、水利、航空、航天等许多产业部门的高度重视，已有多种档次、各种原理的模态分析硬件与软件问世。

实验模态分析方法可以分为频响函数法（简称测力法）和环境激励法（简称不测力法）两种。

1）频响函数法为在实验过程中测量激振力和响应的方法。实验模态分析是通过对激振力和响应的时域进行频率分析，求得系统的频响函数（或传递函数），然后采用参数识别法求出结构的振动模态和结构参数。

2）环境激励法为在实验过程中不需要测量激振力的方法。因为工程中的大量结构和机器（如大型建筑、大型桥梁等）都是很难人工施加激振力的，结构的响应主要由环境激励引起，其激振力也很难测出，如车辆行驶时的振动以及微地震产生的地脉动等各种环境激励，而这些环境激励是既不可控制又难以测量。

7.2　实验模态分析的几个基本概念

7.2.1　机械阻抗和机械导纳

机械阻抗的概念来自于机械振动的电模拟。如图 7-1 所示，振动系统的微分方程为

$$m \frac{\mathrm{d}^2 x}{\mathrm{d}t^2} + c \frac{\mathrm{d}x}{\mathrm{d}t} + kx = f(t) \tag{7-1}$$

如图 7-2 所示，电路系统的微分方程为

$$L \frac{\mathrm{d}^2 q}{\mathrm{d}t^2} + R \frac{\mathrm{d}q}{\mathrm{d}t} + \frac{1}{C}q = u(t) \tag{7-2}$$

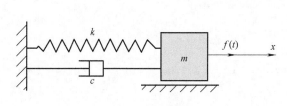

图 7-1　振动系统

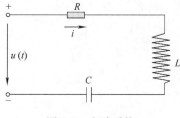

图 7-2　电路系统

两个方程具有相同的结构形式。二者之间参数的对应关系为

质量 m—电感 L，激振力 $f(t)$—电压 $u(t)$

刚度系数 k—电容的倒数 $1/C$，速度 $v = \dfrac{\mathrm{d}x}{\mathrm{d}t}$—电流 $i = \dfrac{\mathrm{d}q}{\mathrm{d}t}$

阻尼系数 c—电阻 R

在式（7-2）中的电压和电流若用复数表示

$$u(t) = \overline{U} \mathrm{e}^{\mathrm{j}\omega t}, i(t) = \frac{\mathrm{d}q(t)}{\mathrm{d}t} = \overline{I} \mathrm{e}^{\mathrm{j}\omega t} \tag{7-3}$$

则在电工原理中，电路中的电阻抗可表示为 $\overline{Z} = \dfrac{\overline{U}}{\overline{I}}$，其中，复数符号表示电路中电压和电流

的有效值和初相位。

机械振动系统中也可相应地引入机械阻抗的概念：简谐振动系统某一点的激励与同一点或不同点的响应的速度输出量的复数之比称为机械阻抗。设

$$f(t) = \overline{F}e^{j\omega t},\ x(t) = \overline{X}e^{j\omega t},\ \dot{x}(t) = j\omega \overline{X}e^{j\omega t} = \overline{V}e^{j\omega t},\ \ddot{x}(t) = -\omega^2 \overline{X}e^{j\omega t} = \overline{A}e^{j\omega t} \quad (7\text{-}4)$$

则机械阻抗为

$$Z_v = \frac{激振力}{响应速度} = \frac{\overline{F}e^{j\omega t}}{\overline{V}e^{j\omega t}} = \frac{\overline{F}}{\overline{V}} \quad (7\text{-}5)$$

机械阻抗反映了系统振动发生的难易程度。由于振动系统的响应是用位移、速度和加速度来表示的，故机械阻抗又分为位移阻抗、速度阻抗和加速度阻抗。式（7-5）称为速度阻抗，位移阻抗和加速度阻抗分别表示如下：

位移阻抗

$$Z_x = \frac{f(t)}{x(t)} = \frac{\overline{F}e^{j\omega t}}{\overline{X}e^{j\omega t}} = \frac{\overline{F}}{\overline{X}} \quad (7\text{-}6)$$

加速度阻抗

$$Z_a = \frac{f(t)}{\ddot{x}(t)} = \frac{\overline{F}e^{j\omega t}}{\overline{A}e^{j\omega t}} = \frac{\overline{F}}{\overline{A}} \quad (7\text{-}7)$$

机械阻抗的倒数称为机械导纳，即：简谐振动系统某点的速度与同一点或不同点的激振力的复数之比称为机械导纳。

根据机械导纳的定义，将式（7-4）代入式（7-1），得

位移导纳

$$Y_x = \frac{x(t)}{f(t)} = \frac{\overline{X}}{\overline{F}} = \frac{1}{k - \omega^2 m + j\omega c} \quad (7\text{-}8)$$

速度导纳

$$Y_v = \frac{\dot{x}(t)}{f(t)} = \frac{\overline{V}}{\overline{F}} = j\omega Y_x \quad (7\text{-}9)$$

加速度导纳

$$Y_a = \frac{\ddot{x}(t)}{f(t)} = \frac{\overline{A}}{\overline{F}} = -\omega^2 Y_x \quad (7\text{-}10)$$

如果响应点和激振点为同一点，所测得阻抗或导纳称为原点阻抗或原点导纳。如果响应点和激振点为不同点，所测得阻抗或导纳称为跨点阻抗或跨点导纳。

由振动理论可知，单自由度系统的频响函数为

$$H(\omega) = \frac{\overline{X}}{\overline{F}} = \frac{1}{k - \omega^2 m + j\omega c} \quad (7\text{-}11)$$

由此可知，对于简谐振动系统，因其输入和输出频率均为 ω 的简谐函数，此时机械系统的位移导纳函数 Y_x 与频响函数 $H(\omega)$ 相等。

7.2.2 传递函数和频响函数

在电路系统中，将输出量的拉普拉斯变换与输入量的拉普拉斯变换之比定义为传递函数。因此，机械系统的传递函数的定义为：振动系统测试点 e 的位移响应 $x_e(t)$ 的拉普拉斯变换与机械系统激振点 f 的激振力 $f_f(t)$ 的拉普拉斯变换之比称为机械系统的传递函数。即

$$H_{ef}(s) = \frac{L[x_e(t)]}{L[f_f(t)]} = \frac{X_e(s)}{F_f(s)} \qquad (7\text{-}12)$$

其中，

$$X_e(s) = \int_0^\infty x_e(t) e^{-st} dt, F_f(s) = \int_0^\infty f_f(t) e^{-st} dt \qquad (7\text{-}13)$$

式中，$x_e(t)$、$f_f(t)$ 为实测函数。

如果响应点和激振点为同一点，即 $e = f$ 时，所测传递函数称为原点传递函数。如果响应点和激振点为不同点，即 $e \neq f$ 时，所测传递函数称为跨点传递函数。

对于单自由度系统，对强迫振动方程（7-1）进行拉普拉斯变换

$$m[s^2 X(s) - sx(0) - \dot{x}(0)] + c[sX(s) - x(0)] + kX(s) = F(s) \qquad (7\text{-}14)$$

若初始条件为 $x(0) = 0$，$\dot{x}(0) = 0$，则

$$(ms^2 + cs + k)X(s) = F(s) \qquad (7\text{-}15)$$

由传递函数的定义得

$$H(s) = \frac{X(s)}{F(s)} = \frac{1}{ms^2 + cs + k} \qquad (7\text{-}16)$$

这是单自由度振动系统传递函数的一种表示形式，它还可表示为留数形式，即

$$H(s) = \frac{1}{ms^2 + cs + k} = \frac{1}{m(s-p)(s-p^*)} = \frac{r}{2j(s-p)} - \frac{1}{2j(s-p^*)} \qquad (7\text{-}17)$$

其中 $p = -n + jp_d$，$p^* = -n - jp_d$ 是方程 $ms^2 + cs + k = 0$ 的复根，且 $p_d = \sqrt{p_n^2 - n^2}$，$n = \frac{c}{2m}$，则 $r = \frac{1}{mp_d}$ 称为留数，p、p^* 称为极点。

在式（7-16）中，因为 $s = -\sigma + j\omega$，取 $\sigma = 0$，则 $s = j\omega$，故

$$H(\omega) = \frac{X(\omega)}{F(\omega)} = \frac{1}{k - \omega^2 m + j\omega c} \qquad (7\text{-}18)$$

其中

$$X(\omega) = \int_0^\infty x(t) e^{-j\omega t} dt, \ F(\omega) = \int_0^\infty f(t) e^{-j\omega t} dt \qquad (7\text{-}19)$$

由此可知，当 $n \to 0$，$s \to j\omega$ 时。比较式（7-8）、式（7-11）、式（7-18）可知，此时传递函数与频响函数、机械导纳的表达式相同。但传递函数强调的是系统的输出与输入之间的数学关系，反映了系统的动态特性，意义更为广泛。设

$$p_n^2 = \frac{k}{m}, \ \lambda = \frac{\omega}{p_n}, \ \zeta = \frac{c}{2\sqrt{mk}} \qquad (7\text{-}20)$$

则式（7-18）可表示为

$$H(\omega) = \frac{1}{k} \cdot \frac{1}{1 - \lambda^2 + j2\zeta\lambda} = |H(\omega)| e^{j\varphi(\omega)} \qquad (7\text{-}21)$$

其中

$$|H(\omega)| = \frac{1}{k} \frac{1}{\sqrt{(1-\lambda^2)^2 + 4\lambda^2\zeta^2}} \tag{7-22}$$

$$\varphi(\omega) = -\arctan\frac{2\lambda\zeta}{1-\lambda^2} \tag{7-23}$$

它们分别是振动系统响应中的幅频特性曲线与相频特性曲线的表达式。若将式（7-21）写成幅频实部曲线和幅频虚部曲线表达形式

$$H^R(\omega) = \frac{1}{k} \cdot \frac{1-\lambda^2}{(1-\lambda^2)^2 + 4\lambda^2\zeta^2} \tag{7-24}$$

$$H^I(\omega) = -\frac{1}{k} \cdot \frac{2\lambda\zeta}{(1-\lambda^2)^2 + 4\lambda^2\zeta^2} \tag{7-25}$$

由此可知，幅频实部曲线和幅频虚部曲线的表达式与幅频特性曲线和相频特性曲线的表达式的关系为

$$|H(\omega)| = \sqrt{[H^R(\omega)]^2 + [H^I(\omega)]^2} \tag{7-26}$$

$$\varphi(\omega) = -\arctan\frac{H^I(\omega)}{H^R(\omega)} = -\arctan\frac{2\lambda\zeta}{1-\lambda^2} \tag{7-27}$$

　　传递函数的幅频特性曲线和相频特性曲线如图 7-3a、b 所示。幅频曲线和相频曲线一般采用对数坐标以提高幅值分辨率。幅频实部、虚部曲线如图 7-3c、d 所示，分别称为实频图和虚频图。这些特性曲线在参数识别中是很有用的。

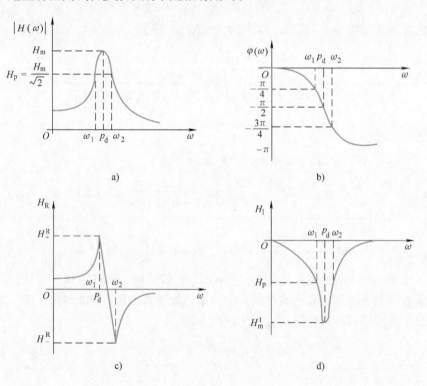

图 7-3　单自由度系统的实测频响特性曲线

a) 幅频响应曲线　b) 相频响应曲线　c) 实频图　d) 虚频图

7.2.3　单自由度系统的参数识别

通过理论分析，我们给出了单自由度振动系统的实测幅频曲线、相频曲线、实频曲线和虚频曲线。根据模态参数与传递函数之间的关系，通过测量系统的传递函数来求解模态参数的过程称为模态参数识别。常用的识别方法有频率域识别法、时域识别法、图解法和曲线拟合法等。本节仅介绍利用实测曲线图进行参数识别的图解法。其他识别方法可参考有关实验模态分析的书籍。

如图 7-3 所示的单自由度系统的实测频响曲线，一般是由动态分析仪和 FFT 动态数字分析仪对测试数据进行数字分析处理后而绘制出的频响曲线。下面根据已知频响曲线图对参数识别的步骤简述如下。

（1）幅频曲线图识别　图 7-3a 所示为单自由度系统的实测幅频曲线，识别步骤如下：

1）由共振峰极值 H_m 求得半功率点幅值为 $H_p = 0.707 H_m$，再由半功率点 H_p 的带宽求得衰减系数近似值为 $n \approx \dfrac{\omega_2 - \omega_1}{2}$。

2）由峰值位置得共振圆频率 p_d，固有圆频率为 $p_n = \sqrt{p_d^2 + n^2}$，则 $\zeta = \dfrac{n}{p_n}$。

3）由共振峰值 H_m 和阻尼比 ζ 求得刚度为 $k = \dfrac{1}{2\zeta H_m \sqrt{1-\zeta^2}}$。

4）由固有圆频率和刚度求得质量为 $m = \dfrac{k}{p_n^2}$。

（2）相频曲线图识别　图 7-3b 所示为单自由度系统的实测相频曲线。由该曲线识别步骤如下：

1）由 $\varphi(\omega)$ 等于 $-\pi/2$ 点确定系统的共振圆频率 p_d，其位置与阻尼无关，因此 $p_n = p_d$。

2）由 $\varphi(\omega)$ 等于 $-\pi/4$ 和 $-3\pi/4$ 确定半功率点带宽，$\Delta\omega = \omega_2 - \omega_1$，由 p_n 和 $\Delta\omega$ 可求得衰减系数为 $n \approx \Delta\omega/2$，阻尼比为 $\zeta = \dfrac{n}{p_n}$。

（3）实频曲线图识别　图 7-3c 所示为单自由度系统的实测实频曲线图。由该曲线识别参数步骤如下：

1）由 $H^R(\omega) = 0$（共振点）确定 p_d，此位置与阻尼无关，所以 $p_n = p_d$。

2）由正、负峰值确定半功率点带宽 $\Delta\omega = \omega_2 - \omega_1$，由此可得衰减系数为 $n \approx \Delta\omega/2$，阻尼比为 $\zeta = \dfrac{n}{p_n}$。

3）由正、负峰值 H^R_+、H^R_- 求出刚度 $k = \dfrac{1}{2(H^R_+ - H^R_-)\zeta(1-\zeta^2)}$ 和质量 $m = \dfrac{k}{p_n^2}$。

（4）虚频曲线图识别　图 7-3d 所示为单自由度系统的实测虚频曲线图。由该曲线识别参数步骤如下：

1）由负峰值确定半功率点幅值为 $H_p = 0.5 H^I_m$，由半功率点幅值求得半功率点带宽为 $\Delta\omega = \omega_2 - \omega_1$，由此可得衰减系数为 $n \approx \Delta\omega/2$。

2）由负峰值点确定共振圆频率 p_d，则 $p_n = \sqrt{p_d^2 + n^2}$，阻尼比为 $\zeta = \dfrac{n}{p_n}$。

3）由负峰值和阻尼比可求出刚度和质量，即 $k = \dfrac{\sqrt{1-\zeta^2}}{2H_{\mathrm{m}}^{\mathrm{I}}\zeta\left(1-\dfrac{3}{4}\zeta^2\right)}$ ，$m = \dfrac{k}{p_{\mathrm{n}}^2}$。

以上只是针对利用位移的频响函数曲线的参数识别介绍了几种方法，除此之外，还有圆拟合法（矢端图形法）等。对于利用速度、加速度的频响函数曲线的参数识别方法与以上介绍的方法相似。具体内容可参考有关书籍。

7.3　多自由度系统的传递函数矩阵和频响函数矩阵

由振动理论，在强迫激励下的多自由度系统的运动方程为

$$m\ddot{x} + c\dot{x} + kx = f(t) \tag{7-28}$$

对此做拉普拉斯变换

$$(s^2 m + sc + k)X(s) = F(s) \tag{7-29}$$

根据传递函数的定义得

$$H(s) = \frac{X(s)}{F(s)} = \frac{1}{s^2 m + sc + k} \tag{7-30}$$

它是 $N \times N$ 阶的方阵，称为多自由度系统的传递函数矩阵。而当 $s = \mathrm{j}\omega$ 时，即

$$H(s)\big|_{s=\mathrm{j}\omega} = H(\omega) = \frac{X(\omega)}{F(\omega)} = \frac{1}{-\omega^2 m + \mathrm{j}\omega c + k} \tag{7-31}$$

它也是 $N \times N$ 阶的方阵，称为多自由度系统的频响函数矩阵。

传递函数矩阵式（7-30），还可表示成留数形式

$$H(s) = \sum_{r=1}^{N}\left(\frac{A_r}{s - p_r} + \frac{A_r^*}{s - p_r^*}\right) \tag{7-32}$$

其中，$p_r = -n_r + \mathrm{j}p_{\mathrm{dr}}$，$p_r^* = -n_r - \mathrm{j}p_{\mathrm{dr}}$ 是方程 $s^2 m + sc + k = 0$ 的第 r 阶复根，系统的第 r 阶主频率或第 r 阶模态频率为 $p_{\mathrm{dr}} = \sqrt{p_{\mathrm{nr}}^2 - n_r^2}$，式中 $p_{\mathrm{dr}}^2 = \dfrac{K_r}{M_r}$、$n_r = \dfrac{C_r}{2M_r}$。而 M_r、K_r、C_r 分别是该系统的第 r 阶模态质量、模态刚度和模态阻尼，则 A_r、A_r^* 分别是极点 p、p^* 的留数矩阵。即

$$A_r = \lim_{s \to p_r}(s - p_r)H(s), \quad A_r^* = \lim_{s \to p_r^*}(s - p_r^*)H(s) \tag{7-33}$$

它的第 e 行第 f 列的传递函数为

$$H_{ef}(s) = \sum_{r=1}^{N} \frac{A_{efr}}{s - p_r} + \frac{A_{efr}^*}{s - p_r^*} \tag{7-34}$$

取 $s = \mathrm{j}\omega$ 可得用留数表示的频响函数矩阵

$$H(\omega) = \sum_{r=1}^{N}\left(\frac{A_r}{\mathrm{j}\omega - p_r} + \frac{A_r^*}{\mathrm{j}\omega - p_r^*}\right) \tag{7-35}$$

它的第 e 行第 f 列的频响函数为

$$H_{ef}(\omega) = \sum_{r=1}^{N} \frac{A_{efr}}{j\omega - p_r} + \frac{A_{efr}^*}{j\omega - p_r^*} \tag{7-36}$$

可以证明其中留数矩阵可用模态参数的形式表示

$$A_r = \frac{1}{a_r}\boldsymbol{\varphi}_r\boldsymbol{\varphi}_r^{\mathrm{T}}, \ A_r^* = \frac{1}{a_r^*}\boldsymbol{\varphi}_r^*\boldsymbol{\varphi}_r^{*\mathrm{T}} \tag{7-37}$$

在实模态情况下，

$$\boldsymbol{\varphi}_r = \boldsymbol{\varphi}_r^*, a_r = 2jM_r p_{dr}, a_r^* = -2jM_r p_{dr} \tag{7-38}$$

留数形式的传递函数矩阵将在多自由度系统的参数识别的曲线拟合法时得到广泛的应用。

7.4 传递函数的物理意义

根据传递函数的定义，式（7-30）给出了输入激励的拉普拉斯变换、输出响应的拉普拉斯变换与传递函数三者之间的函数关系

$$H(s) = \frac{X(s)}{F(s)} \tag{7-30}$$

由此可得

$$\boldsymbol{X}(s) = \boldsymbol{H}(s)\boldsymbol{F}(s) \tag{7-39}$$

将此式写成展式

$$\begin{pmatrix} X_1(s) \\ X_2(s) \\ \vdots \\ X_N(s) \end{pmatrix} = \begin{pmatrix} H_{11}(s) & H_{12}(s) & \cdots & H_{1N}(s) \\ H_{21}(s) & H_{22}(s) & \cdots & H_{2N}(s) \\ \vdots & \vdots & & \vdots \\ H_{N1}(s) & H_{N2}(s) & \cdots & H_{NN}(s) \end{pmatrix} \begin{pmatrix} F_1(s) \\ F_2(s) \\ \cdots \\ F_N(s) \end{pmatrix} = \begin{pmatrix} \sum\limits_{k=1}^{N} H_{1k}(s) F_k(s) \\ \sum\limits_{k=1}^{N} H_{2k}(s) F_k(s) \\ \vdots \\ \sum\limits_{k=1}^{N} H_{Nk}(s) F_k(s) \end{pmatrix} \tag{7-40}$$

则对于任一物理坐标位移响应 $x_e(t)$ 的拉普拉斯变换可表示为

$$X_e(s) = \sum_{k=1}^{N} H_{ek}(s) F_k(s) \tag{7-41}$$

它表明，该系统第 e 个物理坐标位移响应的拉普拉斯变换，等于各作用力的拉普拉斯变换与其对应的传递函数乘积的代数和。

1. 原点传递函数的物理意义

若 $k=e$ 时，$F_e(s) \neq 0$；当 $k \neq e$ 时，$F_k(s) = 0$。则式（7-41）变为

$$X_e(s) = H_{ee}(s) F_e(s) \tag{7-42}$$

即

$$H_{ee}(s) = \frac{X_e(s)}{F_e(s)} \tag{7-43}$$

$H_{ee}(s)$ 表示在第 e 个物理坐标上施加单位激励，引起该坐标的位移响应，称为原点传递函数。

2. 跨点传递函数的物理意义

设在第 f 个物理坐标施加激励，即 $k = f$ 时，$F_f(s) \neq 0$，当 $k \neq f$ 时，$F_k(s) = 0$，则得

$$X_e(s) = H_{ef}(s)F_f(s) \tag{7-44}$$

即

$$H_{ef}(s) = \frac{X_e(s)}{F_f(s)} \tag{7-45}$$

$H_{ef}(s)$ 表示在第 f 个物理坐标上施加单位激励，引起第 e 个坐标的位移响应，因此它称为跨点传递函数。

利用以上两种方法，采取单点激振或单点拾振即可求出传递函数矩阵 $H(s)$ 的每个元素 $H_{ij}(s)$。

3. 传递函数在模态分析中的物理意义

由于传递函数矩阵为

$$H(s) = \frac{X(s)}{F(s)} = \frac{1}{s^2 m + sc + k} \tag{7-30}$$

利用正则振型 A_N 的正交性，在比例阻尼的情况下，

$$\begin{cases} A_N^T m A_N = \mathrm{diag}(M_r) \\ A_N^T k A_N = \mathrm{diag}(K_r) \\ A_N^T c A_N = \mathrm{diag}(C_r) \end{cases} \tag{7-46}$$

解得

$$\left. \begin{array}{l} m = A_N^{-T}\mathrm{diag}(M_r)A_N^{-1} \\ k = A_N^{-T}\mathrm{diag}(K_r)A_N^{-1} \\ c = A_N^{-T}\mathrm{diag}(C_r)A_N^{-1} \end{array} \right\} \tag{7-47}$$

代入式（7-30）得

$$\begin{aligned} H(s) &= \frac{1}{A_N^{-T}\mathrm{diag}(M_r s^2 + C_r s + K_r)A_N^{-1}} \\ &= A_N \mathrm{diag}(M_r s^2 + C_r s + K_r)^{-1} A_N^T \\ &= \frac{A_N A_N^T}{\mathrm{diag}(M_r s^2 + C_r s + K_r)} \end{aligned} \tag{7-48}$$

所以

$$H(s) = \sum_{r=1}^{N} \frac{A_r A_r^T}{M_r s^2 + C_r s + K_r} \tag{7-49}$$

写成展式为

$$\begin{pmatrix} H_{11}(s) & H_{12}(s) & \cdots & H_{1f}(s) & \cdots & H_{1N}(s) \\ H_{21}(s) & H_{22}(s) & \cdots & H_{2f}(s) & \cdots & H_{2N}(s) \\ \vdots & \vdots & & \vdots & & \vdots \\ H_{e1}(s) & H_{e2}(s) & \cdots & H_{ef}(s) & \cdots & H_{eN}(s) \\ \vdots & \vdots & & \vdots & & \vdots \\ H_{N1}(s) & H_{N2}(s) & \cdots & H_{Nf}(s) & \cdots & H_{NN}(s) \end{pmatrix} \tag{7-50}$$

$$= \sum_{r=1}^{N} \frac{1}{M_r s^2 + C_r s + K_r} \begin{pmatrix} A_{1r}A_{1r} & A_{1r}A_{2r} & \cdots & A_{1r}A_{fr} & \cdots & A_{1r}A_{Nr} \\ A_{2r}A_{1r} & A_{2r}A_{2r} & \cdots & A_{2r}A_{fr} & \cdots & A_{2r}A_{Nr} \\ \vdots & \vdots & & \vdots & & \vdots \\ A_{er}A_{1r} & A_{er}A_{2r} & \cdots & A_{er}A_{fr} & \cdots & A_{er}A_{Nr} \\ \vdots & \vdots & & \vdots & & \vdots \\ A_{Nr}A_{1r} & A_{Nr}A_{2r} & \cdots & A_{Nr}A_{fr} & \cdots & A_{Nr}A_{Nr} \end{pmatrix}$$

传递函数矩阵的任一列、任一行，都包含了 M_r、C_r、K_r 和一组 A_r，$r = 1，2，\cdots，N$，所差的只是一个常量因子。例如：第 e 行 $A_{er}A_r^{\mathrm{T}}$ 中常量因子为 A_{er}。第 f 列 $A_{fr}A_r$ 中常量因子为 A_{fr}。因此为了求出模态矢量 A_r，只要测出传递函数的一列或一行元素就可以了。

7.5　多自由度系统的模态参数识别

通过模态实验和数字信号处理，获得了实验结构频响函数矩阵中的一行（或一列）的频响函数，如果各阶模态比较离散，可以用单自由度模型估计模态参数，如果各阶模态比较密集，可用多自由度模型的曲线拟合法估计有关的模态参数。一般通用的参数识别方法有两种：图解法和曲线拟合法。

7.5.1　图解法

利用频响函数曲线（如幅频曲线、相频曲线、实频曲线和虚频曲线等）直接进行模态参数识别的方法称为图解识别法。图解法适用于模态耦合较离散的系统，具有简单、直观等特点，但精度较低，常用于一些简单结构的实验模态分析中。

例如，当系统阻尼很小时，各阶固有频率相距较远，由图 7-4 可以看出各阶模态相互影响很小。因此，在识别某一阶模态参数时可以忽略相邻各阶模态的影响。其识别方法与单自由度系统的识别方法相同。

由模态参数描述的传递函数矩阵式（7-49）可知，它的第 e 行第 f 列的传递函数为

$$H_{ef}(s) = \sum_{r=1}^{N} \frac{A_{er}A_{fr}}{M_r s^2 + C_r s + K_r} \tag{7-51}$$

令 $s = \mathrm{j}\omega$，可得相应的频响函数矩阵

$$H(\omega) = \sum_{r=1}^{N} \frac{A_r A_r^{\mathrm{T}}}{K_r - \omega^2 M_r + \mathrm{j}\omega C_r} \tag{7-52}$$

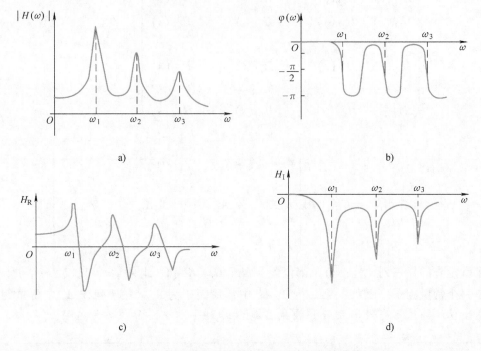

图 7-4　模态稀疏时的多自由度系统的频响曲线
a) 幅频图　b) 相频图　c) 实频图　d) 虚频图

它的第 e 行第 f 列的频响函数为

$$H_{ef}(\omega) = \sum_{r=1}^{N} \frac{A_{er}A_{fr}}{K_r - \omega^2 M_r + j\omega C_r} \tag{7-53}$$

若各阶模态比较离散，相互之间没有影响，则第 e 行第 f 列在第 i 阶模态的表达式为

$$H_{efi}(\omega) = \frac{A_{ei}A_{fi}}{K_i - \omega^2 M_i + j\omega C_i} \tag{7-54}$$

取

$$p_{ni}^2 = \frac{K_i}{M_i},\ \zeta_i = \frac{C_i}{2\sqrt{M_iK_i}} \tag{7-55}$$

$$H_{efi}(\omega) = \frac{A_{ei}A_{fi}}{K_i(1 - \lambda^2 + j2\lambda\zeta)} \tag{7-56}$$

令等效刚度为 $K_i^e = \dfrac{K_i}{A_{ei}A_{fi}}$，则

$$H_{efi}(\omega) = \frac{1}{K_i^e(1 - \lambda^2 + j2\lambda\zeta)} \tag{7-57}$$

　　此式与单自由度系统的频响函数式（7-21）相比较，在形式上两者相同。因此，可以按前述单自由度系统的图解法来识别，这时得到的模态参数为主模态参数。但必须注意到此时等效刚度 K_i^e 代替了单自由度系统的刚度 k，由于在测试中得到了传递函数 $H(\omega)$ 中的一行（或一列），即得到了不同测点的频响函数 $H_{efi}(\omega)$，其中 $i = 1, 2, \cdots, N$，若为单点激振多

点响应，设 f 点为激振点，e 点为测振点，则 $e=1,2,\cdots,N$。可得到由各点频响函数所识别的等效刚度 K_i^e 的倒数所形成的矩阵为

$$\left(\frac{1}{K_{1i}^e}\ \frac{1}{K_{2i}^e}\ \cdots\ \frac{1}{K_{Ni}^e}\right)^{\mathrm{T}}=\left(\frac{A_{1i}A_{fi}}{K_i}\ \frac{A_{2i}A_{fi}}{K_i}\ \cdots\ \frac{A_{Ni}A_{fi}}{K_i}\right)^{\mathrm{T}}=\frac{A_{fi}}{K_i}\boldsymbol{A}_i \tag{7-58}$$

因此就得到了第 i 阶振型函数 $\boldsymbol{A}_i$，但多了一个常数项 $\dfrac{A_{fi}}{K_i}$，可证明经归一化后就可进一步得到系统的第 i 阶主模态。由于 $i=1,2,\cdots,N$，所以只要测出传递函数的一行或一列，就能得出所有模态参数及振型函数。图 7-5 表示了从一悬臂梁的虚频图中得到的前三阶主模态。

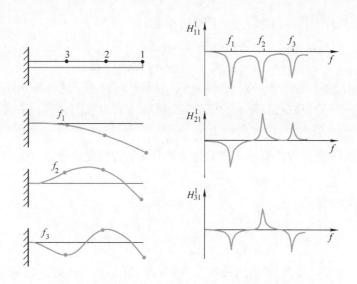

图 7-5　悬臂梁的前三阶主模态和虚频图

图解法的优点是：简便、直观；缺点是：精度差，不能排除外噪干扰。所以，图解法不是完整的识别方法，要提高识别精度，必须进行优化，排除干扰噪声。

7.5.2　曲线拟合法

曲线拟合法是用一条连续曲线去拟合一组离散的测试数据，然后利用拟合曲线识别有关参数的方法，它建立在各种优化计算的基础上，由计算机进行识别，采用优化算法，可以一定程度上排除有关误差，使结果尽可能准确地反映实际系统。

曲线拟合法，一般是利用图解法所识别的参数作为初始值进行迭代优化计算，并利用有关的优化准则判断计算模态参数的精度，直到满足要求为止，从而可利用传递矩阵函数识别出振动系统的有关参数，如固有频率 p_{dr}、衰减阻尼系数 n_r 和留数 $\boldsymbol{A}_r$ 等，在此基础上可进一步计算求出 M_r、K_r、C_r、$\boldsymbol{A}$ 等。在这里着重讨论有了留数以后，如何估算模态矢量、模态质量、模态刚度和模态阻尼。

（1）模态矢量 A 的识别　在实模态系统中，由式（7-37）和式（7-38）可得留数与模态矢量的关系

$$A_r = \frac{1}{2\mathrm{j}M_r p_{\mathrm{d}r}} A_r A_r^{\mathrm{T}} \tag{7-59}$$

或

$$r_r = 2\mathrm{j}A_r = \frac{1}{M_r p_{\mathrm{d}r}} A_r A_r^{\mathrm{T}} \tag{7-60}$$

这是在模态参数识别中广为应用的留数矩阵的形式，令

$$u_r = \frac{1}{M_r p_{\mathrm{d}r}} \tag{7-61}$$

称为模态比例因子，式（7-60）改写为

$$r_r = u_r A_r A_r^{\mathrm{T}} \tag{7-62}$$

它的第 f 列的留数列阵、第 e 行第 f 列的留数分别为

$$(r_{1fr} \quad r_{2fr} \quad \cdots \quad r_{Nfr})^{\mathrm{T}} = u_r A_{fr}(A_{1r} \quad A_{2r} \quad \cdots \quad A_{Nr})^{\mathrm{T}} \tag{7-63}$$

$$r_{efr} = u_r A_{er} A_{fr} \quad (e=1,2,\cdots,N) \tag{7-64}$$

由此可知，在估算出留数矩阵的一列（或一行）以后，可以用下述方法估算模态矢量：

1）用原点的第 r 阶留数估算第 r 阶模态矢量在原点自由度的分量，由式（7-63）得

$$A_{fr} = \sqrt{r_{ffr}/u_r} \tag{7-65}$$

2）用跨点的第 r 阶留数估算第 r 阶模态矢量中其余自由度的分量，由式（7-64）得

$$A_{er} = r_{efr} / \sqrt{u_r r_{ffr}} \quad (e=1,2,\cdots,N) \tag{7-66}$$

3）第 r 阶模态矢量为

$$A_r = \left(\frac{r_{1fr}}{\sqrt{u_r r_{ffr}}} \quad \frac{r_{2fr}}{\sqrt{u_r r_{ffr}}} \quad \cdots \quad \sqrt{\frac{r_{ffr}}{u_r}} \cdots \quad \frac{r_{Nfr}}{\sqrt{u_r r_{ffr}}} \right)^{\mathrm{T}} \tag{7-67}$$

（2）模态矢量的归一化　如前所述，实验结构的留数是唯一的，它从实测的频响函数中直接被估算出来，模态矢量则不同，它的各个分量之间的比值是唯一的，各分量的大小并非唯一，随模态比例因子的不同而变化。模态比例因子的选取方法，亦称模态矢量的归一化方法。常用的归一化方法有以下五种：

1）模态比例因子 $u_r = 1$。在式（7-67）中 $u_r = 1$ 即为此时的模态矢量。

2）在各阶模态矢量中，令其幅值最大的元素为1。例如，在式（7-67）中，假设第2个元素最大，则此时的第 r 阶模态矢量为

$$A_r = \left(\frac{r_{1fr}}{r_{2fr}} \quad 1 \quad \cdots \quad \frac{r_{ffr}}{r_{2fr}} \quad \cdots \quad \frac{r_{Nfr}}{r_{2fr}} \right)^{\mathrm{T}} \tag{7-68}$$

3）令各阶模态矢量的模为1，即

$$\sqrt{A_{1r}^2 + A_{2r}^2 + \cdots + A_{fr}^2 + \cdots + A_{Nr}^2} = 1 \tag{7-69}$$

设

$$Q_r = \sqrt{r_{1fr}^2 + r_{2fr}^2 + \cdots + r_{ffr}^2 + \cdots + r_{Nfr}^2} \tag{7-70}$$

则

$$A_r = \left(\frac{r_{1fr}}{Q_r} \quad \frac{r_{2fr}}{Q_r} \quad \cdots \quad \frac{r_{ffr}}{Q_r} \quad \cdots \quad \frac{r_{Nfr}}{Q_r} \right)^{\mathrm{T}} \tag{7-71}$$

4）在各模态矢量中，令任意某个元素为1，与上述第2种情形类似，不再重述。

5）令各阶模态质量 $M_r = 1$，即在式（7-61）中，

$$M_r = \frac{1}{u_r p_{dr}} = 1，即 u_r = \frac{1}{p_{dr}}$$ (7-72)

此时的模态矢量具有式（7-71）的形式，但式中的 Q_r 为

$$Q_r = \sqrt{\frac{r_{ffr}}{p_{dr}}}$$ (7-73)

（3）模态质量、模态刚度和模态阻尼　由式（7-61）得

模态质量

$$M_r = \frac{1}{u_r p_{dr}}$$ (7-74)

模态刚度

$$K_r = \omega_r^2 M_r = \frac{(\omega_{dr}^2 + \sigma^2)}{u_r p_{dr}}$$ (7-75)

模态阻尼

$$C_r = 2\sigma_r M_r = \frac{2\sigma_r}{u_r p_{dr}}$$ (7-76)

（4）动画显示　获得了模态矢量式（7-71）后，实验结构各自由度的主振动就知道了，例如，在单一的第 r 阶模态振动中，各自由度的响应为

$$x = A_r \beta \sin(p_{dr} t + \theta_r) \quad (r = 1, 2, \cdots, N)$$ (7-77)

如果将一个振动周期等分成若干个时间间隔（一般为 40 等份），在每一个时间间隔，各自由度的相互位置构成一幅画面，即主振型在此瞬时的形态，在屏幕上连续显示这些画面，可观察到一个连续运动的动画图形，这就是实验结构第 r 阶主振型的动画图形。

7.6　模态分析中的几种激振方法

由于线性简谐振动系统的频响函数与传递函数是等同的，它反映了振动系统的固有动态特性，与激振和响应的大小无关，无论激振力和响应是简谐的、复杂周期性的、瞬态的或者是随机的，所求得的传递函数都应该是一样的。因此，传递函数通过实验方法获得所采用的测量方法很多，按照不同的激振方法可分为稳态正弦激振法、瞬态激振法和随机激振法等。

7.6.1　稳态正弦激振法

稳态正弦激振法是一种传统的测试方法。测试时，给机械振动系统或结构施以一定的稳态正弦激振力，激振力的频率精确可调，在激振力的作用下，系统产生振动。然后精确地测量出不同频率下的激振力的大小及各测点响应的大小及相位。测试方法及系统框图如图 7-6 所示，测量信号被计算机记录下来，然后用分析软件进行分析。稳态正弦激振可分为单点激振和多点激振两种方法。单点激振所用的设备少，测试方便，但难以得到好的响应曲线；多点激振所用的设备多，测试时要调节各点的激振力，使其按一定的规律变化，因而测试工作

比较困难，但得到的响应曲线好。稳态正弦激振法的特点是：激振力频率和幅值可以精确调节，测试精度高，但测试费时间，需要从低频到高频逐步进行扫描测试，所需的设备多。

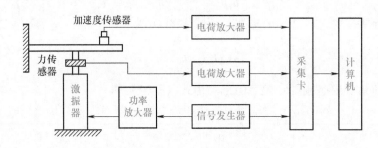

图 7-6 稳态正弦激振法的框图

7.6.2 瞬态激振法

瞬态激振法是一种比较方便的激振方法，常用的激振法有两种：快速正弦扫描激振法和锤击法。

1. 快速正弦扫描激振法

快速正弦扫描激振法的测试仪器与稳态正弦激振法的基本相同，不同之处是，快速正弦扫描激振法要求信号发生器能在整个测试频率区间内做快速扫描，扫描时间约为几秒或十几秒，目的是希望得到一个近似的平直谱，如图 7-7 所示。平直谱的激振力在整个扫描频率范围内基本相等，扫描函数为

$$f(t) = F\sin(at^2 + bt) \quad (0 < t < T) \tag{7-78}$$

式中，T 为扫描周期；F 为激振力振幅；a、b 为频率系数，$a = \dfrac{\omega_{max} - \omega_{min}}{2T}$，$b = \omega_{min}$。

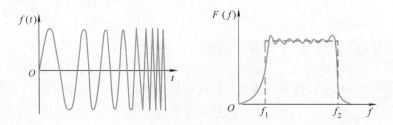

图 7-7 快速正弦扫描的力与力谱

2. 锤击法

用力锤对试件进行敲击，产生一个宽频带的激励，它能在很宽频率范围内激励出各种模态。锤击力函数及频谱如图 7-8 所示。所以在锤击法中的脉冲，其应用频率的主瓣应尽量宽，如图 7-8 所示。要根据被激振结构选择不同的锤帽，以调节应用频率的范围。测试方法及框图如图 7-9 所示。采用脉冲锤击法时，为了消除噪声干扰，必须采用多次平均。

7.6.3 随机激振法

随机激振法目前常用的有三种：纯随机激振法、伪随机激振法和周期随机激振法。

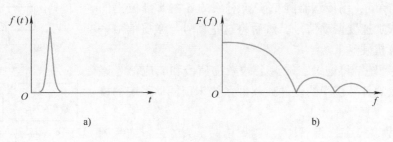

图 7-8 锤击脉冲函数及频谱
a）脉冲 b）力频谱

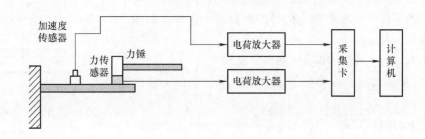

图 7-9 脉冲锤击法的框图

（1）纯随机激振法 在整个时间历程内所有激振信号都是随机的，如白噪声，其特点是功率谱是平直谱，没有周期性。通常是将白噪声发生器产生的信号，通过功率放大器输出给激振器进行激振。

（2）伪随机激振法 在一个周期内激振信号是随机的，但各个周期的激振信号是一样的。

（3）周期随机激振法 它主要由变化的伪随机激振信号组成，当激振进行到某几个周期后，又出现一个新的伪随机激振信号，它综合了纯随机信号和伪随机信号的优点，做到了即使是周期信号，但统计特性却是随时间变化的。

7.7 模态分析的实验过程

实验模态分析主要是通过模态实验，测量系统的振动响应信号，或同时测量系统的激励信号、响应信号，从测量到的信号中，识别描述系统动力特征的有关参数。其模态实验流程如图 7-10 所示，识别的主要内容有：

1）物理参数识别，包括质量矩阵、刚度矩阵和阻尼矩阵。

2）模态参数识别，包括固有频率、衰减系数、模态矢量、模态刚度和模态阻尼。

模态分析系统一般由三部分组成：

1）激振系统：使得系统产生稳态、瞬态或随机振动。

2）测量系统：用传感器测量实验对象的各主要部位上的位移、速度或加速度振动信号。然后将这些信号与激振信号一起记录到计算机硬盘上。

3）分析系统：将记录在硬盘上的激励信号和响应信号经数字式分析仪或计算机中的硬件或软件系统识别振动系统的模态参数。

由于在做模态实验时，只需要测得传递函数的一行或一列就可以获得全部模态信息。因此，若固定在一点测量振动响应信号，而不断改变激励信号的作用点。这样就测量出了传递函数的一行。若固定在一点进行激励，而在不同点进行振动响应信号测量，即不断改变振动响应信号的测试点。这样就测量出了传递函数的一列。

由图 7-10 所示，模态实验的基本步骤如下：

1）确定实验模型，将实验结构支撑起来（确定实验模型的边界条件）。

2）利用介绍的激振方法激励实验模型（一般用锤击法），并记录原点及各测点的激振力和响应的时间历程。

3）对各测点的时间历程的记录数据进行数字处理，利用有关方法及 FFT 求出各测点的传递函数，并组成传递函数矩阵。

4）利用介绍的参数识别方法进行参数识别。

5）进行动画显示。

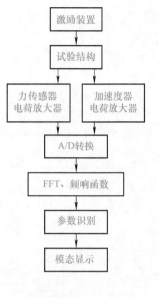

图 7-10 模态实验流程图

7.8 环境激励法的实验模态分析简介

利用传递函数法做实验模态分析，必须要测出激振力的实际数据，然后利用传递函数中的关系进行参数识别及模态分析。但是在工程中的大量结构和机器（如大型建筑、大型桥梁、汽轮发电机组等）都是很难人工施加激振力的，其结构的响应主要由环境激励引起，如机器运行时由质量不平衡产生的惯性力，车辆行驶时的振动以及微地震产生的地脉动等各种环境激励，而这些环境激励是既不可控制又难以测量的。环境激励法就是在试验过程中不需要测量激振力的方法。

环境激振方式有很多种，主要分为自然振源激振和人工振源激振。自然振源包括地震、地脉动、风振、海浪等；其中地脉动常被使用于大型建筑结构的激励，其特点是频带很宽，包含了各种频率的成分，但是随机性很大，采样时间要求较长。人工激励振源包括起振机、力锤、激振器、地震模拟台、车辆激励、爆破、拉力释放、人体晃动和打桩等。在工程实际中应当根据被测对象的特点，选取适当的激振方式。

环境激励法只能利用系统的响应数据对固有频率、模态振型、阻尼比这三个模态参数进行识别。这三个模态参数在工程上已经能够满足对绝大多数结构动力特性分析的要求。环境激励法的参数识别也有许多种，如：①自、互谱综合函数法，②传递率法，③随机子空间法等。

下面以最简单的传递率法为例，说明环境激励法在实验模态分析中的应用。在测力法中是利用力的传递函数与响应的传递函数之比，来进行参数识别及模态分析的，而环境激励法中的传递率计算方法与测力法中的传递函数法相似。不同点是用参考点的响应信号代替了传递函数算法中的力信号。所以传递率法可以理解为跨点频响函数与原点频响函数之比，因此传递率是两个响应谱的比值，无量纲。而共振频率不一定位于传递率的峰值处，因此，在传递率谱中，共振频率就不是峰值，从而对于寻找共振频率造成了困难。

因此，一般情况下是利用自谱或互谱曲线来寻找共振频率，因为在实验过程中，对于幅值谱、相位谱来说，其共振频率处自谱、互谱都为峰值，如图 7-11 所示。

利用峰值可以估计结构的固有频率。所以在实验模态分析中是利用由环境振动响应信号的自、互功率谱来取代频响函数来进行计算，此时，共振频率是由平均正则化了的功率谱密度曲线上的峰值来确定的，因而此法又称之为峰值法。

当确定共振峰值后，相应的模态振型值、共振频率、阻尼即可确定。此法的优点是，在激励大小不同的情况下，假设结构对响应的影响是相同的，通过计算传递率就可将不同大小激振力的影响消除掉。

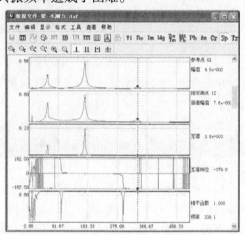

图 7-11　在自、互谱图上利用单光标选取峰值

但应注意的是，若输入激励 $F(\omega)$ 在 ω_1 处有峰值，则该系统的响应 $X(\omega)$ 在 ω_1、ω_2 处均应出现峰值，此时的响应频谱掺杂了激振力的峰值信息，所以就不能单纯地从它的幅值谱图上得到系统的固有频率，还容易出现虚假固有频率值，如图 7-12 所示，这是必须要避免的。

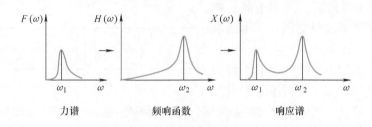

图 7-12　存在激振力频率峰值频谱图

但当激振力为近似平稳白噪声时，频谱图近似为一直线，没有峰值，所以系统的输出响应 $X(\omega)$ 只在 ω_2 处出现峰值，不存在响应频谱掺杂激振力的峰值信息的情况，如图 7-13 所示。此时响应频谱近似可以看成频响函数，可以直接从它的幅值谱图上得出系统的固有频率。由于功率谱的幅值与频谱的幅值存在一一对应的平方关系，可以将其自谱、互谱的峰值频率看成共振频率。

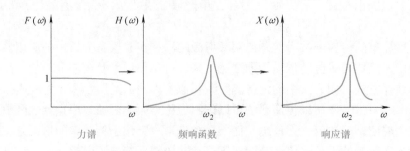

图 7-13　激振力为白噪声时的响应谱图

综上所述，一般来说，利用峰值法进行环境激励下的实验模态分析，就是利用响应的自功率谱、互功率幅值谱、互功率相位谱、相干函数和传递率这五张图识别有关模态参数。其五张图分析法的框图如图 7-14 所示，步骤如下：

1）选定结构上的某一点为参考点。参考点的选择应该不在节点上并且是各阶响应都较大的点，所以对称结构不能选在对称点上。

2）分别计算出响应点的自功率谱、响应点与参考点之间的互功率谱的幅值、响应点与参考点之间的互功率谱的相位、响应点与参考点之间的相干函数、响应点与参考点之间的传递率五组数据。

3）画出自功率谱图、互功率谱的幅值谱图、互功率谱的相位谱图、相干函数图、传递率图。

4）由峰值拾取法直接从频谱的幅值图中读出峰值频率，由于互谱图形中对假峰有削峰效应，建议从互谱中读取共振频率。由该频率处相应的频谱相位和相干函数筛除激励力和噪声的峰值（假峰）。从一般的实践来看，如果在峰值点处互谱相位在 0° 或 ±180° 附近（上下波动 ±30°），且该处的相干函数值在 0.95 以上，则认定该峰为固有频率点，从而确定结构的固有频率。

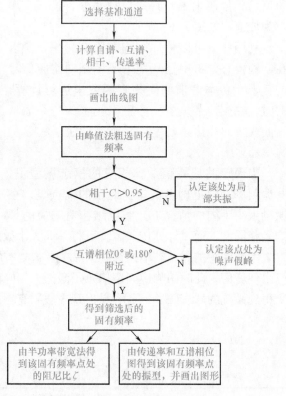

图 7-14　五张图分析法流程图

5）由半功率带宽法计算出各阶的阻尼比，大部分工程结构阻尼比小于或远远小于 10%，如阻尼比过大，则检查频率分辨率 Δf 是否偏大而造成阻尼比过高，如是 Δf 偏大引起的误差，可通过插值或细化的方法来解决。

6）由固有频率点处的传递率得出振型（不是真正的振型，是工作挠度曲线，可以近似替代振型），由传递率的幅值得到振型的大小，由互谱的相位或传递率实部的符号可以得到振型的方向。

7）画出振型图。

7.9　实验模态分析在工程中的应用

实验模态分析及参数识别在工程中具有重要的作用，它是研究复杂机械和工程结构振动的重要方法。对于复杂的机械结构，若处理它的振动的动态特性，必须首先知道它的每一阶固有频率、阻尼比和模态振型。这些参数要由实验模态分析获得。

7.9.1　龙洗的实验模态分析

龙洗是一种铜浇铸的盆，形状和大小都似洗脸盆，盆边上方有双耳、盆内铸有两条游龙图案。有的盆内铸有四条鱼的图案，称为鱼洗。龙洗和鱼洗多为传世文物，它不仅有较高的艺术观赏性，更具有深刻的科学价值。它的奇妙之处在于，当内部充满水、两耳被不同方式搓动摩擦时，将发出悦耳的嗡鸣声，水珠从 4 个部位（或 6、8、10、12、14 个部位）喷出，如图 7-15 所示，加之优美的艺术造型与内壁图案的巧妙结合，就像龙（鱼）喷水一样有趣。

4个部位喷水　　　　　6个部位喷水

图 7-15　搓振时的有趣现象

王大钧等利用非线性振动理论，由数值、实验和解析方法，阐明了中华文物龙（鱼）洗有趣现象的振动机理。这种现象是一种由于摩擦引起的流固耦合系统的自激振动。在进行龙洗的搓振运动分析中，要用到固有频率和模态的数据。

龙洗的盆体接近一个旋转壳，高 11.5cm，最大半径 20cm，厚度约 2mm，耳高 4.5cm。盆上测点共 244 个，布置在沿 z 向分布的五个圆周上，每个圆周均布 48 点，每个耳的上部有两个测点，如图 7-16 所示。

模态实验采用多点输入单点输出的锤击法。设母线、切线和法线的方向位移用 u、v、w 表示，则

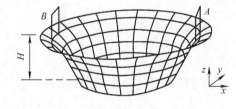

图 7-16　模态实验测点示意图

得到了盛满水的龙洗的前 8 阶法向位移模态（w_i，$i = 1，2，3，…，8$）的俯视示意图及固有频率值，如图 7-17 所示。

从图 7-17 可以看到，龙洗的模态基本保持了一个具有两个对称面的对称结构模态的对称性质。概括起来，模态可分为三类：

（Ⅰ）对 xz 面对称，对 yz 面对称或反对称，如 w_2、w_4、w_5、w_7；

（Ⅱ）对 xz 面反对称，对 yz 面也反对称，如 w_1 和 w_6；

（Ⅲ）对 xz 面反对称，对 yz 面对称，如 w_3 和 w_8。

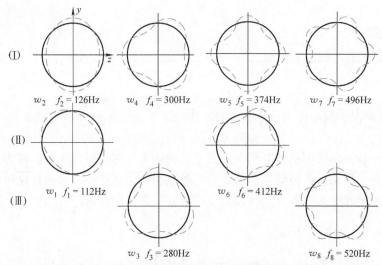

图 7-17　龙洗模态试验结果振型示意图及固有频率

这三类模态在搓振运动中扮演不同的角色，将在搓振运动实测中显示出来。

在适当的搓动下，即手的张紧程度、搓动速度和力度适当时，水面在盆边的数个对称区域将产生皱波，用力大时会跳起水珠，可搓动出从盆边出现 4、6、8、10、12 和 14 个区域产生跳水珠情形。以 4、6 区域产生跳水珠情形为例，可得到如图 7-15 所示搓动时的两种喷水状态的振动位移幅值，如图 7-18 所示。

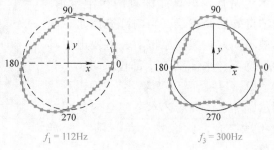

图 7-18　龙洗搓振实验盆边运动、位移幅值分布图

比较图 7-18 和图 7-17 可以看出，搓振时上述两种状态的运动频率和运动形状分别近似于 f_1 和 w_1、f_3 和 w_3。因此，在搓振运动的正常状态下龙洗近似按某一固有频率及振型运动。

由此可知，沿耳方向的搓振运动只会产生接近于第 II 和第 III 类的固有频率的振动，不会产生接近第 I 类的固有振动。因为第 I 类的模态在耳部的切向位移 $v = 0$，是节点。而摩擦力沿切向，在法向无分量，所以不会诱发第 I 类的固有频率振动。

通过应用现代科学的实验方法，初步揭示中国古代科技珍品龙洗现象的力学原理。这个例子表明了，现代科技能揭示古代科技的深层科技信息，是对古代科技的再认识和再发现。

7.9.2　斜拉桥的实验模态分析

桥梁是大型建筑，所以在实验中多采用环境法激励进行实验模态分析，下面以斜拉桥为例，说明其应用。

实验模型、实验仪器及实验框图如图 7-19a、b 所示，在斜拉桥模型上选择 5 个测试点，分别位于斜拉桥面中间位置，编号分别为 1~5，对应接入测试系统的 1~5 号通道，并选择 5 号测试点为参考点。开启实验测试系统，车辆在环形桥上激励运行 3min 并采集数据，如图 7-19b 所示，在自谱曲线上选择曲线的峰值，作参数识别，即可得到斜拉桥模型的前 4 阶固有频率、振型和阻尼比等信息，如图 7-19c 所示。再利用传递函数法进行模态分析，其实验结果如图 7-19d 所示。

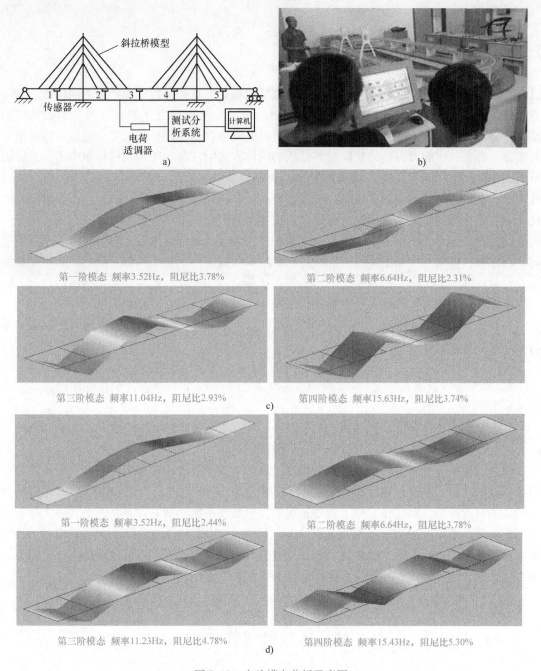

第一阶模态 频率3.52Hz，阻尼比3.78%　　第二阶模态 频率6.64Hz，阻尼比2.31%

第三阶模态 频率11.04Hz，阻尼比2.93%　　第四阶模态 频率15.63Hz，阻尼比3.74%

c)

第一阶模态 频率3.52Hz，阻尼比2.44%　　第二阶模态 频率6.64Hz，阻尼比3.78%

第三阶模态 频率11.23Hz，阻尼比4.78%　　第四阶模态 频率15.43Hz，阻尼比5.30%

d)

图 7-19　实验模态分析示意图

a）实验框图　b）实验现场　c）环境激励法实验结果　d）传递函数法实验结果

由两种测试方法的结果数据对比分析可知，在两种不同激励方式下，对同一桥梁模型模态参数识别的结果是基本相同的，这就说明了模态参数是结构的固有特性参数，并相互验证了两种方法结果的可靠性。

7.10　模态参数识别的判据

在实验过程中，对于频域数据往往凭着直接观察共振峰的个数以确定模态的阶次。这种方法很可能在某些情况下丢失模态，例如，由于测点布置的不当（过稀）可能引起丢失模态，在模态阻尼过于小或过于大时均可能发生丢失模态，当测点很接近节点时也可能发生丢失模态。再者，在前面讲述的实验模态分析的两种方法中，在参数识别过程中由于各种原因所引起的误差也可能引起虚假模态的产生。所以，在参数识别出结果以后必然产生的问题是，如何在所得结果中鉴别哪些模态是真实的，哪些模态是虚假的，丢失了哪些模态。为此，全面了解结构振动的定性性质在振动理论和工程应用中都具有重要的意义。

结构振动的定性性质决定了固有频率的特点、节点分布的规律等。应用固有频率和振型的定性性质，可辅助判断用实验方法所得固有频率和振型的定量结果的正确性。如果定量结果不符合定性性质，则肯定该结果是错误的。如符合定性性质，则可能是正确的。

以最简单的单跨梁的连续系统的固有频率和振型的前三个定性性质为例：

1）固有频率具有不重性。非零的固有频率是单的，即不重的。只有两端自由的梁，系统有两重零频率，即

$$0 \leqslant f_1 \leqslant f_2 < f_3 < \cdots$$

2）振型节点具有有序性。第 i 阶位移振型 $u_i(x)$ 有 $i-1$ 个节点，无其他零点，其节点数表示为

$$n = i - 1(\ i = 1,2,3\cdots)$$

3）振型节点具有交错性。相邻阶位移振型 $u_i(x)$ 和 $u_{i+1}(x)$ 的节点互相交错。

假如，一个两端自由的梁的第四阶振型，如图 7-20a 所示，它有两个节点。则可以判断它是错误的。因为根据定性性质 2，第四阶振型应有 3 个节点。所以实验模态分析得到的振型应为第三阶振型，则它在定性上就是正确的，当然还不能判断它在定量上的误差大小。那么得到的其他前三阶振型中可能有虚假模态。又如，由实验模态分析得到此梁的第三、四阶振型形状如图 7-20b 所示，虽然这两个振型的节点数都正确，但可以认定至少有一个振型误差过大。以致违反了定性性质 3，相邻阶的振型的节点交错。

a)　　　　　　　　　　　　　b)

图 7-20　实验模态分析示意图

由此看来，利用结构振动的定性性质用来对模态参数识别的判据是非常有效的，从而可大大减少工作量。对于结构振动的定性性质可参阅《结构力学中的定性理论》[13]一书。

除此之外，有关科技人员根据系统模态参数的固有特征以及识别过程中的性质提出了一系列行之有效的判据，并开发了计算机软件配置于模态分析软件系统中，这不仅有助于提高参数识别质量，而且还可降低对试验人员经验积累的要求。下面列出一些行之有效的方法。

1. 直观判别法

有些虚假模态可以根据明显的判据很容易直观地做出判断，如模态极点的实部是正的，说明模态具有负阻尼，而实部值很大时，则表明具有过大的阻尼，模态不是真实的。

2. 模态参数稳定性图示法

在识别过程中将模型阶次逐步提高时，所得模态参数中有些将随机改变，而另一些则几乎稳定不变。这说明，前者来自于噪声信息，或者是由计算中数据舍入误差带来的；而后者则属物理上的真实模态。对模态参数所表现的稳定性可以用参数变化的公差带来评定。例如，可以选择频率的变化应在1%以内，而阻尼的变化在3%以内。

3. 频响函数的四张图法

应用频响函数法进行模态分析可同时应用幅频曲线、相频曲线、实频曲线、虚频曲线四张图来识别虚假模态，如果某阶模态同时满足模态识别中的四张图的要求，则模态是真实模态，若有的不满足可能就不是真实模态，还需进一步鉴别。

4. 环境激励的五张图法

应用环境激励的传递率法进行实验模态分析时，可应用自功率谱、互功率幅值谱、互功率相位谱、相干函数、传递率五张图进行虚假模态识别。

总之，对模态参数识别的判据还很多，在实验模态分析中，就其结果鉴别真伪和有无丢失模态，从而决定取舍是很重要的，这也成为模态参数识别技术研究的课题之一。

习　题

7-1　简述机械阻抗、机械导纳的定义及表达式。

7-2　写出单自由度（简谐振动）系统的传递函数或频响函数的表达式，并画出其频响特性曲线（幅频曲线、相频曲线、实部频响曲线、虚部频响曲线）。

7-3　简述传递函数的物理意义？

7-4　简述传递函数在模态分析中的物理意义，并写出有关公式及矩阵。

7-5　简述你知道的几种参数识别方法。

7-6　试问实验模态分析中有几种激振方法？

7-7　简述模态分析的实验过程。

7-8　龙洗模态实验应用了哪种方法？

7-9　简述在环境激励法的模态分析中五张图的作用。

第 8 章
数字信号分析（Ⅱ）——小波分析

小波分析是在傅里叶分析的基础上发展起来的，小波分析比傅里叶分析有着许多本质性的进步。傅里叶分析进行的是频谱分析，而小波分析提供了一种自适应的时域和频域同时局部化的分析方法。它在局部时－频分析中具有很强的灵活性，被喻为时－频分析的显微镜。

小波分析方法已广泛应用于信号分析、图像处理、损伤识别、语音识别、地震勘探、CT 成像、故障诊断等众多的学科和相关技术的研究中。

广义的小波分析包含小波变换和小波包变换，小波分析是泛函分析、数值分析和广义函数论等众多学科知识结合的结果。小波分析是在克服傅里叶变换缺点的基础上发展而来的，从信号处理的角度认识小波，需要从傅里叶变换、傅里叶级数等基础知识开始。

8.1 傅里叶变换的特点

傅里叶变换是把一个周期信号（时间变量为 t 的函数）分解为不同的频率分量，这些基本的构造是正弦函数和余弦函数，例如：傅里叶级数为

$$x(t) = \frac{a_0}{2} + \sum_{n=1}^{\infty} \left[a_n \cos(2\pi n f_1 t) + b_n \sin(2\pi n f_1 t) \right] \tag{8-1}$$

其中，

$$a_n = \frac{2}{T} \int_0^T x(t) \cos(2\pi n f_1 t) \, dt \ (n = 0,1,2,\cdots)$$

$$b_n = \frac{2}{T} \int_0^T x(t) \sin(2\pi n f_1 t) \, dt \ (n = 0,1,2,\cdots)$$

于是，周期函数 $x(t)$ 在频域就与下面的傅里叶序列产生了一一对应的关系，即

$$x(t) \Leftrightarrow \{a_0, (a_1, b_1), (a_2, b_2), \cdots\} \tag{8-2}$$

从数学上可以证明，傅里叶级数的前 N 项和是原函数 $x(t)$ 在给定能量下的最佳逼近。

$$\lim_{N \to \infty} \int_0^T \left| x(t) - \left\{ \frac{a_0}{2} + \sum_{k=1}^N \left[a_k \cos(2\pi n f_1 t) + b_k \sin(2\pi n f_1 t) \right] \right\} \right|^2 dt = 0 \tag{8-3}$$

对于非周期信号，其傅里叶积分可表示为

$$x(t) = \frac{1}{2\pi} \int_{-\infty}^{+\infty} X(f) e^{j2\pi ft} \, df \tag{8-4}$$

$$X(f) = \int_{-\infty}^{+\infty} x(t)\mathrm{e}^{-\mathrm{j}2\pi f t}\mathrm{d}t \tag{8-5}$$

所以，傅里叶变换的基函数分别为

$$\sin\left(2\pi nf_1\right), \cos(2\pi nf_1), \mathrm{e}^{-2\pi ft}$$

这种分析方法是对信号的一种全局的变换手段，要么完全在时域，要么完全在频域。利用傅里叶变换，就可以轻松地将一个时域信号 $x(t)$ 转化到频域 $X(f)$ 上，使得信号的频域特性一目了然。因此，傅里叶变换在近、现代的工程领域中得到了非常广泛的应用。例如：

1. 信号压缩

若将信号表示成傅里叶级数，只需保留有关系数，当进行逆变换时只利用有关系数重构即可。这样可压缩保存时的数据量。

2. 信号滤波

首先把要准备处理的信号用正弦信号和余弦信号展开

$$x(t) = \sum a_n\cos\left(2\pi nf_1 t\right) + \sum b_n\sin\left(2\pi nf_1 t\right) \tag{8-6}$$

然后，在逆变换过程中，忽略或滤除与此频率相应的系数即可。

例8-1 若某信号在用正弦和余弦信号展开后得

$$x(t) = \sin(2\pi t) + 2\cos(2\pi\times 3t) + 0.3\sin(2\pi\times 50t)$$

而 $0.3\sin(2\pi\times 50t)$ 项为噪声，试用滤波法消除其噪声。

解： 为消除 $0.3\sin(2\pi\times 50t)$ 噪声项，则令 $0.3\sin(2\pi\times 50t)$ 项的系数为 0，然后即可得滤波以后的信号

$$x(t) = \sin(2\pi t) + 2\cos(2\pi\times 3t)$$

其滤波前后的时间历程如图 8-1 所示。

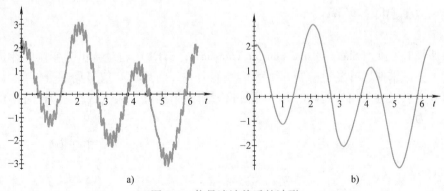

图 8-1 信号滤波前后的波形

a) 滤波前的图形 b) 滤波后的图形

傅里叶变换的几个重要性质：

性质 1 正交性

$$\frac{1}{\pi}\int_0^{2\pi}\sin(2\pi nf_1 t)\sin(2\pi mf_1 t)\,\mathrm{d}t = \begin{cases}0 & n\neq m \\ 1 & n=m\end{cases} \tag{8-7}$$

性质 2 系数收敛原理

$$\lim_{n\to\infty}\int_0^{2\pi}x(t)\cos(2\pi nf_1 t)\,\mathrm{d}t = \lim_{n\to\infty}\int_0^{2\pi}x(t)\sin(2\pi nf_1 t)\,\mathrm{d}t = 0 \tag{8-8}$$

即随着 n 变大，傅里叶系数 a_n 和 b_n 收敛于零。

推论 （压缩原理）保留比较大的有限个傅里叶系数，舍去所有较小并次要的傅里叶系数（在反变换时只应用较大的重要系数）。

性质3 对称性

$$F(x(-t)) = X(-\omega) \tag{8-9}$$

性质4 伸缩性质

设 $F(x(t)) = X(\omega)$，常数 $a > 0$，则

$$F(x(at)) = \frac{1}{a}X\left(\frac{\omega}{a}\right) \tag{8-10}$$

物理意义：对 $a > 1$，信号 $x(t)$ 被横向压缩为 $x(at)$，此时 $X(\omega)$ 被拉伸为 $\frac{1}{a}X\left(\frac{\omega}{a}\right)$，同理，对于 $a < 1$，信号 $x(t)$ 被横向拉伸了，$X(\omega)$ 被压缩了。例如：若 $a > 1$，认为 $x(t)$、$x(at)$ 中 t 与 at 在同一时间轴上标注，则 t 变小。如 $t = 10$，在同一时间轴上也存在 $at = 10$，所以 $t = 10/a$，则 t 变小。

傅里叶分析是对信号的一种全局的分析变换手段，要么完全在时域，要么完全在频域。因此，傅里叶变换在许多领域得到了广泛应用。但傅里叶变换也有不足，主要表现为以下两点：①不能刻画信号时域的局部特性；②对非平稳信号的处理效果不好。所以，傅里叶分析只适合于滤除或压缩具有近似周期性的信号，而不能分析局部时域信号的局部频谱特性，即对于局部信号就无能为力了。

8.2　短时傅里叶变换

短时傅里叶变换（Short – Time Fourier Transform，STFT）是对傅里叶变换的改进，它在一定程度上克服了傅里叶变换分析非平稳信号能力差，而且没有信号局部分析能力的缺点。短时傅里叶变换又称为信号短时的时 – 频分析或窗口傅里叶变换（WFT），短时傅里叶变换数学表达式为

$$(Gx)(\omega,b) = \int_{\mathbb{R}} x(t)w(t-b)e^{-i\omega t}dt \qquad （正变换） \tag{8-11a}$$

$$x(t) = \frac{1}{2\pi}\int_{\mathbb{R}}\int_{\mathbb{R}}\left[e^{i\omega t}(Gx)(\omega,b)\right]w(t-b)d\omega db \qquad （逆变换） \tag{8-11b}$$

组成窗函数的条件是

$$|w(t-b)| < 1/|t|^{\frac{3}{2}} \qquad (|t| \to +\infty) \tag{8-12a}$$

$$|\hat{w}(\omega)| < 1/|\omega|^{\frac{3}{2}} \qquad (|\omega| \to +\infty) \tag{8-12b}$$

式中，$\hat{w}(\omega)$ 为 $w(t-b)$ 的傅里叶变换，它们也是一个傅里叶变换对，它们与傅里叶分析的区别是在积分变换时引入了窗函数 $w(t-b)$。其中 b 表示平移的时间，短时傅里叶变换通过参数 b 的变化，来实现信号的局部化，这就需要 $w(t-b)$ 是仅在局部取非零值的实函数，而时域信号 $x(t)$ 在 $t = b$ 附近则被局部化为 $x(t)w(t-b)$。图8-2所示为时窗函数 $w(t-b)$ 的时域局部化表现。

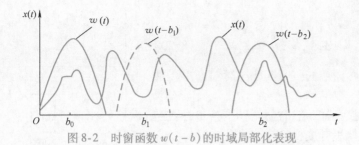

图 8-2 时窗函数 $w(t-b)$ 的时域局部化表现

在短时傅里叶变换中常被用作窗函数的是高斯函数，它的表达式为

$$g_a(t) = \frac{1}{2\sqrt{\pi a}} e^{-\frac{t^2}{4a}} \quad (a > 0) \tag{8-13}$$

在式（8-13）中，参数 a 决定着窗函数
的大小，根据窗函数的定义，无论参数
a 如何变化，高斯函数曲线与横轴所围
成的面积不变。对于一组变化的 a 值，
$g_a(t)$ 函数图像如图 8-3 所示。

由图可知，高斯函数在原点附近有
较大的函数值，而在远离原点位置上的
函数值趋于 0，所以用它作为快速傅里
叶变换的窗口函数，能够起到对信号局

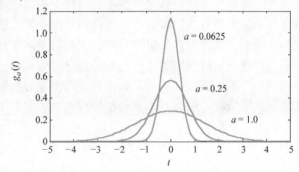

图 8-3 a 取 1、0.25、0.0625 时的高斯函数

部化的作用。而且随着 a 值的增加，窗口的宽度也会增大，这意味着分析信号的局部化程度
减小，能够分析的最低频率也相应减小。当参数 a 值的大小确定后，处于窗函数内的信号长度
和可分析的频率范围也就随之确定下来。

窗函数 $g_a(t)$ 在时域内能够分析的信号长度为其时窗半径 Δ_t，通常认为 Δ_t 的大小为

$$\Delta_t = \left\{ \int_{\mathbf{R}} t^2 \, |g_a(t)|^2 \mathrm{d}t \Big/ \int_{\mathbf{R}} |g_a(t)|^2 \mathrm{d}t \right\}^{\frac{1}{2}} \tag{8-14}$$

在该窗口下，能够分析的信号频率范围称为频窗半径，用 Δ_ω 表示，其数学表达式为

$$\Delta_\omega = \left\{ \int_{\mathbf{R}} \omega^2 \, |\widehat{g}_a(\omega)|^2 \mathrm{d}\omega \Big/ \int_{\mathbf{R}} |\widehat{g}_a(\omega)|^2 \mathrm{d}\omega \right\}^{\frac{1}{2}} \tag{8-15}$$

式中，$\widehat{g}_a(\omega)$ 为 $g_a(t)$ 的傅里叶变换。经数学推导，Δ_t、Δ_ω 的大小分别为

$$\Delta_t = \sqrt{a} \tag{8-16}$$

$$\Delta_\omega = \frac{1}{2\sqrt{a}} \tag{8-17}$$

即当窗函数的中心移动到 $t = b$ 位置时，它能分析时 - 频窗的范围为

$$\left[b - \frac{\sqrt{a}}{2}, b + \frac{\sqrt{a}}{2} \right] \times \left[\omega - \frac{1}{4\sqrt{a}}, \omega + \frac{1}{4\sqrt{a}} \right] \tag{8-18}$$

该矩形时 - 频窗的分析范围如图 8-4 所示，短时傅里叶变换通过时 - 频窗沿时间轴平移
来分析信号，参数 a 的大小决定着窗口的形状，当窗函数为高斯函数时，窗口的面积为定值

$$\Delta_t \Delta_\omega = \frac{1}{2} \tag{8-19}$$

如果我们利用其他函数作为窗函数时，根据海森伯（Heisenberg）不确定性定理，有如

下关系：

$$\Delta_t \Delta_\omega \geqslant \frac{1}{2} \qquad (8\text{-}20)$$

这说明短时傅里叶变换的时间和频率分辨率不可能同时达到最高。

与傅里叶变换一样，短时傅里叶变换也存在逆变换公式，短时傅里叶变换的逆变换公式为

$$x(t) = \frac{1}{2\pi} \int_{\mathbf{R}} \int_{\mathbf{R}} \left[e^{i\omega t} (Gx)(\omega,b) \right] w(t-b) \mathrm{d}\omega \mathrm{d}b$$

$$(8\text{-}21)$$

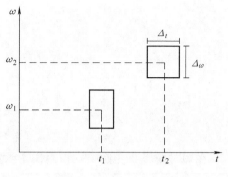

图 8-4　STFT 时 – 频窗

短时傅里叶变换在傅里叶变换的基础上取得了本质进步，它在对信号进行频域分析的同时，并未丢失信号的时域信息，这是傅里叶变换无法做到的。但是短时傅里叶变换也存在一定的局限性，这体现在分析信号时，短时傅里叶变换的时频窗的形状和大小是固定的，这使得其只能在一定的频域范围内有较好的分析效果，它无法自适应地调整分析窗口的大小，以较好地分析不同频段的信号。因此在进行信号分析时，如何找到一个自适应的时 – 频局部化方法是关键所在。所以，小波变换应运而生，弥补了短时傅里叶变换的不足。

8.3　小波变换

短时傅里叶变换中的窗函数如果选择为高斯函数，则这种变换被称为 Gabor 变换。小波变换是在 Gabor 变换的基础上发展而来的，它在窗函数中引入尺度参数来实现窗口函数的伸缩，从而达到在分析信号时自动调节时 – 频窗的目的，这适应了实际分析的需要。近年来，小波变换已经在众多领域得到了广泛的应用，并取得了丰硕的成果。

小波变换的概念最早是在 1984 年由法国地球物理学家 J. Morlet 提出，后来经过多位学者的探索钻研形成了比较成熟的小波分析理论体系。小波分析通过小波基函数的伸缩和平移实现了信号时频两域自适应的分析，同时小波分析还具有强大的挖掘信号细节信息的能力。正因为如此，小波变换很适合于探测正常信号中夹带的瞬态反常现象并展示其成分，可以区分突发信号和稳定信号并确定其能量分布状态，被誉为信号分析的"数学显微镜"。

8.3.1　连续小波变换（Continuous Wavelet Transform，CWT）

在前面已经讲到，短时傅里叶变换的变换公式为

$$(Gx)(\omega,b) = \int_{\mathbf{R}} x(t) w(t-b) e^{-i\omega t} \mathrm{d}t \qquad (8\text{-}22)$$

其思想是先将时域局部化为 $x(t)w(t-b)$，再对其进行傅里叶变换。换一个思维方式，若把 $w(t-b)e^{i\omega t}$ 看成为变换函数，即

$$\tilde{w}(\omega,t-b) = w(t-b) e^{i\omega t} \qquad (8\text{-}23)$$

则

$$(Gx)(\omega,b) = \int_{\mathbf{R}} x(t) \overline{\tilde{w}}(\omega,t-b) \mathrm{d}t \qquad (8\text{-}24)$$

式中，" − "表示共轭。

这样也可把 $\tilde{w}(\omega,t-b)$ 看作对 $x(t)$ 在时域和频域都能起限制作用的窗函数。将其抽象为

$$\psi_{a,b}(t) = \frac{1}{\sqrt{a}}\psi\left(\frac{t-b}{a}\right) \tag{8-25}$$

式中，b 为平移量（时间参数）；a 为伸缩量（频率参数）。

从数学角度来说，小波，顾名思义是指小区域的波，是一种特殊的长度有限（紧支集）、快速衰减、均值为 0 的波形，它的确切定义如下：

设 $\psi \in L^2 \cap L^1$，且 $\overline{\psi}(0) = 0$，则按照如下方式生成的函数族 $\{\psi_{a,b}\}$

$$\psi_{a,b}(t) = \frac{1}{\sqrt{a}}\psi\left(\frac{t-b}{a}\right) \quad (a,b \in \mathbf{R} \text{ 且 } a \neq 0) \tag{8-26}$$

称为小波函数，其中 ψ 为基本小波或母小波。基本小波 ψ 需满足以下的允许性条件

$$C_{\boldsymbol{\Psi}} = \int_{\mathbf{R}} |\omega|^{-1} |\overline{\psi}(\omega)|^2 \mathrm{d}\omega < +\infty \tag{8-27}$$

并具有以下特点：

1）快速衰减性

$$\int_{\mathbf{R}} |\psi(t)|^2 \mathrm{d}t < +\infty \tag{8-28}$$

2）波动性

$$\int_{\mathbf{R}} \psi(t) \mathrm{d}t = 0 \tag{8-29}$$

当上述条件满足时，则信号 $x \in L^2$ 的连续小波变换（CWT）定义为

$$(W_{\psi}x)(a,b) = <x,\psi_{a,b}> = \int_{\mathbf{R}} x(t)\overline{\psi}\left(\frac{t-b}{a}\right)\mathrm{d}t \tag{8-30}$$

式中，$<\ >$ 表示内积；$(W_{\psi}x)(a,b)$ 称为小波系数。

如果 ψ 是一个实函数，并且 $a>0$，则连续小波变换的逆变换公式为

$$x(t) = \frac{2}{C_{\psi}} \int_0^{+\infty} \int_{-\infty}^{+\infty} \frac{1}{a^2}(W_{\psi}x)(a,b)\frac{1}{\sqrt{a}}\psi\left(\frac{t-b}{a}\right)\mathrm{d}b\mathrm{d}a \tag{8-31}$$

其中

$$C_{\psi} = \int_{\mathbf{R}} \frac{|\hat{\psi}_{a,b}(\omega)|^2}{\omega}\mathrm{d}\omega < +\infty \qquad (\text{"^" 为傅里叶变换记号})$$

$$\hat{\psi}_{a,b}(\omega) = F(\psi_{a,b}(t)) \qquad (\text{傅里叶变换})$$

由此可知，小波变换是通过伸缩因子 a 和平移因子 b 的变化，小波窗沿时间轴移动，在不同尺度上对整个时间域上的函数变化进行分析。也就是说，小波变换就是把信号分解成小波函数按不同尺度伸缩和平移的小波函数上进行分析的。

在连续小波变换中，小波函数 $\psi(t)$ 相当于傅里叶变换中的 $e^{-j\omega t}$，不同的是 $e^{-j\omega t}$ 在 $(-\infty,+\infty)$ 无衰减，而 $\psi(t)$ 在很短时间内衰减。可以用小波和傅里叶分析所采用的正弦波做一个比较分析。如图 8-5 所示，正弦波在时间上是没有限制的，从负无穷到正无穷，它被认为在时域上是无限支撑的，但小波倾向于小和不规则；傅里叶分析是将信号分解成一系列不同频率正弦波叠加的过程，而小波分析是将信号分解成一系列小波叠加的过程。直观感受，用短小的小波函数来对尖锐变化的信号进行逼近显然要比正弦曲线好。同样，信号的局

部特性采用小波函数来刻画显然要比正弦函数要好。

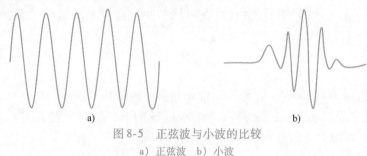

图 8-5　正弦波与小波的比较

a）正弦波　b）小波

8.3.2　连续小波变换的时间－尺度特性

由式（8-30）可知，信号的小波系数是时间参数（平移因子 b）和尺度因子 a 的函数，它是双窗的。因此，小波变换是一种信号的时间－尺度分析。而且它可以自动调整时频分辨率。用显微镜头观测目标的例子可以形象地说明连续小波变换进行信号分析的时间－尺度特性。小波函数 $\psi(t)$ 在尺度上的伸缩变换和时域上的平移变换与镜头相对于目标的推进（远离）和平行移动是非常类似的。当尺度参数 a 增大时，$\psi_{a,b}(t)$ 的时域宽度变窄，相当于镜头向目标推进，在近距离下观测目标（信号）的细节。当尺度参数 a 固定时，时间参数 b 的变化相当于目标（信号）做平行移动，但和目标的距离保持不变，如图 8-6 所示。

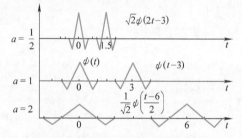

图 8-6　平移和伸缩的结果示意图

正是由于小波变换的这种优良特性，它常被用于拾取损伤结构中的异常信号，以达到检测损伤的目的。

8.3.3　连续小波变换的时间－频率特性

在容许条件的基础上，小波函数 $\psi(t)$ 在时域上是振荡的，其傅里叶变换 $\hat{\psi}(\omega)$ 在频域上是一个带通函数，而且 $\psi(t)$ 和 $\hat{\psi}(\omega)$ 在时域和频域上均具有良好的局部性。设 t^* 和 Δ_t 分别表示 $\psi(t)$ 的中心位置和半径，ω^* 和 Δ_{ω} 分别表示 $\hat{\psi}(\omega)$ 的中心位置和半径，对于窗函数 $\psi_{a,b}(t)$ 的时窗中心 t^*、时窗半径 Δ_t、频窗中心 ω^*、频窗半径 Δ_{ω}，可由下列公式计算：

$$\left.\begin{aligned}
t^* &= \frac{1}{\parallel \psi_{a,b}(t) \parallel_0^2} \int_{\mathbf{R}} t \mid \psi_{a,b}(t) \mid^2 \mathrm{d}t \\
\Delta_t &= \frac{1}{\parallel \psi_{a,b}(t) \parallel_0} \left\{ \int_{\mathbf{R}} (t - t^*)^2 \mid \psi_{a,b}(t) \mid^2 \mathrm{d}t \right\}^{\frac{1}{2}} \\
\omega^* &= \frac{1}{\parallel \hat{\psi}_{a,b}(\omega) \parallel_0^2} \int_{\mathbf{R}} \omega \mid \hat{\psi}_{a,b}(\omega) \mid^2 \mathrm{d}\omega \\
\Delta_{\omega} &= \frac{1}{\parallel \hat{\psi}_{a,b}(\omega) \parallel_0} \left\{ \int_{\mathbf{R}} (\omega - \omega^*)^2 \mid \hat{\psi}_{a,b}(\omega) \mid^2 \mathrm{d}\omega \right\}^{\frac{1}{2}}
\end{aligned}\right\} \qquad (8\text{-}32)$$

若取 $a=1$，$b=0$，则此时的计算值标记为 t_ψ^*、Δ_ψ、$\omega_{\hat\psi}^*$、$\Delta_{\hat\psi}$，则有

$$t^* = a\left(t_\psi^* + \frac{b}{a}\right),\ \Delta_t = a\Delta_\psi,\ \omega^* = \frac{1}{a}\omega_{\hat\psi}^*,\ \Delta_\omega = \frac{1}{a}\Delta_{\hat\psi}$$

由此得到的小波基函数的小波变换时 – 频窗 $(a_1 < a_2)$ 示意图，如图 8-7 所示。它说明了时 – 频窗的中心及半径与 a、b 的关系。

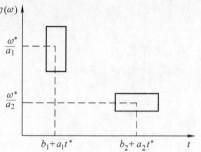

图 8-7　小波变换时 – 频窗 $(a_1 < a_2)$
示意图

可以证明，$\psi_{a,b}(t)$ 的中心和半径分别为 $at^* + b$ 和 $a\Delta_t$，$\widehat{\psi}_{a,b}(\omega)$ 的中心和半径分别为 ω^*/a 和 Δ_ω/a。这说明当尺度 a 增大时，在时域上，$\psi_{a,b}(t)$ 的宽度增大，小波变换的时域分辨率降低，而在频域上，$\widehat{\psi}_{a,b}(\omega)$ 的中心降低，宽度减小，小波变换的频域分辨率提高。也就是说，当尺度 a 较大时，小波变换以较高的频域分辨率和较低的时域分辨率来分析信号的低频分量。当尺度 a 减小时，在时域上，$\psi_{a,b}(t)$ 的宽度减小，小波变换的时域分辨率提高，而在频域上，$\widehat{\psi}_{a,b}(\omega)$ 的中心提高，宽度增大，小波变换的频域分辨率降低。也就是说，当尺度 a 较小时，小波变换以较高的时域分辨率和较低的频域分辨率来分析信号的高频分量。由此可以看出，小波变换可以自动调整时 – 频分辨率。

由此可知，从时域上来看，当 a 固定而 b 发生变化时，$\psi_{a,b}(t)$ 的中心在时域上平移，但其宽度不变，$\widehat{\psi}_{a,b}(\omega)$ 的中心和半径保持不变，因此 b 的变化就可以在频域分辨率不变的情况下沿着时轴观察信号的不同成分。

从频域上来看，用不同的 a 值做处理相当于用不同的中心频率，但中心频率与带宽之比不变的带通滤波器对信号做处理。这样可以在某一尺度下突出信号的局部特征。

综合以上分析，傅里叶变换、短时傅里叶变换和小波变换三者的基函数实际上都是一组具有不同频率不同时宽的函数簇。其区别在于，傅里叶变换的基函数是没有衰减的，短时傅里叶变换和小波变换的基函数的两端是很快衰减到零的，所以它们具有时间局部性，而小波变换的时宽又是变化的，因此小波变换的时频分辨率也是变化的，具有多分辨率的分析特性。

8.3.4　小波变换的基本步骤

信号经小波变换后，得到的结果用小波系数 $(W_\psi x)(a,b)$ 来表示，小波系数 $(W_\psi x)(a,b)$ 是尺度参数 a、平移参数 b 的函数。

进行连续小波变换的基本步骤为：

1）选择小波函数及其尺度 a 值，并将这个小波与要分析的信号起始点对齐。

2）从信号起始位置开始，将小波函数和信号代入公式计算小波系数，即计算在这一时刻要分析的信号与小波函数的逼近程度，计算的小波变换系数 $(W_\psi x)(a,b)$，$(W_\psi x)(a,b)$ 越大，就意味着此刻信号与所选择的小波函数波形越相近，如图 8-8a、b 所示。

3）改变参数 b，沿时间轴移动小波函数，在新的位置计算小波系数，即将小波函数沿时间轴向右移动一个单位时间，然后重复步骤 1）、2）求出此时的小波变换系数 $Wx(a,b)$，

直到信号终点，即直到覆盖完整个信号长度，如图 8-8c 所示。

4）改变尺度 a 值，将所选择的小波函数尺度伸缩一个单位，然后重复步骤 1）、2）、3），直到对所有的尺度伸缩重复步骤 1）、2）、3）、4）计算完为止。

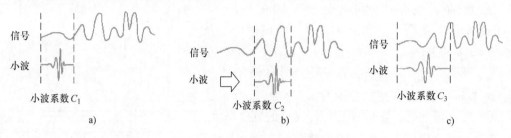

图 8-8　连续小波变换示意图

小波系数表示小波与信号相似的程度，小波系数越大，两者越相似。但不像傅里叶系数那样有一个准确频率和幅值。小波系数的大小还反映了信号在这一频率中心周围的频率成分的多少，小波系数越大，信号在这一频率中心周围的频率成分就越多。所以小波系数所表示的是信号在这一频率中心周围的成分多少。

傅里叶变换与小波变换的计算过程相似，傅里叶变换是将稳

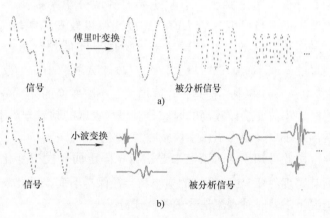

图 8-9　傅里叶变换与小波变换的过程示意图
a）傅里叶变换的过程示意图　b）小波变换的过程示意图

定的周期信号分解为一系列的简谐周期函数，如图 8-9a 所示，小波变换是利用被分析信号与小波对比的方法，根据其相似度将其信号分解为由尺度参数 a、平移参数 b 有关的系列小波函数，所以它同时包含时间、频率和幅值等参数。如图 8-9b 所示。

8.3.5　小波函数图形及选取

由于小波函数表达式不像傅里叶变换中的函数那么简单，一般来说比较烦琐，为了对小波函数有一个初步的了解，下面给出几种常用小波的图形，如图 8-10 所示。

不同的小波具有不同的时频特征，选用不同的小波进行信号处理会产生不同的分析结果，即小波函数的选择十分重要，因此，选择合适的小波是小波变换成败的关键。因为小波函数直接影响着小波分析的结果。一般来说，可根据应用需要，选择合适的小波，通常往往也通过经验或不断的试验来选择小波，从数学角度选择小波函数，要依据正交、线性相位、连续、紧支撑"四项原则"来进行选择。由于小波选择的灵活性，工作者们定义了许多小波，在使用中可以根据解决的问题进行选择。读者也可以自己定义小波，但要满足小波的条件。

时频分析是信号处理分析的中心内容，而连续小波变换能够将信号的时域和频域结合起来描述信号的时频联合特征，构成信号的时频谱。下面举例说明小波变换在信号时频分析中的特性。

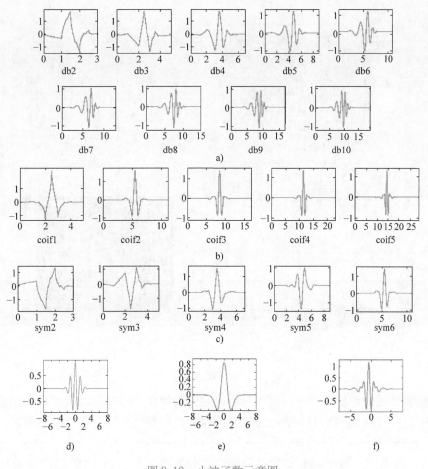

图 8-10　小波函数示意图

a）Daubechies 小波　b）Coiflets 小波　c）Symlets 小波　d）Morlet 小波　e）Mexican Hat 小波　f）Meyer 小波

例 8-2　一个不同时段、不同频率的信号组成了分时段信号，在 $t = 0 \sim 0.25\text{s}$ 时段，频率为 100Hz，$t = 0.25 \sim 0.5\text{s}$ 时段，频率为 200Hz，振幅均为 1cm，其时间的交接点为 0.25s，数学表达式为

$$x(t) = \begin{cases} \sin(200\pi t) & 0 < t < 0.25 \\ \sin(400\pi t) & 0.25 < t < 0.5 \end{cases}$$

分别对其进行傅里叶变换和小波变换，分析其结果有何不同。

解：选用采样频率 $f_s = 4000\text{Hz}$，采样点数为 $N = 2000$，则 $\Delta t = 1/f_s$，采样时长 $T = 0.5\text{s}$，生成的时间历程曲线如图 8-11a 所示，分别对其进行傅里叶变换和小波变换，求得结果如图 8-11b、c 所示。

从信号的傅里叶频谱图上可以读出信号的两个主要频率是 100Hz 和 200Hz，但是两个不同频率信号的出现时间却无从得知，也就是说信号经过傅里叶变换后会丢失原本有的时域信息。并且即使用傅里叶逆变换，也不能得出原信号如图 8-11a 所示的时间历程图。

从信号的小波变换得到的信号时频图看，信号的两个主要频率成分都被正确地反映出来，而且各频率信号出现的时间也可以从图中识别出。比较两图可知，相比于傅里叶变换，

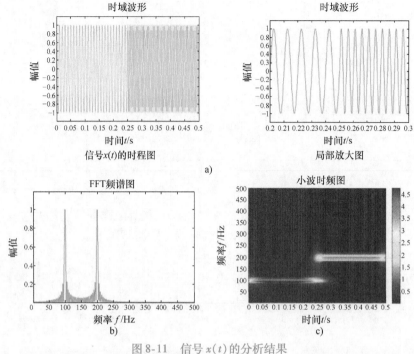

图 8-11 信号 $x(t)$ 的分析结果

a）信号 $x(t)$ 的时程图　b）傅里叶变换的频谱图　c）小波变换的时频图

小波变换能够自适应地对信号进行时频分析。它同时保留了信号的时域信息和频域信息，用逆小波变换即可得到如图 8-11a 所示的时间历程图，这是傅里叶变换所做不到的。

例 8-3　由不同时段不同频率的信号组成了分时段信号，在 $t = 0 \sim 1.28\text{s}$ 时段，频率为 15Hz；$t = 1.28 \sim 2.56\text{s}$ 时段，频率为 30Hz；$t = 2.56 \sim 3.84\text{s}$ 时段，频率为 60Hz；$t = 3.84 \sim 5.12\text{s}$ 时段，频率为 90Hz，振幅均为 1cm，其时间的交接点分别为 1.28s、2.56s、3.84s，数学表达式为

$$x(t) = \begin{cases} \sin(30\pi t) & 0.00 \le t < 1.28 \\ \sin(60\pi t) & 1.28 \le t < 2.56 \\ \sin(120\pi t) & 2.56 \le t < 3.84 \\ \sin(180\pi t) & 3.84 \le t < 5.12 \end{cases}$$

分别对其进行傅里叶变换和小波变换，求其结果有何不同。

解： 选用采样频率 $f_s = 500\text{Hz}$，采样时长 $T = 5.12\text{s}$，生成的时间历程曲线如图 8-12a 所示，分别对其进行傅里叶变换和小波变换，所得结果如图 8-12b、c 所示。

从信号的傅里叶频谱图上可以读出信号的四个频率值和幅值，但是不同频率信号的出现时间却无从得知，从信号的小波变换得到的信号时频图看，信号的主要频率成分都被正确地反映出来，而且各频率信号出现的时间也可以从图中识别出。由此可知，若想准确快捷地求出频率、幅值和不同频率信号的出现时间，则要同时应用傅里叶变换和小波变换，即利用小波变换识别不同频率信号的出现时间信号，再利用傅里叶变换识别用小波逆变换重构信号的频率和幅值，这样就分别发挥了它们各自的优势。

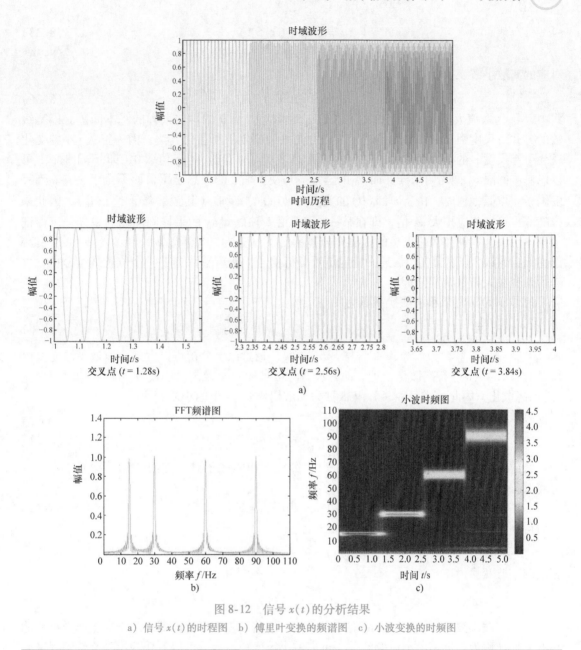

图 8-12　信号 $x(t)$ 的分析结果

a）信号 $x(t)$ 的时程图　b）傅里叶变换的频谱图　c）小波变换的时频图

8.4　离散小波变换

　　一维信号 $x(t)$ 做连续小波变换以后信息是冗余的，因此采用离散小波变换（Discrete Wavelet Transform，DWT）来对信号进行分析可很大程度地减小连续小波变换的冗余度并大大减少计算量。同时在实际信号处理中，信号多是以离散形式存在的，因此用离散小波变换更方便。

　　离散小波变换就是将尺度参数和平移参数进行离散取值。通常，将 $\psi_{a,b}(t)$ 中的尺度参数 a 和平移参数 b 取作幂级数形式，即

$$a = a_0^j \qquad (a_0 > 1) \tag{8-33}$$

$$b = ka_0^j b_0 (b_0 > 0 \qquad j, k \in \mathbf{Z}) \tag{8-34}$$

对应的离散小波变换为

$$\psi_{j,k} = a_0^{-\frac{1}{2}} \psi(a_0^{-j} t - kb_0) \tag{8-35}$$

式中，a_0 为取值大于 1 的固定伸缩步长；b_0 为取值大于 0 的均匀采样的基本间隔。以幂级数的方式对尺度因子和平移因子进行离散化是一种高效的离散化方法，因为指数 j 小的变化就会引起尺度 a 的很大变化。同时，由式（8-33）可以看出，当 j 值取 0，即 $a=1$ 时，b 可以以基本间隔 b_0 做均匀采样。而 b_0 的选择应当使 b 轴上的信息全覆盖而不至于丢失。当尺度因子 a 取其他值时，由于 $\psi(a_0^{-j} t)$ 的宽度为 $\psi(t)$ 的 a_0^j 倍（其频率降低了 $1/a_0^j$），因此采样间隔也可以相应扩大 a_0^j 倍，即在某一 j 值下沿 b 轴以 $a_0^j b_0$ 的采样间隔均匀采样仍可保证信息不丢失。这种离散化思想的提出充分显示出小波变换"数学显微镜"的主要功能特性：选择恰当的放大倍数 a_0^{-j}，在某一特定位置分析信号，然后平移到下一个位置继续分析，再然后改变放大倍数继续分析。

信号 $x(t)$ 的离散小波变换系数为

$$(W_\psi x)(j,k) = \int_{-\infty}^{+\infty} x(t) \overline{\psi}_{j,k}(t) \, dt \tag{8-36}$$

式（8-36）通常被称为信号的"离散小波变换"。通过以上分析可以发现，离散小波变换仅仅是对参数 a、b 进行离散化处理，而并没有对信号 $x(t)$ 以及离散小波 $\psi_{j,k}(t)$ 中的时间变量 t 进行离散化，因此，式（8-36）又被称为离散栅格 a、b 下的小波变换。

离散小波变换的逆变换公式为

$$x(t) = \sum_{j \in \mathbf{Z}} \sum_{k \in \mathbf{Z}} (W_\psi x)(j,k) \psi_{j,k}(t) \tag{8-37}$$

目前，常用的方法是取 $a_0 = 2$，$b_0 = 1$，即按下面的式子对尺度因子和平移因子进行二进离散化：

$$a = 2^j, b = 2^j k (j, k \in \mathbf{Z}) \tag{8-38}$$

从而得到二进离散小波：

$$\psi_{j,k}(t) = 2^{-\frac{j}{2}} \psi(2^{-j} t - k) \tag{8-39}$$

相应的小波变换为

$$(W_\psi x)(j,k) = (x(t), \psi_{j,k}(t)) = \int_{\mathbf{R}} x(t) \overline{\psi}_{j,k}(t) \, dt \tag{8-40}$$

二进离散小波基函数序列实际上可以看作一组倍频程带通滤波器，基于二进离散小波的小波变换被称为二进离散小波变换，二进离散小波变换也因此可以看作一组具有倍频程带通滤波功能的恒带宽滤波过程。

8.5 正交小波变换的快速（Mallat）算法

多分辨率分析是一种对信号的空间分解方法，分解的最终目的是力求构造一个在频率上高度逼近 $L^2(R)$ 空间的正交小波基，这些频率分辨率不同的正交小波基相当于带宽各异的带通滤波器。正交小波变换的快速（Mallat）算法是一种用于实现小波多分辨率分析的快速算法，它是由 S. Mallat 于 1988 年提出的一个突破性成果，又称为离散正交小波变换的金字塔算法，它是一种利用小波对信号进行分解和合成的快速算法。它在小波分析中的作用就相当于快速傅里叶变换（FFT）在傅里叶变换中的作用，其核心思想是由小波滤波器 H、G 和 h、g 对信号进行快速分解（小波变换）和重构（逆变换）。

8.5.1 Mallat 算法的理论基础

在 Mallat 算法中，H、G 为分解滤波器，h、g 为重构滤波器，其中 H、h 是低通滤波器。G、g 是带通滤波器，这四个滤波器之间存在着特殊的关系，具体关系如下：

$$\begin{cases} H(n) = h(-n) \\ G(n) = g(-n) \\ g(n) = (-1)^{1-n}h(1-n) \end{cases} \tag{8-41}$$

在分解算法中，每一次分解信号都被分解为低频和高频两个分量。分解算法如下：

$$\begin{cases} A_0(t) = x(t) \\ A_j(t) = \sum_k H(2t-k)A_{j-1}(t) \\ D_j(t) = \sum_k G(2t-k)A_{j-1}(t) \end{cases} \tag{8-42}$$

式中，t 为离散时间序列号，$t = 1, 2, 3, \cdots, N$；$x(t)$ 为原始信号，j 为层数，$j = 1, 2, \cdots, J = \log_2 N$；$H$、$G$ 为时域中的小波分解滤波器，实际上是滤波器系数；A_j 为信号 $x(t)$ 在第 j 层的低频部分的小波系数；D_j 为信号在第 j 层的高频部分的小波系数。由式（8-42）还可知，Mallat 算法每次只对信号的低频成分进行分解，而不再对高频部分进行分解。

式（8-42）的意义是假定所检测的离散信号 $x(t)$ 为 A_0，信号 $x(t)$ 在第 2^j 尺度（第 j 层）的低频部分的小波系数 A_j 是通过第 2^{j-1} 尺度（第 $j-1$ 层）的低频部分的小波系数 A_{j-1} 与分解滤波器 H 做卷积，然后将卷积的结果对各点采样求和得到的；而信号 $x(t)$ 在第 2^j 尺度（第 j 层）的高频部分的小波系数 D_j 是通过第 2^{j-1} 尺度（第 $j-1$ 层）的低频部分的小波系数 A_{j-1} 与分解滤波器 G 做卷积，然后将卷积的结果的各点采样求和得到。

通过式（8-42）的分解，在每一尺度 2^j 上（或在第 j 层上），信号 $x(t)$ 被分解为低频部分的小波系数 A_j（在低频子带上）和高频部分的小波系数 D_j（在高频子带上）。

也可以说，式（8-42）的意义是信号 $x(t)$ 在第 2^{j-1} 尺度上（第 $j-1$ 层）低频部分的小波系数通过与小波滤波器做卷积的方式可分解为高频、低频两个分量，分别对应信号 $x(t)$ 在第 2^{j-1} 尺度上（第 $j-1$ 层）低频部分的小波系数 A_j 和高频部分的小波系数 D_j。而原信号 $x(t)$ 可被近似看作是它在第 0 层上低频部分的小波系数。以上的算法可以用图解形式表示为图 8-13。

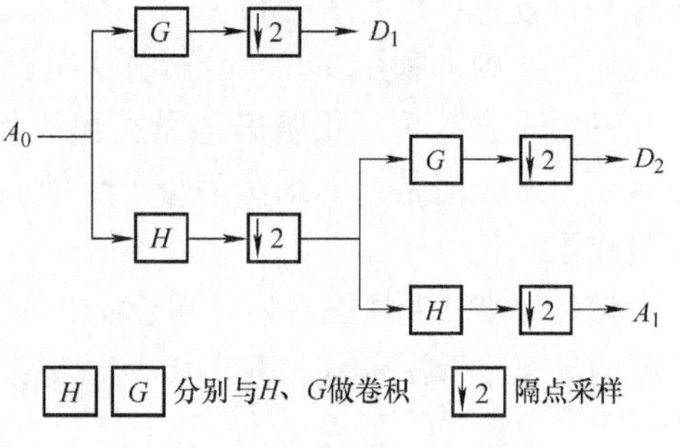

图 8-13 Mallat 分解算法

重构算法可表示为

$$A_j(t) = 2\left\{ \sum_k h(t-2k)A_{j+1} + \sum_k g(t-2k)D_{j+1} \right\} \tag{8-43}$$

式中，j 为分解的层数，若分解的最高层即分解的深度为 J，则 $j = J-1, J-2, \cdots, 1, 0$；

h、g 为时域中的小波重构滤波器，实际上是滤波器系数。其他符号意义同式（8-42）。

式（8-43）的含义是：信号 $x(t)$ 在 2^j 尺度（第 j 层）的近似部分的小波系数，即低频部分的小波系数 A_j 是通过第 2^{j+1} 尺度（第 $j+1$ 层）的低频部分的小波系数 A_{j+1} 隔点插零后与重构滤波器 h 做卷积，以及第 2^{j+1} 尺度（第 $j+1$ 层）的高频部分的小波系数 D_{j+1} 隔点插零后与重构滤波器 g 做卷积，然后求和得到的，不断重复这一过程，直至第 2^0 尺度，即可得到重构信号。所以说式（8-43）反映了信号在 Mallat 算法中的重构过程，它可用图解形式表示，如图 8-14 所示。

从滤波角度讲，Mallat 算法是将信号 $x(t)$ 分解到一系列子带的滤波过程，以三层分解为例，信号分析的树形结构及各层信号频带范围如图 8-15 所示。在图中，f_s 为原始信号的采样频率。可见利用 Mallat 算法对信号进行分解，是将信号分解成低频和高频各占一半带宽的频带，但每次分解均只对低频部分进行更深层次的分解，因此小波分解高频部分分辨率较差。各子带信号与原始信号具有如下关系：

$$x(t) = a_n(t) + d_n(t) + d_{n-1}(t) + \cdots + d_2(t) + d_1(t) \tag{8-44}$$

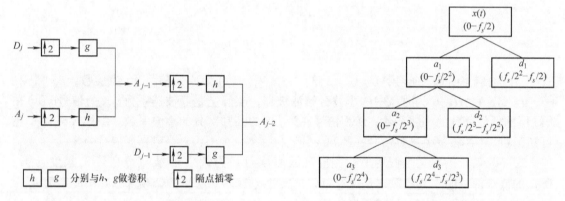

图 8-14 Mallat 重构算法　　　　　　图 8-15 信号分析的树形结构及频带划分示意图

式中，$x(t)$ 为原信号；a 为低频部分；d 为高频部分；n 为分解层次。信号经过 n 尺度的小波分解后，得到子带 d_1、d_2、$\cdots$、d_n 和 a_n，这些子带成分包含了信号从高频到低频多个频带的信息，因此被称为多分辨率分析。同时，还各自包含了原信号的时间信息，因此又对原信号的时频特性进行了分析。

应注意到，利用 Mallat 分解算法得到的是小波系数，将所有子带上的小波系数按式（8-43）的重构方法可以很精确地重构出原始信号，也就是说，原始信号通过这些小波系数被记录了下来。但是，如果认为每个子带上的小波系数都是原始信号的一个真实的组成部分，那就错了。

信号经小波变换表现为不同子频带分量之和，反映低频的局部分析在低频子频带中，反映高频的局部分析在高频子频带中。小波变换并不像傅里叶变换那样把时域信号表示为若干精确的频率分量之和，而是表示为若干描述子频带的时域分量之和。这就是小波分析的特点。

8.5.2　Mallat 算法的应用实例

小波分析的 Mallat 算法相当于傅里叶变换的 FFT 算法，虽然傅里叶变换没有时间分辨能力，但它却有很高的频率、幅值分辨能力，为发挥它们的各自优势，一般可将 Mallat 算法和

FFT 算法结合起来，先利用 Mallat 算法对信号进行分解，再对各子带信号做 FFT 计算，从而得到各子带信号的频谱。下面举例加以说明。

例 8-4 设一个由四个不同频率的正弦信号组合而成的振动信号中夹杂瞬态衰减信号，数学表达式为

$$x_1(t) = \sin(30\pi t) + \sin(60\pi t) + \sin(90\pi t) + \sin(120\pi t) \quad (0 \leqslant t \leqslant 5.12)$$

$$x_2(t) = \begin{cases} 0.9e^{-30(t-1.0)}\sin(260\pi t) & 1.0 < t < 1.2475 \\ 0.9e^{-30(t-2.0)}\sin(260\pi t) & 2.0 < t < 2.2475 \\ 0.9e^{-30(t-3.0)}\sin(260\pi t) & 3.0 < t < 3.2475 \\ 0.9e^{-30(t-4.0)}\sin(260\pi t) & 4.0 < t < 4.2475 \end{cases}$$

$$x(t) = x_1(t) + x_2(t)$$

试用小波变换中的 Mallat 算法将其进行分解。

解： 由于瞬态衰减信号较弱，从函数的时间历程曲线和整体函数的傅里叶变换结果图来看，没有发现存在瞬态衰减信号的迹象，如图 8-16a、b 所示。根据前面的方法，利用 Mallat 算法对信号进行分解，得到分解后重构的子带信号，如图 8-17 所示。所选取的参数分别为：采样频率 400Hz，采样点数为 2048，选择 Daubechies 小波 dB40，利用 Mallat 算法将原信号分解为 3 层，第一层的信号频率范围为：a1：0 ~ 100Hz，d1：100Hz ~ 200Hz，在高频段只有频率为 130Hz 的瞬态衰减信号，所以被分解出来，如图 8-17a、b 所示。第二层的信号频率范围为：a2：0 ~ 50Hz、d2：50Hz ~ 100Hz，在高频段只有频率为 60Hz 的单频信号，所以被分解出来，如图 8-17c、d 所示。第三层的信号频率范围为：a3：0 ~ 25Hz、d3：25Hz ~ 50Hz，在低频段只有频率为 15Hz 的单频信号，所以被分解出来，而在高频段是由频率为 30Hz 与 45Hz 的信号组合而成的，如图 8-17e、f 所示，但由于 Mallat 计算法不能对高频部分再分解，小波变换不能再继续将两个频率分开。

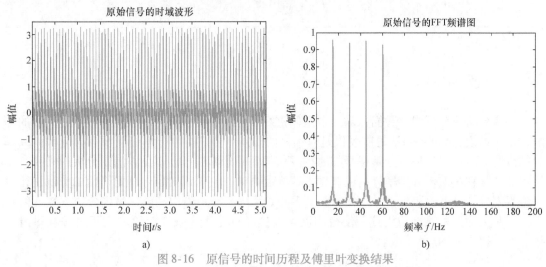

图 8-16 原信号的时间历程及傅里叶变换结果
a) 时间历程 b) 幅频曲线

由此可知，利用 Mallat 算法来分解信号，分解层数要根据实际情况而定，直到最后一层的低频信号只剩单频信号为止。若某一层的高频信号是多频组合信号，Mallat 算法不能再进行分解，可通过调整采样频率进行分解或利用下面要介绍的小波包进行分析。

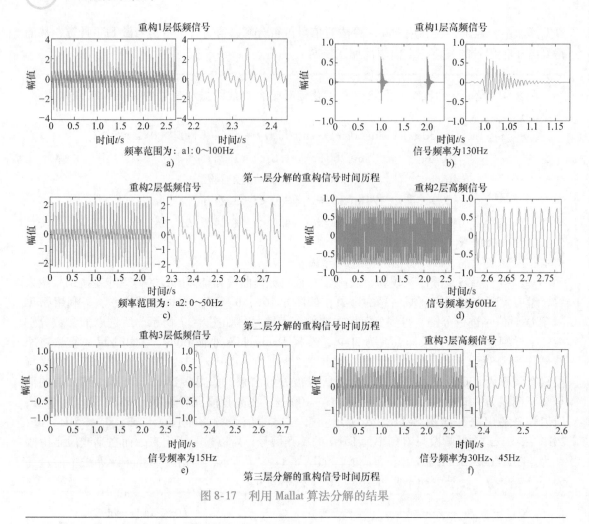

图 8-17　利用 Mallat 算法分解的结果

8.6　小波包变换

在多分辨率分析中，我们只对尺度空间进行了分解，而没有对小波空间进行进一步的分解，换句话说，Mallat 算法每次仅仅是对信号的低频部分进行再分解，而没有再分解高频部分的能力。当需要把信号分解得很细时，仅仅靠 Mallat 算法可能不足以满足分析的需要。小波包变换是在小波多分辨率分析的基础上建立起来的，它可以对信号任意子带的分量进行再次降半划分。这就解决了多分辨率分析（Mallat 算法）在信号的高频区域内分辨率较低的缺点。正是因为这些显著的优点，使得小波包变换在近些年来被广泛地应用于工程和科研领域，并取得丰硕的成果。

小波包理论和 Mallat 算法相似，小波包分解也是按照分解尺度由低到高逐层向下分解，每层分解信号的所有子带均被一分为二，并传至下一层。按照这样的分解方式，每层子带都将覆盖原信号所占的频率，而第 j 层共有 2^j 个子带，它们均分了信号的整个可分析的频域。一般情况下子带的频域将按照由低到高的顺序排列。因为分解时每一层的小波基个数较多（第 j 层共有 2^j 个小波基），所以此算法称为小波包变换。

小波包变换在具体应用时，有一套快速算法，下面简要叙述这种算法。为了叙述的方便，我们把 2^j 尺度统一称为第 j 层。

设 $x(t)$ 为一时间信号，$p_j^i(t)$ 表示第 j 层上的第 i 个小波包，称为小波包系数，G、H 为小波分解滤波器，H 与尺度函数有关，G 与小波函数有关。二进小波包分解的快速算法为

$$\left.\begin{aligned}
p_0^1(t) &= x(t)\\
p_j^{2,i-1}(t) &= \sum_k H(k-2t)p_{j-1}^i(t)\\
p_j^{2i}(t) &= \sum_k G(k-2t)p_{j-1}^i(t)
\end{aligned}\right\} \tag{8-45}$$

其中，$t=1,2,\cdots,2^{J-j}$；$i=1,2,\cdots,2^j$；$J=\log_2 N$。

式（8-45）的含义是：假定原离散信号 $x(t)$ 为 $p_0^1(t)$，信号 $x(t)$ 在第 j 层上共有 2^j 个小波包，第 $2i-1$ 个小波包是第 $j-1$ 层上第 i 个小波包与小波分解滤波器 H 做卷积后再隔点采样的结果；第 $2i$ 个小波包是第 $j-i$ 层上第 i 个小波包与小波分解滤波器 G 做卷积后再隔点采样的结果。

式（8-45）的小波包分解过程可以用图 8-18 所示的树形结构来形象地表示，称其为小波包分解的二叉树。小波包在图 8-18 中的位置称为节点。例如，$p_j^i(t)$ 的位置是第 j 层上的第 i 个节点，可记为节点 (j,i)。

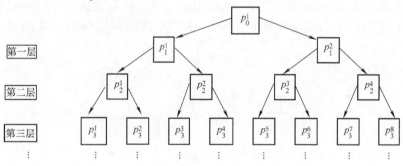

图 8-18　二进小波包分解树形原理图

式（8-45）是在小波包意义上的快速离散小波变换，其中的小波包可以看作是小波包系数。式（8-45）的分解算法还可以用图解形式来表示，如图 8-19 所示。

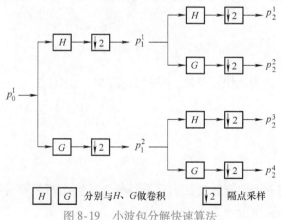

图 8-19　小波包分解快速算法

这里需要说明的是，在图 8-19 中，分解得到的 p 是小波包系数，不是原信号在某个频段的分量，根据小波变换理论，可将信号的原始数据作为处于最底层的小波包系数 p_0^1。

由此可知，原始信号经过以分析频率 f_s 的 n 层小波包分解后，频域将被分成 2^n 段，各小波包分量对应的频段分别为

$$\left[0,\frac{f_s}{2^n}\right],\left[\frac{f_s}{2^n},\frac{2f_s}{2^n}\right],\cdots,\left[\frac{(k-1)f_s}{2^n},\frac{kf_s}{2^n}\right],\cdots,\left[\frac{(2^n-2)f_s}{2^n},\frac{(2^n-1)f_s}{2^n}\right],\left[\frac{(2^n-1)f_s}{2^n},f_s\right]$$

若频率信号较多，从理论上来说，只要取的 n 值足够大，总是可将各频段信号进行分解的。

由于最底层的小波包系数 p_0^1 就是原始信号，所以若要获取信号在某个频段的分量，可选取适当的分解层数，然后令处于其他频段的小波包分量所对应的小波系数等于零。只对所要选取频段内小波包分量进行重构即可。

二进小波包重构的快速算法为

$$p_j^i(t) = 2\left[\sum_k h(t-2k)p_{j+1}^{2i-1}(t) + \sum_k g(t-2k)p_{j+1}^{2i}(t)\right] \tag{8-46}$$

式中，$j = J-1, J-2, \cdots, 1, 0$；$i = 2^j, 2^{j-1}, \cdots, 2, 1$；$J = \log_2 N$；$h$、$g$ 为小波重构滤波器，h 与尺度函数有关，g 与小波函数有关。

式（8-46）的含义是：第 j 层上的第 i 个小波包，是其两项之和，第一项是第 $j+1$ 层上的第 $2i-1$ 个小波包隔点插零后再与小波重构滤波器 h 的卷积，第二项是第 $j+1$ 层上的第 $2i$ 个小波包隔点插零后与小波重构滤波器 g 的卷积。按照同样的方法，一直进行到第 0 层即得到原始信号的重构信号。式（8-46）的分解算法也可以用图解形式来表示，如图 8-20 所示。

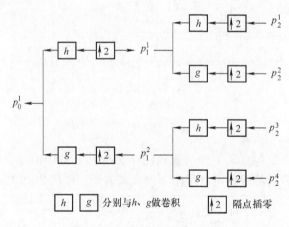

图 8-20　小波包重构快速算法

分析小波包分解与重构的快速算法，我们会发现，小波包快速算法的核心也是由三个关键的运算构成：

1）与小波滤波器卷积。

2）隔点采样。

3）隔点插零。

小波包快速算法与 Mallat 算法的区别只是对每个尺度上高频部分的处理不同，在 Mallat 算法中，对各尺度上高频部分不再予以进一步分解，而在小波包快速算法中，对各尺度上的

高频部分要再予以进一步分解。因此，和小波变换相比，小波包具有更精细的信号分析能力，实际上无论是 Mallat 算法，还是小波包快速算法，都是基于多分辨率分析的，从滤波器组的角度来看，它们都是属于两通道滤波器组的分解与重构，所以两者具有很强的共性就不足为怪了。

例 8-5　一个分段的由频率为 12Hz、37.2Hz、62Hz、82Hz 的正弦信号和衰减信号成分组成的模拟响应信号，它的数学表达式为

$$x_1(t) = \begin{cases} \sin(24\pi t) + \sin(74.4\pi t) & 0 < t < 2.50 \\ \sin(124\pi t) + \sin(164\pi t) & 2.50 < t < 5.12 \end{cases}$$

$$x_2(t) = \begin{cases} e^{-30(t-0.75)}\sin(300\pi(t-0.75)) & 0.75 < t < 2.5 \\ e^{-30(t-3.25)}\sin(300\pi(t-3.25)) & 3.25 < t < 5.12 \end{cases}$$

$$x(t) = x_1(t) + x_2(t)$$

试用小波包变换法将其分解。

解： 取采样频率为 400Hz，采样点数为 2048，生成的时间历程曲线和经傅里叶变换的频谱图如图 8-21a 所示。选择 Daubechies 小波 db40，利用小波包变换来分析信号，分解层数为 3 层，信号被分解为 5 个分量，小波包系数为 p_3^1、p_3^2、p_3^3、p_3^4、p_1^2，重构信号的时程曲线和傅里叶变换幅频曲线如图 8-21 所示。

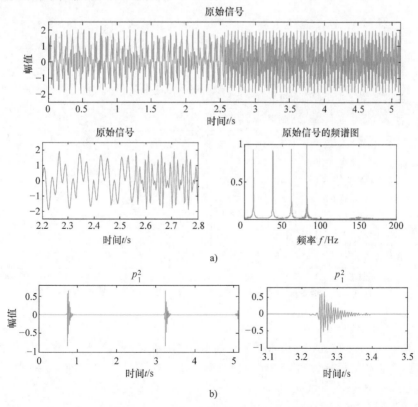

图 8-21　信号 $f(t)$ 的小波包分解结果

a）原始信号的时间历程和频谱曲线　b）由 p_1^2 重构冲击衰减信号的时间历程和频谱曲线

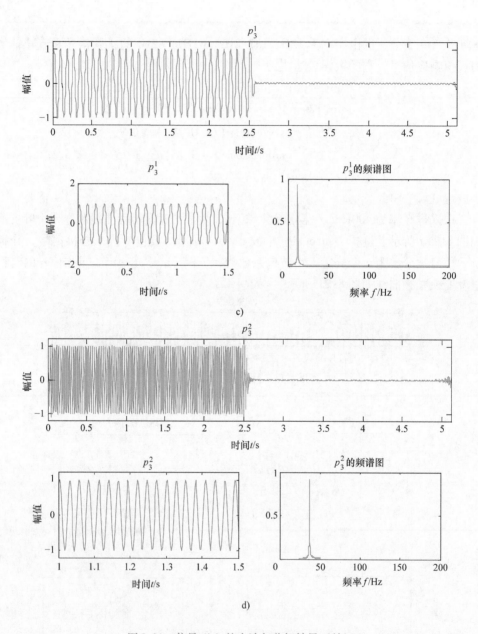

图 8-21　信号 $f(t)$ 的小波包分解结果（续）

c）由 p_3^1 重构信号的时间历程和频谱曲线　d）由 p_3^2 重构信号的时间历程和频谱曲线

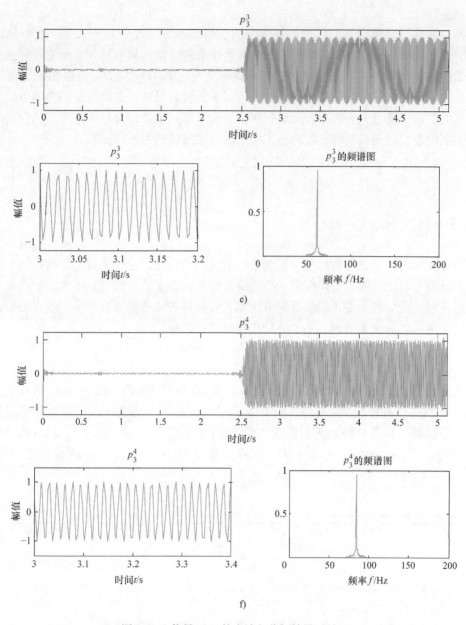

图 8-21　信号 $f(t)$ 的小波包分解结果（续）

e）由 p_3^3 重构信号的时间历程和频谱曲线　f）由 p_3^4 重构信号的时间历程和频谱曲线

在分解过程中，原信号为 0 层，第一层分解为 [0，100]、[100，200] 两个频段，[0，100] 频段有多个频率信号，需再分解。[100，200] 频段只有冲击衰减信号，所以得到重构的冲击衰减信号，如图 8-21b 所示。第二层分解为 [0，50]、[50，100] 两个频段，由于每个频段的信号均不是单一信号，需再进行分解。第三层分解为 [0，25]、[25，50]、[50，75]、[75，100] 四个频段，以 [0，25] 频段为例，如图 8-21c 所示，它是一个单一频率信号，其频率值和时间域与原始信号是一致的，其分解结果是正确的。同理，其他频段也均为单一频率信号，经重构可得的单频的信号时间历程曲线和频谱曲线图，如图 8-21d、 e、f 所示。

这样，信号 $x(t)$ 中包含的五个不同频率的信号都被成功地分解出来了，五个分量处于不同的时段和频段，分别对应着分解出来的五个小波包分量。从而可知，小波包变换比小波变换的功能优越，其表现是它在这样的采样频率下可将 62Hz 和 82Hz 分解出来，而小波变换在这样的采样频率的情况下是做不到的。但是小波包分量并不是严格按照频率由低到高的顺序排列的，可以通过人为选择或者编程序的方式来修正小波包分量的排序。从上面的算例可以看出利用小波包变换可以轻松地对工程中的一些复杂信号进行分解。

8.7　小波分析的工程应用

在工程实际中，对于结构的损伤识别是一个重要的课题，定性来讲，结构损伤后其强度将降低，从而引起固有频率的降低，振型也要有所变化，虽然幅值变化不大，但在损伤点可出现振型曲率突变。但是由于损伤是局部问题，对整体的动态特性有影响，但它的损伤位置较难确定。下面以简支梁为例说明小波分析在损伤中的应用。

8.7.1　简支梁桥损伤识别方法（一）

简支梁桥模型采用硬质 PVC 板材制作，如图 8-22 所示，长 0.7m，宽 0.17m，厚 0.006m，材料弹性模量为 5GPa，密度 1210kg/m³。在 10 号点位置采用主梁对称切口裂纹模拟损伤，裂纹切口深 0.02m，损伤度为 12%，测点分别为 2、4、6、8、10、12、14、16、18 9 个测点，布置采用稀疏布置方式，激振位置选择 10 号点，实验现场照片如图 8-23 所示。

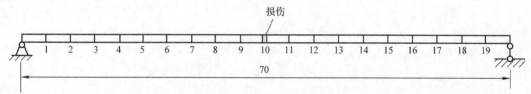

图 8-22　简支梁桥示意图（单位：cm）

图 8-24a、b 所示分别为实验测得的梁跨中损伤时 4 号点的加速度时程曲线及其频谱图。采用 dB4 小波对该信号进行 3 层小波分解并重构，其时间历程与频谱曲线如图 8-24c、d 所示。设各个测点的响应信号经过小波分解之后可得到信号向量 $\boldsymbol{X}$ 为

$$\boldsymbol{X} = \left(x_k^1(t), x_k^2(t), \cdots, x_k^{n-1}(t), x_k^n(t) \right)$$

$$(8\text{-}47)$$

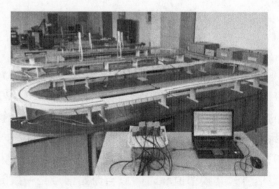

图 8-23　实验现场照片

式中，$x_k^j(t)$ 为第 j 个测点第 k 阶振动信号，$j = 1, \cdots, n$；k 为振型阶次；n 为节点数目。

设第 j 个测点第 k 阶振动信号 $x_k^j(t)$ 的能量为

$$E_k^j = \int_0^T \left[x_k^j(t) \right]^2 \mathrm{d}t \tag{8-48}$$

式中，T 为信号采样时间。则信号能量写成向量 $\boldsymbol{E}$ 为

$$\boldsymbol{E} = (E_k^1, E_k^2, \cdots, E_k^{n-1}, E_k^n) \tag{8-49}$$

通过归一化处理，从而得到信号相对能量向量 $\boldsymbol{e}$ 为

$$\boldsymbol{e} = (e_k^1, e_k^2, \cdots, e_k^{n-1}, e_k^n) \tag{8-50}$$

式中，相对能量为 $e_k^j = E_k^j / \sum_{i=1}^n E_k^i$。由于结构损伤前后相对能量在损伤位置具有局部奇异性，由差分法可得相对能量曲率向量 $\boldsymbol{e}''$ 为

$$\boldsymbol{e}'' = (e_k''^2, e_k''^3, \cdots, e_k''^{n-1}) \tag{8-51}$$

其中，$e_k''^j = \left(\dfrac{e_k^{j+1} - e_k^j}{h_{j+1}} - \dfrac{e_k^j - e_k^{j-1}}{h_j} \right) / \dfrac{h_{j+1} - h_j}{2}$，$e_k''^j$ 为第 k 阶振动信号在第 j 个测点处的相对能量曲率，h_{j+1}、h_j 分别为测点 $j+1$ 与测点 j、测点 j 与测点 $j-1$ 的间距。由此可得到完好与损伤两种情况下的相对能量曲率差 $\Delta e''$：

$$\Delta e'' = e_{dk}'' - e_{uk}'' \tag{8-52}$$

信号相对能量曲率差即为进行结构损伤识别的指标。其中，e_{dk}''、e_{uk}'' 分别为结构损伤状态与完好状态第 k 阶振动信号的相对能量曲率。当结构存在损伤时，结构上各点信号相对能量曲率均发生变化，但在损伤位置相对能量曲率差变化最大，因此可根据相对能量曲率差变化最大值识别结构损伤位置。

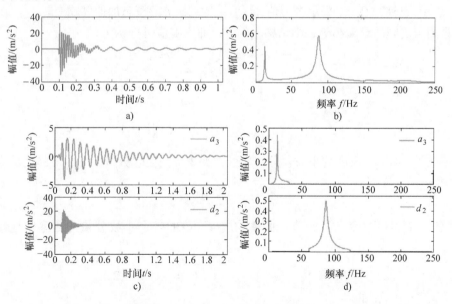

图 8-24　损伤梁 4 号点的加速度信号时间历程及其频谱图

a）加速度时间历程曲线　b）应用傅里叶变换的频谱图

c）各子带重构信号　d）各子带重构信号频谱图

将结构损伤前后各测点的加速度信号进行小波子带分解与重构的信号代入上面有关公式，可得每阶振动信号的相对能量曲率差，选择第一阶振动信号计算相对能量曲率差，且在10号点变化最大，最大点就是简支梁桥的损伤位置，如图 8-25 所示。

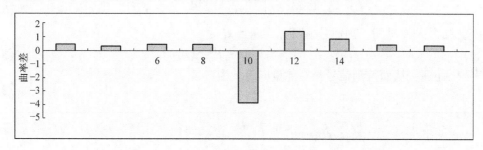

图 8-25　一阶振动信号相对能量曲率差实验结果

通过对一简支梁桥进行损伤识别，结果表明采用二进离散小波变换可以对结构在冲击激励下振动响应中叠加的多阶模态信息进行有效分离，在此基础上定义了振动信号相对能量曲率差损伤的识别指标，并利用此损伤指标对简支梁的损伤进行了有效识别。

8.7.2　简支梁桥损伤识别方法（二）

为了提高对损伤位置的识别精度及准确度，对损伤指标的定义进行了改进。由振动理论可知，结构上任一测点 k 的加速度响应 $u_k(t)$ 可表示为

$$u_k(t) = \sum_{r=1}^{N} \varphi_{kr} q_r(t) \tag{8-53}$$

式中，r 表示模态阶数；φ_{kr} 表示振型值，q_r 为结构的第 r 阶模态加速度响应。

如果测点之间的距离相等，则结构上的节点曲率响应可表示为

$$u''_k(t) \approx \frac{u_{k-1}(t) + u_{k+1}(t) - 2u_k(t)}{h^2} \approx \sum_{r=1}^{N} \frac{\varphi_{k-1,r} + \varphi_{k+1,r} - 2\varphi_{k,r}}{h^2} q_r(t)$$

$$\approx \sum_{r=1}^{N} \varphi''_{kr} q_r(t) \tag{8-54}$$

根据曲率模态理论，φ''_{kr} 对损伤位置是敏感的，这是利用节点曲率响应 $u''_k(t)$ 来识别结构损伤的重要条件。经过 j 尺度的小波包分解后可得到 2^j 个小波包分量，可由下式表示为

$$u''_k(t) = \sum_{i=1}^{2^j} u''_k(t)^i_j \tag{8-55}$$

当分解尺度 j 确定后，测点 k 的节点曲率响应 $u''_k(t)$ 的各个小波分量的曲率响应能量可表示为

$$E^i_k = \int_{-\infty}^{+\infty} |u''_k(t)^i_j|^2 dt \quad (i = 1, 2, \cdots, 2^j) \tag{8-56}$$

将式 (8-56) 归一化得

$$e^i_k = E^i_k / \sum_{k=2}^{n-1} E^i_k \tag{8-57}$$

式中，e^i_k 为归一化后的曲率响应能量项；n 为结构上的测点总数。当分解得足够细时，可保

证小波分量 $u''_k(t)^i_j$ 中仅含有结构第 r_i 阶的模态响应。则损伤前后结构上测点 k 的相对小波能量差可表示为

$$\Delta e^i_k = e^i_{kd} - e^i_{ku} \qquad (8\text{-}58)$$

其中，下标 d,u 分别表示结构的损伤和完好状态。则测点 k 损伤指标 DI_k（damage index）定义为

$$DI_k = \Delta e^{i(k)}_k \qquad (8\text{-}59)$$

由此可利用此指标进行损伤识别。

简支梁桥模型采用前面图 8-22 所示的模型，测点布置如图 8-26 所示，梁的参数也基本相同，同样采用主梁对称切口裂纹模拟损伤，损伤工况见表 8-1，采用锤击激励，激励点选在测点 1 对应的位置上，每一种工况测试的次数均为 10 次，按照这样的方式，每种工况将测试得到 10 组实验数据，通过两种工况实验数据的交叉比较计算，可得到 10×10 组损伤指标。统计这 100 组数据中各测点损伤指标超过预警线的次数，所得结果如图 8-27 所示。

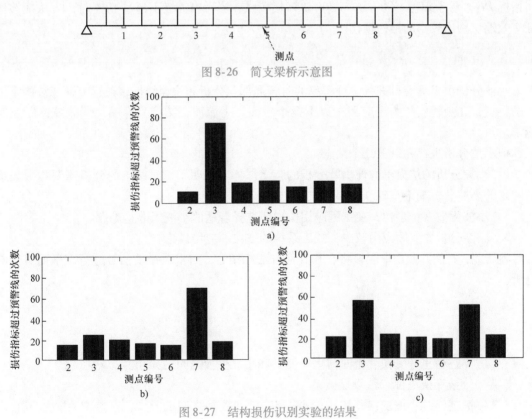

图 8-26　简支梁桥示意图

图 8-27　结构损伤识别实验的结果

a) 工况 0 – 工况 1　b) 工况 1 – 工况 4　c) 工况 0 – 工况 4

表 8-1　损伤工况

工况编号	损伤处节点号	损伤程度
0		0
1	3	20%
2	7	10%
3	3、7	10%、10%

　　在图中"工况 i – 工况 j"指的是假定以工况 i 为"完好工况",工况 j 为"损伤工况"。当以工况 0 为完好工况,工况 1 为损伤工况时,得出的结果是测点 3 的损伤指标超过预警线(能量最大者)的次数最多(70%),如图 8-27a 所示,与实际情况相吻合。当以工况 1 为完好工况,工况 2 的损伤工况又发生时,在图 8-27b 中,测点 7 位置被识别为损伤位置,这与实际情况也相吻合,因为工况 2 是在工况 1 的测点 3 已有损伤基础上发生的,相对于工况 1,该工况 2 是在工况 1 的基础上在测点 7 位置又有了刚度折减。此损伤的识别方法更接近工程实际。图 8-27c 反映了当结构存在两处损伤时的识别结果,在图中,测点 3 和测点 7 对应的损伤指标超过预警线的次数是最多的,而梁上的损伤位置也恰在这两点。以上实例说明损伤识别结果是极为准确的。

　　此识别方法具备以下优点:①操作方式简单,只需对结构施加锤击激励,无须测量激振力的大小和波形,也不需要保证完好结构和损伤结构的激振力大小和波形完全一致。②避免了模态参数识别的中间过程,只需计算响应的小波包能量,并选择其中能量最大者来计算损伤指标 DI_k,易于编程。③方法的噪声鲁棒性较强,当噪声等级不超过 10% 时,方法能够保证有效地识别出较小的结构损伤。

8.7.3　其他

　　小波分析由于具有可进行多分辨率的时频局部化分析和快速线性多通道带通滤波两个重要的特点,在工程实际中还应用于以下几个方面:①滤波,②信号降噪,③故障诊断及监测等。

　　但小波分析也存在以下几个缺点:

　　1)小波分析的结果不像傅里叶分析的频谱那样直观明了,对结果的分析需要相关人员有一定的小波分析理论基础。

　　2)小波函数多种多样,在工程应用中如何选择合适的小波函数是难点。

　　3)小波分析的实际应用较少,缺乏系统的方法和应用理论。

　　鉴于此,在实际应用中应该将它和其他方法相结合,力求对振动信号进行准确而有效的分析。

习　题

　　8-1　简述傅里叶变换、短时傅里叶变换和小波变换之间的异同。

　　8-2　小波变换堪称"数学显微镜",为什么?

　　8-3　简述连续小波变换、Mallat 算法和小波包变换之间的异同。查阅文献,思考它们各自的优缺点和适用范围。

　　8-4　假设一实测信号的采样频率为 2000Hz,现在想利用 Mallat 变换提出频率范围分别为 0~125Hz、250~500Hz 的两个信号分量,那么分解层数应选择为多少?分解层数确定后,两个分量分别对应哪个小波分量?如果想提取频率范围为 15~30Hz 的信号,那么信号的采样频率选择多少较为合适?

　　8-5　利用 Matlab 或者其他数学软件,选择一个组合信号进行小波包变换,选择不同的尺度分解信号,并观察信号的各小波分量的频率分布规律。

第 9 章
基本振动参数常用的测量方法

　　振动测量的目的是寻求振动系统本身的动态特性，对于简谐振动则是寻找其振幅、频率和相位等三个基本参数，动态特性分析也可归结为动态特性参数的实验识别。这些参数就是所熟知的质量、弹性系数和阻尼系数，固有频率虽然是由质量和弹性系数导出的参数，但由于它的重要性，历来都把它作为重要的动态特性参数之一。本章将介绍振动系统振动参数的一般测量方法，包括：振动频率及振幅的测量、两个同频简谐振动相位差的测量和衰减系数的测量等。

9.1　简谐振动频率的测量

9.1.1　时标比较法

　　振动信号是首先通过振动测试系统将机械信号转变为电信号，然后由数字采集卡将其变为数字信号再在计算机屏幕上显示出来。在显示的过程中，被测振动信号和时标信号（一般为等间距的时间脉冲信号）一起显示在屏幕上，时标比较法是根据显示的振动波形和时标信号两者之间的周期比测定被测振动波形的频率。图 9-1 所示为屏幕显示图像示意图，若测量出被测信号在周期 T 长度中的时标脉冲数 n，则被测振动信号频率为

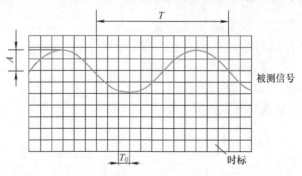

图 9-1　时标比较法示意图

$$f = \frac{1}{T} = \frac{1}{nT_0} = \frac{1}{n}f_0 \tag{9-1}$$

式中，$f_0 = \frac{1}{T_0}$ 为时标信号的频率，由计算机设定，一般 $n \geqslant 5 \sim 10$，便可得到较准确的结果。此法顺便还可利用振动信号的波形，直接读出振动的振幅值 A。

9.1.2   直接测频法

直接测频法是使用频率计直接测定简谐波形电压信号的频率或周期的一种方法。频率计有指针式和数字式两种，其中数字式频率计的测量精度较高，它是目前普遍采用的测频仪器。

一般来说，此类仪器由三部分组成。一是计数部分，它包括衰减与放大器、限幅电路、微分电路及双稳态触发电路等。它的基本功能是将被测正弦信号变成矩形脉冲信号，脉冲持续的时间精确等于正弦波的周期，矩形脉冲的高电平与零电平控制与门电路开或闭。二是时基信号发生器，它利用石英振荡器产生基准振荡信号，经时基分频电路将基准信号分成若干个时基频率不同的时基脉冲信号，当时基脉冲信号通过与门电路时，计数器就能累计出一个振动周期内时基脉冲信号的个数。三是显示部分，经过显示计算电路，被测信号的振动频率就被计算出来，并以数字方式在屏幕上直接显示出来。图 9-2 所示为频率计的测频原理示意图。图 9-2 中各工作点的波形如图 9-3 所示。

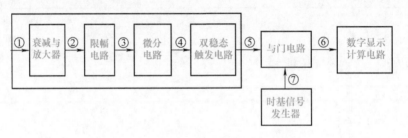

图 9-2   频率计的测频原理示意图

为了精确地测量被测信号的频率，数字式频率计要求输入信号具有足够大的电平，而且波形失真要小，这样才能保证整形后得到理想的矩形脉冲波。另外，时基信号发生器的精度与稳定度对整个仪器的测试效果起着至关重要的作用。数字式频率计也有它的缺陷。它在累计时基信号的脉冲个数时总要引起一个脉冲的绝对误差。只有增加被测信号周期内的时基信号脉冲个数，才能降低它的相对误差值。

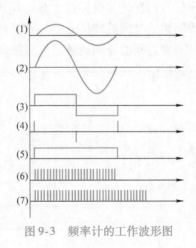

图 9-3   频率计的工作波形图

9.2　机械系统固有频率的测量

确定机械系统的固有频率，往往是一项很重要的工作，一般来说，通过理论及数值计算，可以估计系统固有频率的频率范围。通过振动测量工作，则可以比较精确地确定系统的固有频率，以验证理论计算结果。测量机械系统的固有频率，一般采用两种方法：自由振动法和强迫振动法。

9.2.1　自由振动法

用自由振动法测量机械系统的固有频率，一般都是测量此系统的最低阶固有频率，因为较高阶自由振动衰减较快，几乎在振动波形中无法看到。通常为了让机械系统产生自由振动，一般采取两个途径。

1. 初位移法

在被测系统上加一个力，使系统产生一个初始位移，继而把力很快（突然）地卸除掉，机械系统受到突然释放，开始做自由振动。图 9-4 所示是一悬臂梁受到重物 W 作用而产生初始位移后突然卸载做自由振动的例子。

2. 初速度法

在机械系统上施加一个冲量，从而使系统产生一个初速度，使系统产生自由振动。为什么系统会以它的固有频率做自由振动呢？系统上受到冲量 I 的作用——冲击脉冲的作用。通过频谱分析可以看出，一个冲击脉冲包括了从零到无限大的所有频率的能量，并且它的频率谱是连续的，但是，只有在与机械系统的固有频率相同时，相应的频率分量才对此机械系统起作用，它将激励机械系统以其自身的低阶固有频率做自由振动，图 9-5 所示是悬臂梁受到冲量 I 的作用产生自由振动的例子。

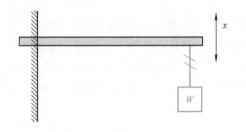

图 9-4　初位移法示意图

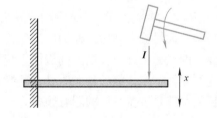

图 9-5　初速度法示意图

在机械系统中，阻尼总是存在的，因此，系统的自由振动很快就被衰减。于是，为了测量系统的固有频率，在实验中，通常需要把机械系统做衰减振动的位移时间历程、标准时间信号的波形同时记录下来，按照时标直接比较法，测定系统在衰减振动中的固有频率。由振动理论可知，系统做衰减振动的频率 f_d（或 p_d）与系统的固有频率 f_n（或 p_n）之间有如下的关系：

$$f_d = \sqrt{f_n^2 - \left(\frac{n}{2\pi}\right)^2} \tag{9-2}$$

其中 n 为衰减系数，由此可知，用自由振动法得到的振动频率，略小于实际的固有频率。

由此可知，用自由振动的方法测量机械系统的最低阶固有频率时，优点是方法比较简便，并且缺点是测出的固有频率数据偏小。不过，如果在测试系统的固有频率的同时，把系统的衰减系数也测试出来，这个缺点是可以克服的。

9.2.2　强迫振动法

强迫振动法，实质上就是利用共振的特点来测量机械系统的固有频率，因此，这种方法也叫作共振法，在振动测量中，产生强迫振动的方法很多，主要有以下几种。

1. 调节转速法

逐步提高旋转机械的转速，并测量相应的振幅，只有当激振器的质量与系统的质量相比可以忽略，在阻尼比 $\zeta \ll 1$ 时，强迫振动的振幅最大的时候，就是机械系统共振的时候，可近似认为共振频率就是被测系统的固有频率，这是偏心块式激振器的使用条件。发生共振时的转速叫作临界转速，用 n_c 表示，根据临界转速和固有频率的关系

$$f_n = \frac{n_c}{60} \tag{9-3}$$

就可以计算出机械系统的固有频率。但在 ζ 较大时，用上述位移共振法测得的共振频率将与固有频率有较大的差别。

例如，若测量桥梁的固有频率，在桥上放一个激振器，激振器上有两个质量相同的偏心块。当这两个偏心块以相同的转速反向旋转的时候，偏心块产生离心惯性力 F_Q，如图9-6所示。惯性力 F_Q 迫使桥梁在铅直方向产生强迫振动，逐步提高激振器的转速，找出临界转速，就可计算出桥梁的固有频率。

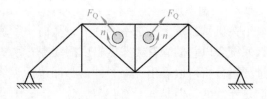

图9-6　调节转速法示意图

2. 调节干扰力频率法

1）用电磁激振器激振，如图9-7a所示。将激振器的顶杆顶在机械系统的某个部位上，并使功率放大器输入到激振器的电流保持不变，顶杆对机械系统作用一个幅值为常量、并按正弦变化的电磁干扰力，以激励机械系统做强迫振动，逐步提高激振器的振动频率，并测量出相应的振幅，在振幅的最大值处，其激振频率就是系统的共振频率，当阻尼很小时，可认为共振频率就是机械系统的固有频率。

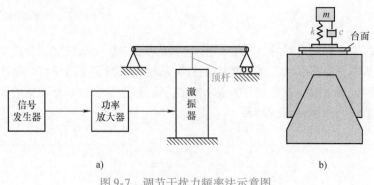

a)　　　　　　　　　　b)

图9-7　调节干扰力频率法示意图

a）电磁激振器激振　b）振动台激振

2）将整个机械系统安装在振动台台面上，如图 9-7b 所示。振动台工作时，整个系统和振动台台面一起做正弦运动，并使被测系统产生牵连惯性力。在牵连惯性力的作用下，被测系统将做强迫振动。当被测系统的质量与振动台台面质量（包括与振动台台面固结在一起的附件的质量）相比很小时，可以将这种激振视为支撑运动式激振。逐步提高振动台的振动频率，并让振动台的幅值保持不变，测量出机械系统的相应的振幅，找到系统的共振点，当阻尼较小时，可认为共振频率就是固有频率，所以就得到了机械系统的固有频率。当被测振动体的质量与振动台台面的质量相差不是很大时，必须考虑台面质量对被测系统的影响。

但是，在应用此法时应注意到共振频率的选择问题，由于单自由度系统强迫振动方程的解为 $x = x_m \sin(\omega t + \alpha)$。其中

$$x_m = \frac{x_{st}}{\sqrt{(1-\lambda^2)^2 + 4\zeta^2\lambda^2}}, \quad \tan\alpha = \frac{2\zeta\lambda}{1-\lambda^2}$$

式中 $\lambda = \dfrac{\omega}{p_n}$，$\zeta = \dfrac{n}{p_n}$。则速度幅值和加速度幅值应为

$$\dot{x}_m = \frac{x_{st}\omega}{\sqrt{(1-\lambda^2)^2 + 4\zeta^2\lambda^2}}, \qquad \ddot{x}_m = \frac{x_{st}\omega^2}{\sqrt{(1-\lambda^2)^2 + 4\zeta^2\lambda^2}}$$

极大值频率分别由

$$\frac{dx_m}{d\omega} = 0, \qquad \frac{d\dot{x}_m}{d\omega} = 0, \qquad \frac{d\ddot{x}_m}{d\omega} = 0$$

求出，如图 9-8 所示，则得共振频率为

$$f_x = f_n\sqrt{1-2\zeta^2}, \quad f_{\dot{x}} = f_n, \quad f_{\ddot{x}} = f_n\sqrt{\frac{1}{1-2\zeta^2}}$$

所以应用共振法求共振频率 f_n 时应注意测量信号的选择，一般选速度信号为好。

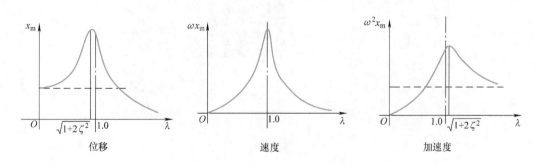

图 9-8　位移、速度和加速度的幅频特性曲线

根据共振的定义，共振是指当激振频率达到某一特定值时，振动量的幅值达到极大值的现象。但从以上分析可以看出，振动的位移、速度、加速度的幅值，其各自达到极大值时的共振频率各不相同；只有当 $\zeta = 0$ 时，它们才互相相等，而且就等于系统的无阻尼自由振动频率（即固有频率）。由此可见，在有阻尼的条件下，共振频率并非固有频率，在弱阻尼的条件下，三种共振频率以及有阻尼自由振动频率都接近于系统的固有频率。但是，只有速度

共振频率真正与固有频率相等。

总之，用强迫振动的方法测量机械系统的固有频率时，能够得到稳态的振动波形，便于观测，不过它却需要一套能够激励被测系统做强迫振动的激振装置。

用强迫振动法测量机械系统的固有频率，可测得机械系统的前几阶固有频率，比应用自由振动法可多得到几阶固有频率。若想得到更高阶的固有频率，可应用实验模态分析法进行实验测量。

9.3　简谐振动幅值的测量

由于振动加速度的峰值同结构的惯性外载荷有关，振动位移的幅值与构件的最大应力有关。所以在振动测量中，经常遇到的问题是如何测量振动加速度的幅值和振动位移的幅值。对于简谐振动来说，只要能够测出位移、速度和加速度的幅值中的任何一个，就能很容易地计算出其他两个。因此，我们可以分别用压电式加速度传感器、电动式传感器等测试系统进行实验测试，只要选择适当的量程，从电压表或在示波器中就可读出其振动的幅值。下面简单介绍几种常用的方法。

9.3.1　指针式电压表直读法

指针式电压表是振动测量中最常用的显示仪表，用以测量振动位移、速度或加速度的数值（峰值、有效值或平均绝对值）。

从本质上说，测振用的指针式电压表是一台交流电压表，其原理框图如图9-9所示。

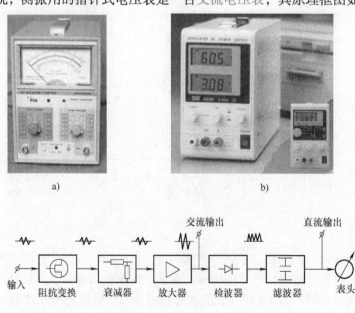

图9-9　指针式电压表的电路框图

a）指针式电压表　b）数字式电压表

来自传感器的被测振动信号输入到阻抗变换电路、衰减器及放大器后，将被变换为适当大小的交流信号，然后由检波器转换成脉冲信号，再经滤波器加以平滑化成为直流信号，最后由动圈式直流表头指示出来。

通常，有三种不同的检波电路，使得电表指针的偏转分别与被测信号的峰值、有效值或平均绝对值成正比。这样，就构成了三种不同的电压表。从而可测量出三种不同振动参数的数值。

9.3.2　数字式电压表直读法

近年来，由于集成电路、固体显示器及液晶显示器的飞速发展，数字仪表的性能日趋完善，体积和造价大幅度降低。加之数字仪表读数直观方便，测量精度高，因此在许多方面，它已代替了传统的指针式仪表。

数字式测振电压表的原理和指针式电压表的原理基本相同，如图 9-9 所示，所不同的仅在于对检波以后的直流电压的测量方法不同。指针式仪表采用磁电式表头；而数字式仪表采用一个直流数字电压表。直流数字电压表（DVM）由模拟/数字转换器（A/D 转换器）及电子计数显示器两大部分组成。A/D 转换器是 DVM 的核心电路，它有积分式、比较式、复合式等许多种形式。

积分式 A/D 转换器是先将输入的直流电压模拟量转换成某种中间量（时间间隔或频率），再把中间量转换成数字量。由数字电路进行显示，由这种转换器所组成的数字式电压表有很强的抗干扰力。目前已有市售的大规模集成电路，把除数字显示器以外的模拟和数字电路全部集成于一块硅衬底上，使用十分方便。

比较式 A/D 转换器是把输入的直流电压模拟量与基准电压进行比较，把模拟电压直接转换成数字量。由这种 A/D 转换器所组成的数字式电压表测量速度快、精度高、稳定性好，但抗干扰性能较差。

在电压表中读出电压值后，还需利用测试系统的变换关系，求出振幅值。例如：若测试系统为压电式加速度测试系统，由电压表输出的电压读数为 416mV。电荷放大器面板档位设置为：①加速度输出单位为 $1m/s^2$；②输出电压开关档位为 $10mV/m \cdot s^{-2}$。则振动加速度为

$$a = 416mV \times \frac{1}{10mV} \times 1m/s^2 = 41.6m/s^2$$

9.3.3　楔形观察法

近年来，由于激光和全息摄影技术的发展和利用，用光学法进行振动测量已有很大发展，用激光作光源的干涉仪可测量很小的振幅，振幅量级甚至是微米以下，其测量精度高，结果可靠，因此它成为目前标定振动测量仪和传感器的绝对标准。有关内容将在以后章节中介绍，本章只简单介绍利用眼睛视觉的滞留作用进行振动观察的楔形观察法。它主要应用于现场测试仪器缺乏而又紧急的情况下进行定性分析。

测幅楔是一黑色 $\triangle PAB$ 片，如图 9-10 所示，短直角边 AB 长等于或大于被测振动位移的最大峰 - 峰值，一般取长直角边为

$$PA = (10 \sim 50)AB \tag{9-4}$$

在 PA 线上，根据 AB 的真实尺寸按比例刻出标度尺，在使用时，把测幅楔贴到被测物体上，让长直角边 PA 与振动方向垂直。当物体振动时，如果振动频率 $f > 10\text{Hz}$，那么就可以看到两个三角形，$\triangle PAB$ 和 $\triangle P'A'B'$，它们分别处在振动的两个边界位置，这是由于物体在做简谐振动时，在这两个位置上停留的时间最长，并且速度为零。同时，在测幅楔的阴影部分有一个交点 C，C 点在 PA 标尺上所对应位置的数值就是被测振动位移峰－峰值的大小，即

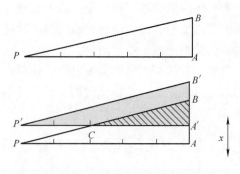

图 9-10 楔形观察法示意图

$$2x_{\text{m}} = \frac{AB}{PA}PC \tag{9-5}$$

式中，x_{m} 为被测振动位移的幅值。测幅楔的使用范围一般为：

频率范围：$f > 10\text{Hz}$

振幅范围：$A > 0.1\text{mm}$

尺　寸：基线长度 PA 为 $50 \sim 100\text{mm}$。

9.4　同频简谐振动相位差的测量

通常所说的相位差，总是对两个同频率的简谐振动而言。一般有以下几种测量方法。

9.4.1　直接比较法

在测量精度要求并不十分苛刻的情况下，用直接比较法来测量两个同频简谐振动的相位差是较为方便的。

1. 线性扫描法

振动信号 x_1 和 x_2 经测量系统转换、放大后，变成两个电压信号。把两个信号同时显示在计算机屏幕上，在显示器荧光屏上得到两个振动波形，将两个时间轴合在一起，并把这两个振动波形的峰值调节成一样的大小，如图 9-11 所示，可以通过下述两种方法，确定 x_1、x_2 的相位差。

1）分别测出振动波形的峰值 A 和两个振动波形的交点 M 的纵坐标 h，就可以算出振动信号 x_1 超前于 x_2 的相位角

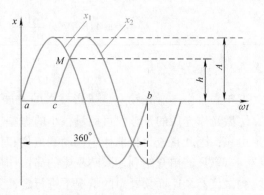

图 9-11 线性扫描法示意图

$$\varphi = 2\arctan\left(\sqrt{\frac{A^2}{h^2} - 1}\right) \tag{9-6}$$

证明： 由于信号 x_1、x_2 的峰值都调节到一样大小，因此，示波器上显示的振动波形的方程分别为

$$x_1 = A\sin(\omega t + \varphi)$$
$$x_2 = A\sin\omega t$$

M 点是波形 x_1、x_2 的交点，即在某瞬时 t_1，x_1、x_2 的坐标值都是 h，因此

$$x_1 = h = A\sin(\omega t_1 + \varphi) \tag{a}$$
$$x_2 = h = A\sin\omega t_1 \tag{b}$$

由式（b）解得

$$\sin\omega t_1 = \frac{h}{A} \tag{c}$$

由三角函数关系得

$$\cos\omega t_1 = \sqrt{1 - \sin^2\omega t_1} = \sqrt{1 - \left(\frac{h}{A}\right)^2}$$

即

$$\cos\omega t_1 = \frac{h}{A}\sqrt{\frac{A^2}{h^2} - 1} \tag{d}$$

运用三角函数的和角公式将式（a）展开得

$$h = A(\sin\omega t_1\cos\varphi + \cos\omega t_1\sin\varphi)$$

并将式（c）、式（d）两式代入上式得

$$h = A\left(\frac{h}{A}\cos\varphi + \frac{h}{A}\sqrt{\frac{A^2}{h^2} - 1}\sin\varphi\right) \tag{e}$$

整理后得

$$\frac{1 - \cos\varphi}{\sin\varphi} = \sqrt{\frac{A^2}{h^2} - 1} \tag{f}$$

由三角函数中的半角公式

$$\tan\frac{\varphi}{2} = \frac{1 - \cos\varphi}{\sin\varphi} \tag{g}$$

上式可写为

$$\tan\frac{\varphi}{2} = \sqrt{\frac{A^2}{h^2} - 1}$$

得

$$\varphi = 2\arctan\left(\sqrt{\frac{A^2}{h^2} - 1}\right)$$

2）若分别测出振动波形的波长 ab 和两个振动波形零点的距离 ac，利用公式

$$\varphi = \frac{ac}{ab} \times 360° \tag{9-7}$$

同样可以计算出振动信号 x_1 超前于 x_2 的相位角。

9.4.2 相位计直接测量法

相位计的基本工作原理与显示器直接比较法是相同的，它根据通道 A 的信号正向过零时与通道 B 的信号正向过零时的时间差及信号周期来计算相位差，图 9-12 所示是模拟式相位计的工作原理图。

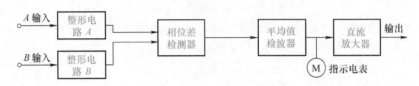

图 9-12　模拟式相位计的工作原理图

图 9-12 中的整形电路由低通滤波器、过零比较器和反相斜率开关这三个环节组成。来自低通滤波器的信号经过零比较器，当信号正向过零时，它产生方波的负向部分；负向过零时，则产生方波的正向部分，这样两个通道所输入的正弦波（图 9-13a）就变成了周期相同的矩形波（图 9-13b），并且它们之间的相位信息保持不变。相位差检测器输出的是重复脉冲（图 9-13c），脉冲重复时间等于被测信号的周期，脉冲持续时间等于两输入信号的滞后时间差，平均值检波器测出重复脉冲的平均值，这样就使它输出的直流电压与输入信号间的相位差成正比关系。这种电路的特点是相位计易于和 $x-y$ 记录仪配合使用。

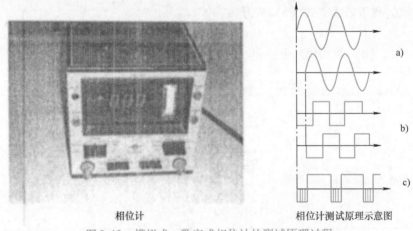

相位计　　　　　　　　　　相位计测试原理示意图

图 9-13　模拟式、数字式相位计的测试原理过程

a）输入信号　b）整形电路输出　c）相位差检测器输出

图 9-14 表示出了数字式相位计的工作原理框图。它的特点是精度高，相位差信息能直接通过数码管显示出来。两通道整形电路和一个相位差检测器的工作原理同模拟量测试系统是相同的。重复脉冲信号控制"与门"Ⅰ，在脉冲持续时间内，"与门"开，时基信号脉冲通过，而在其余时间，"与门"关闭。"与门"Ⅱ为开关门，开关时间是经分频电路给出周期基准时间 T_s，而不随信号频率变化，其目的是使在 T_s 时间内输出正比于两信号相位差的脉冲数，这样在数字式计数器中可直接用数字显示出相位差值。

利用相位计来测量振动信号之间的相位差，可较大幅度地提高其测试精度。但值得注意的是，在将振动信号转换成输入到相位计的电信号时，要防止转换及放大过程中的相位畸变。

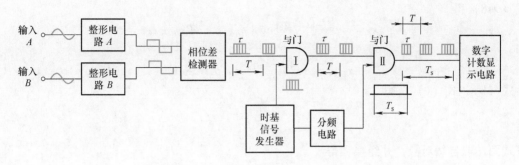

图 9-14　数字式相位计的工作原理图

9.5　衰减系数及阻尼系数的测量

　　机械振动系统的衰减系数是机械振动测试结果的导出参量。它和阻尼有直接关系，阻尼才是基本参数。但是，系统的阻尼很难直接测量，人们往往要通过衰减系数在一定假设的前提下来推算阻尼。衰减系数的测量也不能直接进行，而是通过测试系统振动的某些基本参量推算出来的。

　　对于单自由度系统，一旦求出衰减系数，就能够推算出阻尼来。而对于多自由度系统，各阶固有振型都有其各自的衰减系数，综合各阶固有振型的衰减系数，有时也能推算出与系统的力学模型相应的阻尼来，但推算的过程比单自由度系统要复杂得多。以下简述衰减系数的测量方法，仍以单自由度系统为例，但这些方法，用于测量多自由度系统的各阶模态的衰减系数也是适用的。

9.5.1　自由振动波形法

　　在机械振动理论中，有阻尼自由振动的运动方程为

$$x = Ae^{-nt}\cos\left(p_{\mathrm{d}}t + \alpha\right) \tag{9-8}$$

振动波形如图 9-15 所示，振动的周期为

$$T_{\mathrm{d}} = \frac{2\pi}{p_{\mathrm{d}}} = \frac{1}{f_{\mathrm{d}}} \tag{a}$$

　　现在分析一下振动波形的峰值的变化规律，由图 9-15 可以看出，当 $t = t_1$ 时，振动波形出现第一个峰值 x_1，由式（9-8）得

$$x_1 = Ae^{-nt_1}\cos(p_{\mathrm{d}}t_1 + \alpha) \tag{b}$$

经过 i 个周期后，即 $t = t_{i+1} = t_1 + iT_{\mathrm{d}}$ 时，出现第 $i+1$ 个峰值 x_{i+1}，同理由

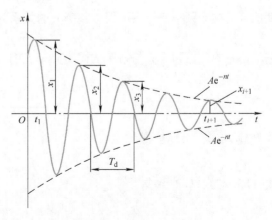

图 9-15　衰减振动的波形

式（9-8）得

$$x_{i+1} = Ae^{-n(t_1+iT_d)}\cos[p_d(t_1+iT_d)+\alpha]$$

即

$$x_{i+1} = Ae^{-nt_1}e^{-niT_d}\cos(p_dt_1+\alpha) \tag{c}$$

由式（b）、式（c）解得

$$\frac{x_1}{x_{i+1}} = e^{niT_d}$$

等式两端取自然对数，并经整理得

$$n = \frac{f_d}{i}\ln\frac{x_1}{x_{i+1}} \tag{9-9}$$

这就是用自由振动波形图测量衰减系数 n 的基本公式。由此可以看出，测量衰减系数 n 的问题，就转化为测量振动频率 f_d 和振幅 x_1、x_{i+1} 的问题了。

在振动实验中，一般常用速度传感器和加速度传感器将机械振动量转换为电信号的变化量，因此所测量的振动波形是速度波形和加速度波形，而不是位移波形，于是就提出这样一个问题，根据速度波形和加速度波形，是否也可以测量衰减系数呢？回答是肯定的，并且与计算公式（9-9）相似，即

$$n = \frac{f_d}{i}\ln\frac{\dot{x}_1}{\dot{x}_{i+1}} \tag{9-10}$$

和

$$n = \frac{f_d}{i}\ln\frac{\ddot{x}_1}{\ddot{x}_{i+1}} \tag{9-11}$$

由此可知，当应用初位移法（或敲击法）测定系统的固有频率时，并同时应用振动波形图来测定系统的衰减系数或阻尼系数，将显得特别方便。

9.5.2 共振频率法

由线性振动理论可知，位移信号的共振频率 f_x 与系统固有频率 f_n 的关系为

$$f_x = \sqrt{f_n^2 - 2\frac{n^2}{(2\pi)^2}} = f_n\sqrt{1-2\zeta^2} \tag{a}$$

速度信号的共振频率 f_v 与系统固有频率 f_n 的关系为

$$f_v = f_n \tag{b}$$

加速度信号的共振频率 f_a 与系统的固有频率 f_n 的关系为

$$f_a = f_n\frac{1}{\sqrt{1-2\frac{n^2}{(2\pi)^2f_n^2}}} = f_n\frac{1}{\sqrt{1-2\zeta^2}} \tag{c}$$

由式（a）与式（b）解得

$$n = \pi\sqrt{2(f_v^2-f_x^2)} \tag{9-12}$$

由式（b）与式（c）解得

$$n = \frac{\pi f_v}{f_a}\sqrt{2(f_a^2-f_v^2)} \tag{9-13}$$

以上两式即为用共振频率法测量衰减系数的基本公式，由此看出，测量衰减系数 n 的问题，已转化为测量位移信号、速度信号或加速度信号的共振频率的问题了。但在测试中应该注意以下问题：

1）当衰减系数 n 比较小时，f_x、f_v、f_a 各值相差很小，采用这种方法存在比较大的误差。

2）在一般情况下，用比较精确的频率测量仪器测量共振频率，有效数字可尽量精确。

9.5.3　半功率点法

在线性振动理论中，曾经导出了强迫振动的振幅表达式：

$$x_{\mathrm{m}} = \frac{P}{k} \frac{1}{\sqrt{\left(1 - \dfrac{\omega^2}{p_{\mathrm{n}}^2}\right)^2 + 4n^2 \dfrac{\omega^2}{p_{\mathrm{n}}^4}}}$$

或放大因数

$$\beta(\lambda) = \frac{1}{\sqrt{(1 - \lambda^2)^2 + 4\zeta^2 \lambda^2}} \tag{9-14}$$

将此式绘成曲线如图 9-16 所示，这就是机械系统的位移共振曲线，它清晰地表示了机械系统对各个振动频率的响应的程度。

实际上，机械系统的共振曲线，往往是通过实验的方法测量出来的。具体的方法是：逐步增大简谐干扰力的频率，观测振幅的变化情况，逐个记录干扰力频率、干扰力峰值及振幅的大小，再以频率比 λ 为横坐标，$\beta(\lambda)$ 为纵坐标，将记录结果绘成曲线，就得到了机械系统的实际的共振曲线。

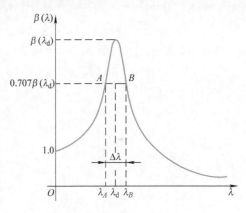

图 9-16　半功率点法示意图

利用共振曲线求解衰减系数的步骤如下：

1）在共振曲线中，首先求出 $\beta(\lambda)$ 的最大值 $\beta_{\mathrm{m}}(\lambda_{\mathrm{d}})$。

2）在纵坐标为 $0.707\beta_{\mathrm{m}}(\lambda_{\mathrm{d}})$ 的地方，画一条平行于横坐标的直线，该直线与共振曲线相交于 A、B 两点。

3）测量 A、B 间距，得

$$\Delta\lambda = \lambda_B - \lambda_A$$

4）则系统的阻尼比为

$$\zeta = \frac{1}{2}\Delta\lambda \tag{9-15}$$

5）则系统的衰减系数为

$$n = \frac{1}{2}\Delta\omega \tag{9-16}$$

由于 $0.707\beta_{\mathrm{m}}$（λ_{d}）具有半功率点的含义，因此，这种方法叫作半功率点法。

可以看出，在振动测量中，如果需要测试机械系统的共振曲线，用这种方法测量机械系统的衰减系数，显然是很方便的。其证明如下：

由于

$$\beta(\lambda) = \frac{1}{\sqrt{(1-\lambda^2)^2 + 4\zeta^2\lambda^2}}$$

其极值为

$$\beta_m(\lambda_d) = \frac{1}{2\zeta\sqrt{1-\zeta^2}}$$

由半功率点定义

$$\frac{1}{\sqrt{2}}\beta_m(\lambda_d) = \frac{1}{2\sqrt{2}\zeta\sqrt{1-\zeta^2}} = \frac{1}{\sqrt{2}\sqrt{(1-\lambda^2)^2 + 4\zeta^2\lambda^2}}$$

解得

$$\lambda_A^2 = 1 - 2\zeta + 2\zeta^2 + \zeta^3$$
$$\lambda_B^2 = 1 + 2\zeta - 2\zeta^2 - \zeta^3$$

略去二、三次项，求两式之差则有

$$4\zeta = \lambda_B^2 - \lambda_A^2 \tag{9-17}$$

其中

$$\lambda_B^2 - \lambda_A^2 = (\lambda_B + \lambda_A)(\lambda_B - \lambda_A)$$

由于 λ_A、λ_B 相差很小，则 $\lambda_A + \lambda_B \approx 2\lambda_d$，且 $\lambda_d \approx 1.0$，故

$$\lambda_B^2 - \lambda_A^2 \approx 2\lambda_d(\lambda_B - \lambda_A) = 2\lambda_d\Delta\lambda \approx 2\Delta\lambda$$

代入式（9-17）得

$$4\zeta = 2\Delta\lambda$$

或

$$\zeta = \frac{1}{2}\Delta\lambda \tag{9-18}$$

由于

$$\zeta = \frac{n}{p_n}, \quad \Delta\lambda = \frac{\Delta\omega}{p_n}$$

代入式（9-18）得

$$n = \frac{1}{2}\Delta\omega \tag{9-19}$$

证毕。

9.5.4 共振法

前面我们已经证明，发生速度共振时，位移响应和激振力之间的相位差为 $\pi/2$，此时激振力恰好被阻尼力所平衡。这可简单证明如下：

设激振力为 $F = F_0\sin\omega t$，当激振力的频率 ω 与被测振动体的固有频率 p_n 相等时，力和位移响应分别为

$$F = F_0\sin p_n t$$

$$x = \frac{F_0}{k}\frac{1}{2\zeta}\sin\left(p_n t - \frac{\pi}{2}\right)$$

代人微分方程

$$m\ddot{x} + c\dot{x} + kx = F$$

可得

$$
\left.
\begin{aligned}
m\ddot{x} + kx &= \left(-m\frac{F_0}{k}\frac{1}{2\zeta}p_n^2 + k\frac{F_0}{k}\ \frac{1}{2\zeta}\right)\sin\left(p_n t - \frac{\pi}{2}\right) = 0 \\
c\dot{x} &= cp_n\frac{F_0}{k}\frac{1}{2\zeta}\sin p_n t = c\ \sqrt{k/m}\frac{F_0}{k}\ \frac{1}{2c/c_c}\sin p_n t = F_0\sin p_n t
\end{aligned}
\right\}
\tag{9-20}
$$

上述结论可以解释为：发生速度共振时，激振力所做的功全部被阻尼所消耗。由式（9-20）可知，发生速度共振时

$$c = \frac{F_0\sin p_n t}{\dot{x}} = \frac{F_0\sin p_n t}{\dot{x}_m\sin p_n t} = \frac{F_0}{\dot{x}_m} \tag{9-21}$$

式中，$\dot{x}_m$ 为速度响应的幅值。因此，只要测量发生速度共振时的速度幅值和激振力幅值，即可通过式（9-21）计算出阻尼。

9.6　振型曲线的测量

在振动理论中，当结构在某一共振频率上产生共振时，总对应着一个响应的主振型，此时只要在结构上布置足够多的测点，同时记录它们在振动过程中的幅值和相位差就可得到此时结构的振型，但要注意布置传感器密集度，否则容易判错振型的阶数。利用此方法可对简单的结构进行某些特定振型定性的测量，若要得到系列振型的精确结果，要利用模态分析法进行分析。

如图 9-17 所示，一简支梁的 5 个测点测到的波形，先测出各点的幅值，再以某一测点为基准测出其他 4 个测点的相位差，即可画出振型曲线。

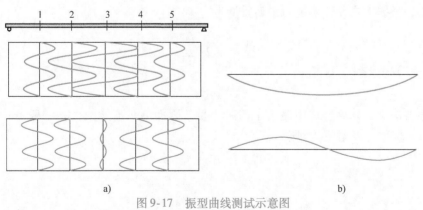

a)　　　　　　　　　　　　　　　　　　b)

图 9-17　振型曲线测试示意图

a）幅值和相位　b）振型图

9.7   质量或刚度的测量

本节讨论单自由度系统的质量或刚度的测量。由于许多单自由度系统，可能是实际结构在一定条件下的简化，这种实际结构简化模型的质量和刚度，很难用计算得到，而必须用测量方法来求。

9.7.1   附加质量法

附加质量法是求取系统质量的一种简便方法，在系统上附加一已知小质量 Δm，由于附加质量的原因，此时系统的固有频率 p_n 有一增量 $\Delta \omega$，根据振动理论得

$$(p_n + \Delta\omega)^2 = \frac{k}{m + \Delta m}$$

$$(p_n + \Delta\omega)^2(m + \Delta m) = k$$

$$[p_n^2 + 2p_n\Delta\omega + (\Delta\omega)^2](m + \Delta m) = k$$

上式展开后略去 $\Delta m \Delta \omega$ 的二次以上小量后得

$$mp_n^2 + 2mp_n\Delta\omega + p_n^2\Delta m = k$$

由于

$$k = p_n^2 m \tag{9-22}$$

代入上式得

$$m = -\frac{p_n}{2}\frac{\Delta m}{\Delta\omega} \tag{9-23}$$

测试步骤为：

第一步，用正弦激振法或自由振动法求出系统的固有频率 p_n。

第二步，在系统上附加一已知小质量 Δm，再用同第一步一样的方法测系统的固有频率。由于附加质量的原因，此时系统的固有频率有一增量 $\Delta \omega$，即

$$p_{n1} = p_n + \Delta\omega$$

第三步，根据下式计算系统的振动质量为

$$m = -\frac{p_n}{2}\frac{\Delta m}{\Delta\omega} \tag{a}$$

该系统的刚度则由下式计算

$$k = p_n^2 m \tag{b}$$

在上述方法中，计算公式中略去了高阶小量，因而 Δm 不能太大，一般 $\Delta m/m$ 应小于 0.05。若 Δm 较大，根据振动理论

$$k = p_n^2 m = p_{n1}^2(m + \Delta m)$$

得

$$(p_n^2 - p_{n1}^2)m = p_{n1}^2\Delta m$$

所以

$$m = \frac{p_{n1}^2 \Delta m}{p_n^2 - p_{n1}^2} \tag{c}$$

$$k = p_n^2 m = \frac{p_n^2 p_{n1}^2 \Delta m}{p_n^2 - p_{n1}^2} \tag{d}$$

式中，p_n 为第一步测量所得的系统固有频率；p_{n1} 为第二步即附加 Δm 后测得的系统固有频率。为使这两个计算公式更准确一些，可采用较大的 Δm。

9.7.2 频响曲线法

运用加速度频响特性曲线求刚度系数 k。测量单自由度系统频响特性曲线的线路框图如图 9-18a 所示。激振力和响应分别由力传感器和加速度计测量。测出力和响应可得到如图 9-18b 所示的频响特性曲线，其纵坐标为 A/F（A 为加速度幅值，F 为激振力幅值），横坐标为激振圆频率 ω。共振圆频率 p_d、阻尼比 ζ 可根据前面的有关公式求出。若 p_d 所对应的纵坐标为 $Y(p_d)$，则单自由度系统的质量和刚度系数为

$$m = \frac{1}{2\zeta Y(p_d)} \tag{9-24}$$

$$k = p_n^2 m \tag{9-25}$$

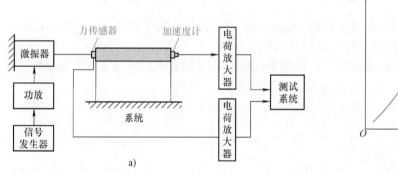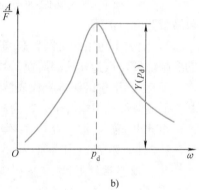

图 9-18　频响曲线测试示意图

a）幅频特性曲线测量　b）单自由度系统的加速度频响曲线

9.8　周期振动的参数测量方法

一般振动系统的振动成分很复杂，可能包含多种频率成分，对此情况进行分析的方法也多种多样，如波形分析法、傅里叶变换法等。对于多自由度系统的固有频率和阻尼系数的测量也有许多方法，如前面介绍的小波变换法、实验模态分析法等。具体应用什么方法要根据测试条件确定。下面介绍一下较简单的波形分析法和小波变换法。

9.8.1　波形分析法

如果测试的振动波形不太复杂，通常可用简单的波形分析求出主要谐波分量的频率和振幅。所以掌握波形分析的简单方法是十分必要的。下面以波形的频率分析为主，至于振幅的值只要求出波形的高度再除以仪器的放大倍数就确定了。一般波形分析的简单方法又称为包络线法。

对于接近正弦波的曲线，可以方便地确定其振动频率和幅值。而有些合成波，比简单波形复杂一些，但其波形变化有一定规律，它的包络线有一定的趋向，这时就可用包络线法进行分析处理。

1. 两种频率值相差较大时组成的合成波

当波形中两种频率值相差较大时，即其中一个波的频率为另一个波的频率的 5 倍或 5 倍以上时，波形如图 9-19 所示。

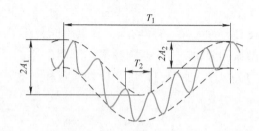

图 9-19　两个频率相差较大时组成的波形示意图

这种波形有下列几个特点：

1）上、下包络线形状相同，都是正弦波。

2）上、下包络线间距为一恒值，即包络带宽为一恒值。

3）上、下包络线之间较高频率的波近似于正弦波，若包络线带宽为 $2A_2$，则 A_2 代表它的振幅峰值，T_2 为其振动周期，频率为 $f_2 = 1/T_2$。

4）上、下包络线本身代表波形中较低频率的波，其峰到谷的振幅峰 – 峰值为 $2A_1$，则 A_1 为低频波形的振幅峰值，T_1 为其振动周期，频率为 $f_1 = 1/T_1$。

由此可知，此波形是由高频成分（频率为 f_2、振幅为 A_2）的波与低频成分（频率为 f_1、振幅为 A_1）的波组合而成的复合振动波。

2. 两种频率相近时组成的合成波

当组成合成波的两种频率相近时，振动合成波会呈现拍的现象。例如，火车通过桥梁时，在火车的强迫激振频率接近于桥梁固有频率时将产生拍振现象，如图 9-20 所示。这时两种波的频率的关系一般为

$$0.85f_1 \leqslant f_2 \leqslant 1.25f_1 \tag{9-26}$$

由此可知，两种正弦波合成的拍可用包络线法分析处理。这种拍振合成波有如下特点：

1）上、下包络线近似正弦，但相位相反，呈反对称。

2）包络线带宽周期性地变化，其变化频率为其组成合成波的两个分波的频率之差。

3）合成波频率或称名义频率，在一般情形下就是大振幅主波的频率。

4）拍的腹部（即最大振幅处）和腰部（最小振幅处）相邻峰（波峰或波谷）的距离 $L_腹$ 和 $L_腰$ 决定于两个组成波的频率关系。若大振幅波频率为 $f_主$，小振幅波频率为 $f_次$，则 $L_腹 < L_腰$ 时，$f_次 > f_主$，如图 9-20a 所示，$L_腹 > L_腰$ 时，$f_次 < f_主$，如图 9-20b 所示。

5）拍的腹部是由两个组成波的瞬时同相产生的，而腰部是两个组成波的瞬时反相产生的。

6）包络线最大带宽等于两个组成波振幅之和，最小带宽为两组成波振幅之差。

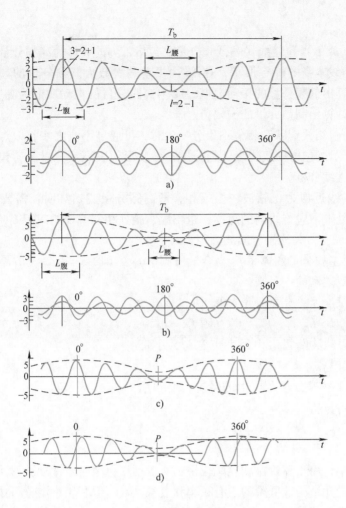

图 9-20　拍振波形图

a) $2\cos 5t + \cos 6t$　b) $2\cos 5t + 3\cos 6t$

c) $3.6\cos 5t + 2.5\cos 6t$　d) $3.6\sin 5t + 2.5\sin 6t$

7）组成波的相位对拍的形状影响很大。如取拍的幅值最大点的相位 0°处为坐标原点，则两组波在 0°同时达最大值，如图 9-20c 所示，则此曲线可用余弦函数表示，拍相对于 $t = 180°$的点 P 为正对称（偶函数）函数；如两组成波在 0°处同时为零值时，如图 9-20d 所示，则此曲线可以用正弦函数表示，拍在 $t = 180°$时的瞬时值为零，它相对于 P 点为反对称（奇函数）函数。

由此可知，当两个组成波的波形的频率比不同、幅值比不同、单频相位角不同时，其包络线的趋向是较复杂的，进行波形分析的难度较大。

3. 包络线法分析和处理数据的步骤

用包络线法分析合成波的分量频率和幅值时，可按下述步骤进行：

1）做出上、下包络线。

2）检查波形的特征及波形峰谷的分布，读出在低频一个周期内所具有的高频波峰数。

3）若上、下包络线形状相同，相位一致，则属于第一种简单情况，包络线内只有一个高频分量。

4）则其上（或下）包络线代表低频分量，包络带内的波形为高频分量。

5）根据包络线本身的峰谷形状，在 1s 内振动的次数为低频分量的频率值。由包络线峰 – 峰幅值可计算出低频分量的振动幅值。1s 内高频分量的振动次数为高频分量的频率值，由包络线带宽可计算出高频分量的振幅值。

6）若上、下包络线形状和相位不十分一致时，可通过小波之峰谷中点连线做出包络中线，如图 9-21 所示。包络中线代表低频分量，小波形代表高频分量。若包络中线不近似为正弦曲线时，要继续分析。

7）若两包络线近似为正弦波，但反相，即高频分量成拍频时，需要确定腹和腰的位置，量出腹和腰处上下包络线间的距离，量出腹、腰处相邻波峰的间距 $L_腹$ 和 $L_腰$，量出拍周期 T_b，可求得拍频 f_b，并读出合成波频率 $f_合$。

8）组成波形主要分量的频率 $f_主$ 为合成波频率 $f_合$，即 $f_合 = f_主$。其波峰幅值由包络线最大带宽与最小带宽之和的一半来计算。

9）当 $L_腹 < L_腰$ 时，次要分量的频率 $f_次 > f_主$，$f_次 = f_主 + f_b$。当 $L_腹 > L_腰$ 时，$f_次 < f_主$，则 $f_次 = f_主 - f_b$，次要分量的振动波峰幅值由最大带宽与最小带宽之差的一半来计算。

对于具有 3 个频率分量及以上的情况，要利用傅里叶变换法进行分析。

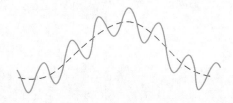

图 9-21　包络中线示意图

9.8.2　小波变换法

在振动实验中，由于高阶振动衰减较快，所以利用自由衰减振动波形法测量得到的固有频率和衰减系数是此结构最低阶的固有频率和衰减系数。但利用小波分析法，可对冲击激励引起的自由衰减振动信号进行小波分解，可得到结构各阶振动响应信号的成分，进而可得到前几阶振动的固有频率及衰减系数。其方法是采集冲击激励作用下结构振动的加速度信号，利用小波分析技术对线性叠加在一起的多阶振动加速度响应信号进行多层小波分解，提取各阶单一频率振动信号，得到由各阶衰减振动加速度信号的时程曲线图，利用自由衰减振动波形法识别结构各阶固有频率及衰减系数。其识别流程如图 9-22 所示。

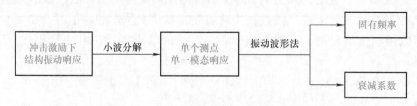

图 9-22　基于小波分析的模态参数识别流程

以图 9-23 所示的简支梁为例，在图 9-23 的 4 号点施加敲击冲击激励，同时测出 4 号点的振动加速度响应曲线，其时间历程曲线及频谱图如图 9-24 所示，由此可知，其时间历程信号是由 3 个频率信号组合而成的。经小波变换分解后，得到的前三阶频率的时间历程与频谱图，如图 9-25 所示。利用自由衰减振动波形法对其进行计算，得到结构第一阶固有频率

为 $f_1 = 13.164\text{Hz}$，衰减系数为 $n = 1.95$，可求得第一阶振动的阻尼比为 $\zeta_1 = 2.36\%$。同理，可以得到结构第二阶固有频率为 $f_2 = 45.45\text{Hz}$，阻尼比为 $\zeta_2 = 6.85\%$；第三阶固有频率为 $f_3 = 93.75\text{Hz}$，阻尼比为 $\zeta_3 = 3.06\%$。

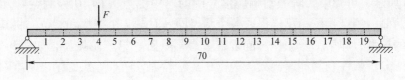

图 9-23　简支梁示意图（单位：cm）

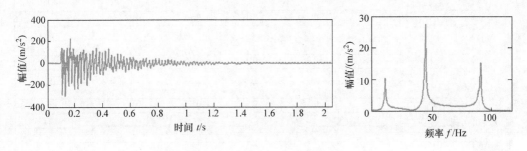

图 9-24　测点的加速度信号及频谱图

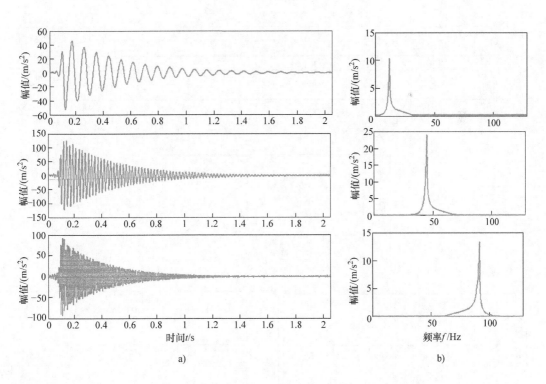

a)　　　　　　　　　　　　　　　b)

图 9-25　测点的加速度信号各子带重构信号及频谱图

a）各子带重构信号　b）各子带重构信号频谱图

如果在结构上布置足够的传感器，同时记录它们在振动过程中时间历程曲线，再对每个传感器的时间历程进行小波分解，则可得到各个传感器在同一时刻的同一阶的衰减曲线，根据同一时刻的幅值和相位即可得到结构前几阶的振型图。若设置 7 个测点，分解到第三阶频率，则可得 21 个衰减曲线，以第二阶频率 $f_2 = 45.45\,\text{Hz}$ 时为例，此时经小波分解的衰减曲线如图 9-26 所示，可知第二阶振动响应信号中的跨中测点（即 10 号测点）几乎为零，位于跨中位置两侧的测点相位相反，提取各个测点同一时刻 7 个振幅和相位，将其进行归一化即得到该阶的振型，即第二阶振型。同理，可得第一阶、第三阶振型，如图 9-27 所示。同时，通过模态分析软件利用传递函数法进行了实验验证，两种方法的结果基本吻合。

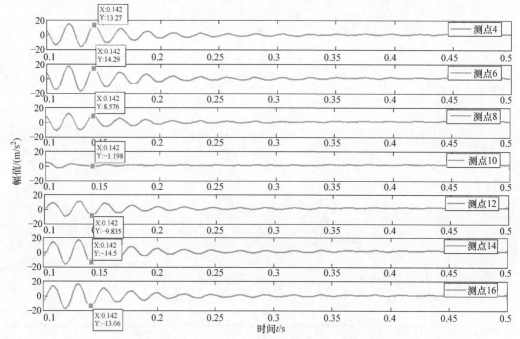

图 9-26　小波分解后 7 个测点的第二阶衰减信号

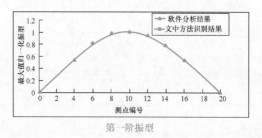

第一阶振型

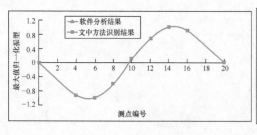

第二阶振型

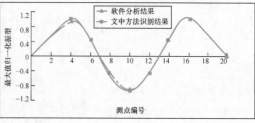

第三阶振型

图 9-27　前三阶振型识别结果

　　但应注意，要得到更高阶的振型，必须要有更多的测点，且冲击激振力不要作用在所测振型的节点上。

　　结果表明，该方法可以对结构前几阶基本振动参数（频率、振型和阻尼比）进行有效测试，同时该方法只需对结构施加一次冲击激励，且不需要对冲击力进行测量，操作简便，概念清晰。从而也说明由冲击激励下产生的振动信号是线性叠加的组合，只是在一般情况下，由于高阶衰减振动信号衰减较快，不容易看到，看到的只是结构最低阶的振动信号而已，也验证了冲击激励中，可以同时激发多阶振动响应的线性叠加原理。

习　　题

9-1　简述简谐振动基本参数（频率、振幅、相位）的几种测量方法及原理。

9-2　简述数字式频率计、相位计的工作原理。

9-3　波形分析适用于分析哪些波形？

9-4　测试固有频率有几种方法？

9-5　测试衰减系数有几种方法？

9-6　对多自由度参数识别有几种方法？

9-7　对系统的质量和刚度如何测量？

9-8　对连续弹性体的前几阶低阶振型如何测试？

第 10 章
表面振动波的非接触测试方法

非接触式测量方法是目前发展较快的一种方法，由于其没有附加质量，对轻薄结构不会产生很大的影响，从而避免了接触对试件的损毁，同时又能实现高温高压等恶劣条件下的测试，在一些特殊的领域得到广泛的应用，如薄膜的振动、液体表面振动的测量等。

10.1 云纹法

云纹法是在 20 世纪 60 年代兴起的测量物体全场变形的测量技术。最初的云纹法又称叠栅干涉法，它是把一个栅片牢固地粘贴在试件表面，当试件受力而变形时，栅片也随之变形。将另一个不变形的栅板叠加在栅片上，栅板和栅片上的栅线便因几何干涉而产生条纹，即云纹。云纹法就是测定这类云纹并对其进行分析，从而确定试件的位移场的方法。根据测试原理的不同，可以分为阴影云纹法、投影云纹法、折射云纹法等。其特点是：可直接获得整个面积位移场分布，对材料无特殊性能要求，方法较简便，记录信息迅速，便于使用计算机分析等；可适用于各种不同性质的变形量的测量，有广阔的应用前景。下面我们将分别简单介绍有关方法。

10.1.1 阴影云纹法

将一平行光栅置于物体表面，并用一束与光栅表面法线夹角为 γ 的光线照射，设观测方向与光栅表面法线夹角为 φ，如图 10-1 所示。

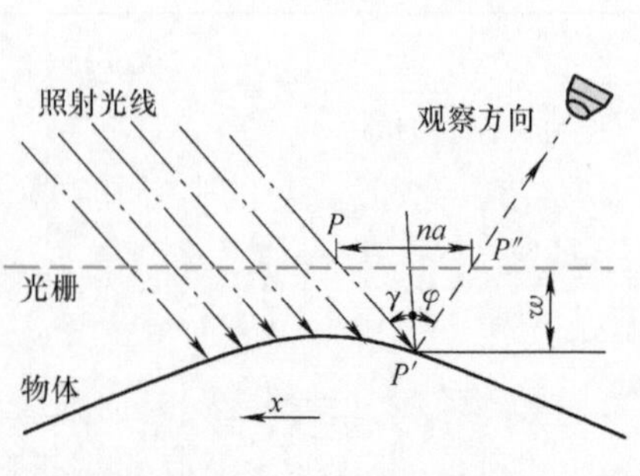

在远处观测，从 P 点入射的光线（假想 P 点为光栅透光量最大点），由物体表面 P' 反射，经 P''（亦为光栅上透光量最大点）为观测者所接收，则形成亮点，一系列这样的亮点形成了亮条纹。它们必然满足以下的几何关系：

图 10-1 阴影云纹法原理图

$$PP'' = na \qquad (10-1)$$

式中，a 为光栅的节距；n 为整数，$n = 0, 1, 2, \cdots$。由几何关系

$$na = w\tan\gamma + w\tan\varphi = w(\tan\gamma + \tan\varphi) \tag{10-2}$$

可解得

$$w = \frac{na}{\tan\gamma + \tan\varphi} \tag{10-3}$$

式中，w 即为物体上的点的高度。

如果按时间序列记录下在不同时间的位移高度，这种方法理论上可以用来测量薄膜和液体表面的振动，但是需要反射光线非常强，才能形成云纹。

该方法测量精度较低，同时由于制作大面积的光栅很困难，所以阴影云纹法只适用于小范围的测量。

10.1.2　投影云纹法

将一光栅投射到物体表面，用摄像机记录下由于物体表面不平而引起变形的栅线，再与未变形的栅线叠加，产生几何干涉云纹条纹图，分析云纹图就可以得到物体表面的等高线分布图。此法称为投影云纹法，如图 10-2 所示。

假设光栅频率为 f，栅距为 a，光栅投射到平面上的光强分布可以表达为

$$I = A\cos2\pi fx \tag{10-4}$$

其中 A 为光强的幅值，此时记录的为平行条纹。光栅投射到曲面上的光强分布为

$$I' = A\cos[2\pi f(x - w\tan\alpha)] \tag{10-5}$$

此时记录的是变形了的光栅，w 为各点的高度。将两幅底片重合在一起，将会出现明暗相间的条纹。透过的光强分布乘积为

$$I \cdot I' = A^2\cos2\pi fx\cos[2\pi f(x - w\tan\alpha)]$$
$$= \frac{A^2}{2}[\cos2\pi f(2x - w\tan\alpha) + \cos(2\pi fw\tan\alpha)] \tag{10-6}$$

式（10-6）中的第一项是高频光栅背景，第二项即为所见到的条纹，明条纹满足的条件为

$$2\pi fw\tan\alpha = 2n\pi \tag{10-7}$$

式中，$n = 0，1，2，\cdots$；f 为光栅频率，是栅线节距 a 的倒数，因此条纹级数 n 与高度 w 之间存在以下关系：

$$w = \frac{n}{f\tan\alpha} \quad 或 \quad w = \frac{na}{\tan\alpha} \tag{10-8}$$

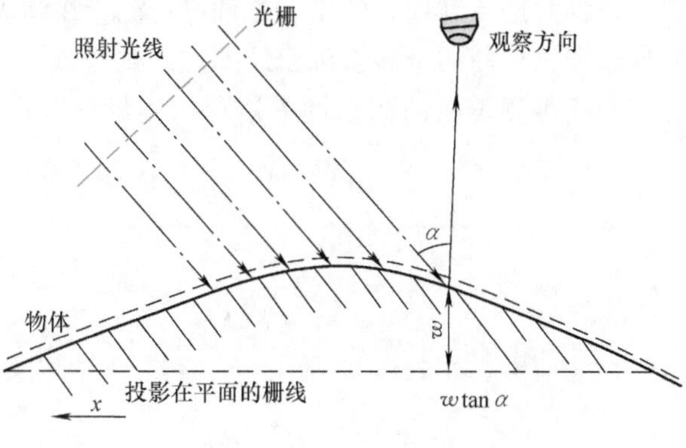

图 10-2　投影云纹法原理示意图

当按时间序列记录下不同时间的高度 w 时，即得到了表面的振动波形。投影云纹法可以用于大视场测量。

10.1.3　折射云纹法

当被测物体都透明时可应用折射云纹法，如被测物体为玻璃缸中水面振动时，就具备这

样的条件。在实验中将栅板置于被测物体的底部，利用光的折射来测量物体表面的三维外形的变化，其工作原理如图 10-3 所示。

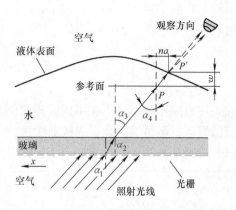

图 10-3　折射云纹法测物体表面高度示意图

对于从底部入射一束平行光线，其入射角为 α_1，如图所示。根据光学理论，n_1 为空气的折射率，n_2 为玻璃的折射率，n_3 为水的折射率，得到入射光线与反射光线的关系为

$$\frac{\sin\alpha_1}{\sin\alpha_2} = n_2 \qquad (10\text{-}9\text{a})$$

$$\frac{\sin\alpha_2}{\sin\alpha_3} = n_3 \qquad (10\text{-}9\text{b})$$

得到

$$\sin\alpha_3 = \frac{\sin\alpha_1}{n_2 n_3} \qquad (10\text{-}10\text{a})$$

$$\alpha_3 = \alpha_4 \qquad (10\text{-}10\text{b})$$

根据三角形中的关系，得到

$$\tan\alpha_4 = \frac{na}{w} \qquad (10\text{-}11)$$

将以上关系式代入，解得

$$w = \frac{na \sqrt{(n_2 n_3)^2 - \sin^2\alpha_1}}{\sin\alpha_1} \qquad (10\text{-}12)$$

以上几种方法是利用光的干涉原理进行测量物体表面波的振动情况，方法较简便，都是通过基准栅和试件栅的干涉得到云纹图。云纹图像的分析处理包括跟踪云纹中心线、确定云纹级数、判断被测表面的凹凸性等过程，测量精度低。若进一步提高测量精度，还需进行改进。

10.2　傅里叶变换莫尔法

10.2.1　傅里叶变换莫尔法的计算方法

傅里叶变换莫尔法是利用参考栅和变形栅两个光栅叠加进行计算的一种测试方法，具有较高的精度。因为它在全场区域内的每个像素间均可给出高度分布的信息，还具有不需要进行条纹间的插补、不需要条纹级数判断和条纹中心的确定之优点，将傅里叶变换莫尔法用于固体表面变形的测量是比较通用的方法，但直接将此方法应用于流体表面波的测量却是非常困难的，所以对此方法进行了改进。首先利用计算机生成光栅图像，光栅图像经投影仪直接投影到被测物体的参考平面，经 CCD 摄像头高速摄影、由图像采集板捕捉将其存储形成数字化的光栅图像，经傅里叶变换为在空间频率域处理的光栅图像，然后再对流体自由表面波的幅值进行定量测量。

　　傅里叶变换莫尔法的测试光学系统如图 10-4 所示，参考平面为一假想的平面，系指当被测物体静止不动时壳液耦合系统中的静止液面。当液体表面静止不动为一平面即 $h(x, y) = 0$ 时，光栅图像可用傅里叶级数表示为

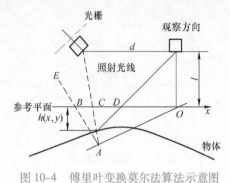

图 10-4　傅里叶变换莫尔法算法示意图

$$g_0(x, y) = r(x, y) \sum_{n=-\infty}^{+\infty} A_n \exp\{i[2\pi n f_0 x + n\phi_0(x)]\}$$

$$(10-13)$$

其中

$$\phi_0(x) = 2\pi f_0 s_0(x) = 2\pi f_0 \overline{BC} \tag{10-14}$$

当液体表面变化后即 $h(x, y) \neq 0$ 时，则光栅图像随 $h(x, y)$ 的变化而变形，此时，该变形光栅图像用傅里叶级数可表示为

$$g(x, y) = r(x, y) \sum_{n=-\infty}^{+\infty} A_n \exp\{i[2\pi n f_0 x + n\phi(x, y)]\} \tag{10-15}$$

式中，

$$\phi(x, y) = 2\pi f_0 s(x, y) = 2\pi f_0 \overline{BD} \tag{10-16}$$

在式中，$r(x, y)$ 为物体表面非均匀分布的反射率；f_0 为观察到的光栅像的基频；A_n 表示各个频率分量所占的权重；$\phi(x, y)$ 和 $\phi_0(x, y)$ 是变形后和变形前的调制相位。待测物体的高度信息是根据变形光栅的相位变化信息来恢复的，因此我们需要从光栅图像中获得相位变化信息。即由于式（10-13）、式（10-15）中的相位有与位移有关的信息，若从中求解出振动波形，需首先从光栅图像中获得相位 $\phi(x, y)$。对式（10-15）进行一维傅里叶变换得到的频谱表达式为

$$G(f, y) = \int_{-\infty}^{+\infty} g(x, y) \exp(-2\pi i f x) \, dx = \sum_{n=-\infty}^{+\infty} Q_n(f - n f_0, y) \tag{10-17}$$

式中，$G(f, y)$ 和 $Q_n(f - n f_0, y)$ 分别为 $g(x, y)$ 的一维傅里叶变换谱和第 n 个谱分量。如图 10-5 所示，当投影光栅为理想正弦光栅时，光条纹的傅里叶变换频谱中仅有代表背景的零频分量和代表有用相位信息的基频分量；实际测量中，采用的光栅不可能是理想正弦光栅，只能是准正弦光栅，加上噪声的影响，条纹图像的频谱中除了有代表背景的零频分量和代表有用相位信息的基频分量之外，还有代表高频噪声的高次谐波分量。背景频谱和高频噪声频谱都是无用信息，需要被滤除，只有基频分量才是需要提取的有用信息。并且由于在大多数情况下，$r(x, y)$ 和 $\phi(x, y)$ 比光栅图像基频 f_0 变化慢很多，因此 $Q_n(f - n f_0, y)$ 是相互分离的，所以只选择一个谱 $Q_1(f - f_0, y)$，将其偏移 f_0 至原点同时去除其他成分，计算其傅里叶反变换，可获得滤波后的图像信号 $\hat{g}(x, y)$，这一过程也称为滤波过程。$\hat{g}(x, y)$ 的表达式为

$$\hat{g}(x,y) = A_1 r(x,y) \exp[i\phi(x,y)] \tag{10-18}$$

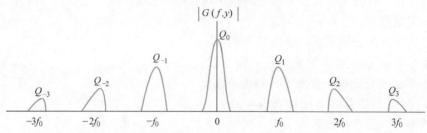

图 10-5　频率截取示意图

对式（10-13）做同样的滤波计算得

$$\hat{g}_0(x,y) = A_1 r_0(x,y) \exp[i\phi_0(x,y)] \tag{10-19}$$

由式（10-18）和式（10-19）的共轭函数相乘可产生一个新的信号，其表达式为

$$\hat{g}(x,y)\hat{g}_0^*(x,y) = |A_1|^2 r(x,y) r_0(x,y) \exp\{i[\Delta\phi(x,y)]\} \tag{10-20}$$

其中，$\hat{g}_0^*$ 表示 $\hat{g}_0$ 的共轭。由图 10-4 可知，相位的变化 $\Delta\phi(x,y)$ 可写为

$$\Delta\phi(x,y) = \phi(x,y) - \phi_0(x,y) = 2\pi f_0(\overline{BD} - \overline{BC}) = 2\pi f_0 \overline{CD} \tag{10-21}$$

由于式（10-20）产生的信号是一个复信号，其指数函数的虚部中包含高度信息，因此对式（10-20）取复对数

$$\log[\hat{g}_1(x,y)\hat{g}_0^*(x,y)] = \log[|A_1|^2 r(x,y)] + i\Delta\varphi(x,y) \tag{10-22}$$

即可得到由表面高度变化引起的相位变化量。

采用傅里叶变换莫尔法计算的只是相位的主值，其值域为 $[-\pi, \pi]$，相位不连续，如图 10-6 所示，而实际的液体表面应该是一个连续的表面，即为连续值，如图 10-7 所示。为了获得连续的相位变化，必须将其相位恢复为连续值，这一过程称为解包裹处理。在相位解包裹过程中，如果所用的方法不当，只要有一个点是错的，则其他的点就全部不正确，从而引起恢复图形的错误，也就是"拉线效应"。

若相位计算正确，由几何关系可以得到表面高度的表达式为

$$h(x,y) = \frac{l\Delta\phi(x,y)}{\Delta\phi(x,y) - 2\pi f_0 d} \tag{10-23}$$

图 10-6　去包裹前的相图

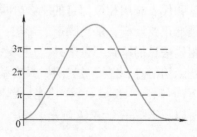

图 10-7　去包裹后的相图

10.2.3　傅里叶变换莫尔法的适用范围

为了讨论在傅里叶变换莫尔法中避免频谱混叠现象出现的条件，首先引入瞬时频率的表达式

$$f_n = nf_0 + \frac{n}{2\pi}\frac{\partial \phi(x,y)}{\partial x} \tag{10-24}$$

式中，f_n 表示 n 级频谱，为了正确恢复三维物体的表面形状，基频分量与零级和高级频谱必须分离，其要满足的条件为

$$(f_1)_{\min} > f_b, \quad (f_1)_{\max} < (f_n)_{\min} \quad (n > 1) \tag{10-25}$$

式中，f_b 是频率轴上零级频谱的最高频率。在正弦光栅投影的情况下，无高级频谱存在，所以一个周期内频谱的分离条件是基频分量与零级频谱分离。为了防止频谱出现混叠现象，有高度调制引起的相位变化率必须满足

$$f_0 - \frac{1}{2\pi}\left|\frac{\partial \phi(x,y)}{\partial x}\right|_{\max} > f_b \tag{10-26}$$

化简式（10-26）得到

$$\left|\frac{\partial \phi(x,y)}{\partial x}\right|_{\max} < 2\pi(f_b - f_0) \tag{10-27}$$

10.2.4　中值滤波

对于采集到的实验图像，不可避免地会有噪声存在，不论是随机噪声还是系统噪声都会扰乱条纹图的光强分布，使得条纹图像的质量降低，甚至得出错误的结果。因此为了提高测量的精度，需要在提取图像数字频谱中的基频分量之前对图像进行处理，即中值滤波，以降低噪声，提高图像质量。这个过程通常称为图像预处理。

中值滤波是一种有效的处理方法，用它来抑制图像的噪声而不使边缘模糊。在一维情况下，中值滤波是取一个移动的窗口，它含有奇数个像素，在图像上从左到右，然后再从上到下进行扫描滤波。确定窗口后，对应窗口中心像素的灰度值用窗口内各像素灰度的中间数值来代替。一维的概念可推广到二维，但窗口形式可以有十字形、矩形、方形，窗口的像素总数应为奇数，这样可以取中值，通常采用十字形或方形。设二维图像为 f_{ij}，$(i,j) \in \mathbf{N}^2$，窗口大小为 $A = m \times n$，其中值为

$$g_{ij} = median(f_{ij}) \quad (i, j \in \mathbf{N}^2) \tag{10-28}$$

$\mathbf{N}$ 表示所有自然数的集合。中值滤波对于抑制随机点状噪声效果较好，但随着窗口的扩大，有效信号损失也明显增大，为了达到最佳效果，窗口的选择可以从小到大进行调试，以兼顾两者达到最佳效果为止。

10.2.5　傅里叶变换和离散傅里叶变换

在图像处理中可以通过傅里叶变换提取图像特征和增强图像。图像是二维函数，因此在图像处理中常用二维傅里叶变换，假设函数 $f(x,y)$ 满足下列条件，并具有有限个间断点和极值点且绝对可积，则二维傅里叶变换为

$$F(u,v) = \int_{-\infty}^{+\infty}\int_{-\infty}^{+\infty} f(x,y)\exp[-j2\pi(ux+vy)]\mathrm{d}x\mathrm{d}y \tag{10-29}$$

$$f(x,y) = \int_{-\infty}^{+\infty} \int_{-\infty}^{+\infty} F(u,v) \exp[\,j2\pi(ux + vy)\,] \mathrm{d}u\mathrm{d}v \qquad (10\text{-}30)$$

通常图像经采样后是一个离散函数，则离散函数的傅里叶变换为

$$F(u,v) = \frac{1}{N} \sum_{x=0}^{N-1} \sum_{y=0}^{N-1} f(x,y) \exp[\, -j2\pi(ux + vy)/N\,] \qquad (10\text{-}31)$$

$$f(x,y) = \frac{1}{N} \sum_{x=0}^{N-1} \sum_{y=0}^{N-1} F(u,v) \exp[\,j2\pi(ux + vy)/N\,] \qquad (10\text{-}32)$$

式中，u，$v = 0$，1，2，$\cdots$，$N-1$；x，$y = 0$，1，2，$\cdots$，$N-1$。

10.2.6 频域处理

频域法的基本途径是对图像 $f(x,y)$ 进行傅里叶变换得到频谱 $F(u,v)$，然后根据图像的要求设计适当的传递函数 $H(u,v)$，数字滤波方法修改后的图像与传递函数相乘可得到经数字滤波方法修改后的图像的频谱

$$G(u,v) = H(u,v)F(u,v) \qquad (10\text{-}33)$$

然后再把该图像频率谱 $G(u,v)$ 进行傅里叶逆变换，便可得到增强后输出的图像

$$g(x,y) = F^{-1}[H(u,v)F(u,v)] \qquad (10\text{-}34)$$

对图像频谱进行分析，可以分为幅值和相位两部分，其中图像的相位反映了图像的特征。频谱的原点代表图像灰度的平均值，即图像的平均亮度；靠近原点的区域为低频分量，代表图像中灰度变化缓慢的平滑区；远离原点的区域是图像的高频区，反映了图像灰度骤变的边缘区域。

10.3 工程应用实例

壳液耦合系统在受到高频激励时会产生大幅低频重力波，对于重力波的形貌和振动特性的测试，具有一定的特殊性。因为测试的是液体表面，所以不能安装传统的传感器，不能有附加质量和刚度。在保证不改变表面波性质的情况下，进行非接触式全场形貌测量。其次，因为流体透明、表面易产生镜面反射，给得到图像的表面信息增加了难度。重力波的测试属于动态测试，液体表面形状变化快。所以必须针对这些特点对分析和测量方法进行改进。

液体表面三维形貌的测量，总体来说，可以通过变形水面上图像的变形信息来分析液体表面的变形，计算液面的高度。下面以傅里叶变换莫尔法的应用为例，对弹性壳液耦合系统中的重力波进行测试，以获得液面的三维形貌。

实验系统框图如图 10-8 所示。其中的弹性壳体可以是矩形壳体、圆柱形壳体以及龙洗。电脑 2 产生数字光栅条纹通过投影仪投射，然后经过倾斜的反光镜照射在液体的表面。用激振器激振弹性壳体，当产生大幅重力波时，用高速的工业级 CCD 摄像机进行图像采集，并通过图像采集卡直接将数据采集到计算机中，记录下条纹的变化情况，通过采集得到液面运动时的图像，然后通过处理可得到液体表面高度变化的三维曲面时间历程。

1. 矩形壳液耦合系统的测量

对矩形弹性壳液耦合系统施加一定频率的水平激振力时，并且产生组合共振时，自由液

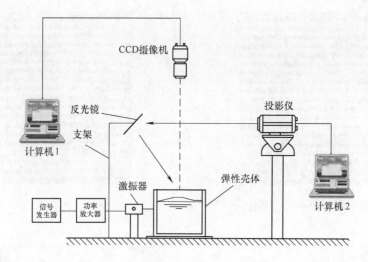

图 10-8　投影云纹法试验系统框图

面会产生大幅重力波现象。其矩形弹性壳为一个玻璃缸，长宽均为 150mm，外高 180mm，壁厚 4mm。

首先设计并安装好三维动态测量系统，利用 LCD 投影仪将数字光栅投射到静止的液面上，利用黑白 CCD 摄像机采集一幅静止时的图像作为参考液面的投影条纹图。然后对大幅重力波 CCD 摄像机对实验过程进行连续采集，捕捉整个重力波振动的动态过程。

然后利用计算软件对实验图像及数据进行处理，通过对连续的实验图像进行处理，即可获得重力波的三维高度信息，实现动态测量。下面是一些处理过程的实例。

首先采集了液面静止时条纹图像，如图 10-9 所示。然后连续采集重力波的动态图像，其中某一时刻的图像如图 10-10 所示。从中可以看到原始图像有很多无用信息和液面反射产生的亮点，所以必须通过截取有用的条纹信息和进行预处理，得到预处理后的图像，预处理后的静止图像如图 10-11 所示，预处理后的动态图像如图 10-12 所示。应用傅里叶变换莫尔法，经计算可得此图像的测试结果，如图 10-13 所示。与此时重力波的录像截图（图 10-14）基本吻合。

图 10-9　静止态原始图像

图 10-10　动态原始图像

图 10-11　预处理后的静止图像

图 10-12　预处理后的动态图像

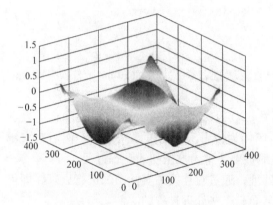

图 10-13　测量结果

图 10-14　重力波此瞬时的图像

　　前面讨论的是重力波中间隆起时，即重力波中心处于波峰位置时的条纹图像。同理，对中心处于波谷位置时的条纹图像进行处理，可得到此时的计算结果，如图 10-15 所示。

　　选取同一周期内的多幅图像进行计算，可以得到不同时刻的重力波的三维图形。例如，以图像中心点为例，绘制出了该点的时间历程，如图 10-16 所示。其中各点的精确高度值分别为 − 0.2888；0.6475；1.3234；1.3903；0.7962；− 0.1139；− 0.9083；− 1.2736；− 1.1145；− 0.5198；0.3606，单位为 cm。

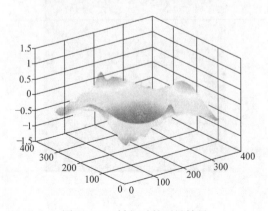

图 10-15　低谷时的测量结果

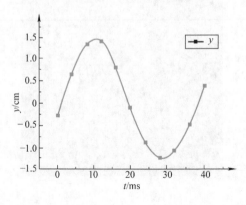

图 10-16　图像中心点的时间历程

　　所以，根据周期内各个时刻的重力波三维高度信息，我们可以轻松得到各个时刻的重力波形貌和任一点的时间历程，从而实现了液体表面振动波的动态测量。

2. 圆形壳液耦合系统的测量

　　对圆形弹性玻璃缸进行壳液耦合实验时，给圆形玻璃缸在水平方向加激振力，当激振力频率达到组合共振时，系统出现大幅重力波现象。如图 10-17 所示，与矩形壳液耦合系统的测量相似，这里只选取了两幅变形幅度较大的条纹图像进行处理，分别是重力波中心处于波峰和波谷时刻的条纹图像。

图 10-17　圆形壳液耦合系统

　　当重力波中心处于波峰位置时的条纹图像如图 10-18 所示，经傅里叶变换莫尔法计算可得液面的三维形貌图，如图 10-19 所示。

图 10-18　动态原始图像

图 10-19　测量结果

　　当重力波中心处于波谷位置时，其条纹图像如图 10-20 所示，经傅里叶变换莫尔法计算可得液面的三维形貌图，如图 10-21 所示。

图 10-20　动态原始图像

图 10-21　测量结果

　　选取同一周期内的多幅图像进行计算，可以得到不同时刻重力波的三维图形。即得到液面任一点的时间历程。

　　当激振力的频率达到一定条件时，液面可出现二阶重力波，当重力波中心处于波峰位置时，其条纹图像如图 10-22 所示，经傅里叶变换莫尔法计算可得液面的三维形貌图，如图 10-23 所示。同理，选取同一周期内的多幅图像进行计算，可以得到不同时刻二阶重力波的三维图形，也可得到液面任一点的时间历程。

图 10-22　动态原始图像　　　　　　　　　　　　　图 10-23　测量结果

　　通过以上应用实例可知，傅里叶变换莫尔法有许多优点，具有全场同时测量、数据获取速度快的特点，而且不需要扫描和相移装置，设备简单，容易实现，非常适合于计算机进行分析处理。采用数字滤波可以消除高次谐波引起的误差，自动判断物体表面的凹凸，不需要确定条纹级次，在参考平面已知的情况下，只需对一幅变形图的处理即可得到物体的所有像素点的三维形貌轮廓信息。虽然计算量相对较大，但是随着计算机软硬件的发展，使得对自由液面进行三维形貌动态测量成为可能。

　　傅里叶变换莫尔法也有一些缺陷，如对物体表面反射特性十分敏感，测量精度受物体表面各点反射系数不一致的影响较大。在实际测量中由于缸壁等的遮挡问题，使得图像采集系统无法得到部分区域的条纹信息，或者投影条纹不能分布到全场范围。受图像采集速度的影响，只适合解决低频振动的测量问题。

习　　题

10-1　液体表面波的测试有哪些难点？

10-2　非接触式测量方法有哪些优点？

10-3　简述利用傅里叶变换莫尔法测量的基本原理。

第 11 章
激光测振原理及应用

非接触式、高精度、实时性的测振技术一直是工程科学和技术领域中的重要实验测试手段。激光全息方法、激光多普勒测振是空间分辨率很高、非接触式新型的测量技术。

11.1 激光干涉基础

光源 S 处发出的频率为 f、波长为 λ 的激光束一部分投射到记录介质 H（如全息干板）上，光波的复振幅记为 E_1，另一部分经物体 O 表面反射后投射到记录介质 H 上，光波的复振幅记为 E_2。如图 11-1 所示。其中

$$E_1 = A_1\cos(2\pi ft + \varphi_1) \tag{11-1}$$
$$E_2 = A_2\cos(2\pi ft + \varphi_2) \tag{11-2}$$

式中，A_1 和 A_2 分别为光波的振幅；φ_1 和 φ_2 则分别是光波的相位。当 E_1 和 E_2 满足相干条件时，其光波的合成复振幅为 E，且

$$E = E_1 + E_2 = A_1\cos(2\pi ft + \varphi_1) + A_2\cos(2\pi ft + \varphi_2) \tag{11-3}$$

光强分布为 I，且

$$\begin{aligned}
I = |E|^2 &= A_1^2\cos^2(2\pi ft + \varphi_1) + A_2^2\cos^2(2\pi ft + \varphi_2) + \\
&\quad 2A_1A_2\cos(2\pi ft + \varphi_1)\cos(2\pi ft + \varphi_2) \\
&= A_1^2\cos^2(2\pi ft + \varphi_1) + A_2^2\cos^2(2\pi ft + \varphi_2) + \\
&\quad A_1A_2\cos(4\pi ft + \varphi_1 + \varphi_2) + A_1A_2\cos(\varphi_1 - \varphi_2)
\end{aligned} \tag{11-4}$$

式（11-4）的四项中，前三项均为高频分量。只有第四项为低频分量，且与物体表面的状态有关。第四项的含义是 φ_2 所代表的物体表面与 φ_1 所代表的参考面之间的相对变化量。在激光位移测量方法（全息干涉、激光散斑、云纹干涉、激光多普勒测振等）中，都是通过处理和分析物体表面与参考面（物体表面）在变形前后的相位变化、光强变化等，从而实现高精度的振动位移测量。

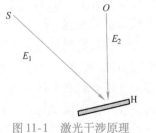

图 11-1 激光干涉原理

11.2　时间平均全息方法

激光测振以其非接触测量、精度高等优点，已在振动测量领域得到广泛应用。在全息干涉计量学中，时间平均全息方法首先在 1965 年由鲍威尔提出，可以测量和分析物体的微幅振动。对于在某一稳定频率下做简谐振动的物体，用连续激光照射，并在比振动周期长得多的时间内在全息干板上曝光，可将物体表面所反射的光与未做相位调制的参考光相叠加，将两束光的干涉图记录在全息干板上。其再现图像由反映节线和等振幅线组成的干涉条纹来表示振幅分布。这就是时间平均全息方法的测振原理。其时间平均全息图的重现图像的光强度按零阶贝塞尔函数的二次方分布。

$$I = KJ_0^2(\rho) \tag{11-5}$$

式中，J_0 为零阶贝塞尔函数；$\rho = \dfrac{2\pi}{\lambda}v(x,y)(\cos\theta_1 + \cos\theta_2)$，其中 $v(x, y)$ 为物体上某点的位移，θ_1 为振动方向和照明方向的夹角，θ_2 为振动方向和观察方向的夹角。如图 11-2 所示。

对于做简谐振动的物体，由于振动方向已知，所以在实验光路中将入射光和接收光往往设置成 $\theta_1 = \theta_2 = 0$，则式（11-5）变为

$$I = KJ_0^2\left(\frac{4\pi}{\lambda}v(x, y)\right) \tag{11-6}$$

当 $v(x, y) = 0$，$I = I_{\max}$ 时，对应的是明条纹。在该条纹的位置上是物体振动的节点。

当 $v(x, y) = 0.19\lambda$、0.43λ、0.68λ、$\cdots$，$I = 0$ 时，也就是干涉暗条纹。在该条纹的位置上是物体振动的最大振幅。

干涉图中其余点处的振幅值也可按照式（11-6）所示的规律相应地确定下来。

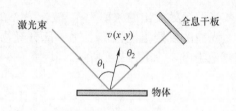

图 11-2　激光全息测振

在传统的全息方法中，将振动信息记录在全息干板上，进而做分析和处理。从式（11-5）和式（11-6）可知：当 $\rho = 0$ 时，I 值取极大值，即振幅为零的地方光强最亮，也就是振动节线处最亮。随着振幅变大，光强衰减开始很快，后来变得缓慢，同时，条纹的对比度也变差。

时间平均法的实验过程简单，节线清晰，因此在振动分析中广泛使用。本节中介绍的两个应用实例如下，图 11-3 表示的是周边固支圆板Ⅰ型、Ⅱ型和Ⅰ+Ⅱ混合型振型。其中的明条纹为节线位置。图 11-4 所示的是吉他的振型。

为了克服时间平均全息法的缺点，激光全息频闪方法采用与振动物体频率同步的激光频闪照明方法，在全息记录过程中，只记录物体的两个状态（振幅的极大值和极小值）。再现时，使这两个状态干涉产生相对位移分布，获得按余弦二次方分布的等振幅线干涉条纹。该干涉条纹不随振幅增加而衰减，缺点是振动节线不明显。该方法对非正弦振动也可以进行测量。

随着激光技术的飞速发展，多脉冲激光器发出的脉冲激光的光脉冲时间极短，约为几十纳秒，可以用来做全息振动测量的光源。

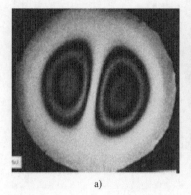 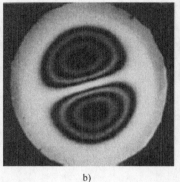 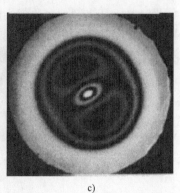

图 11-3 圆板的振动模态

a) Mode Ⅰ b) Mode Ⅱ c) Mode Ⅰ + Mode Ⅱ

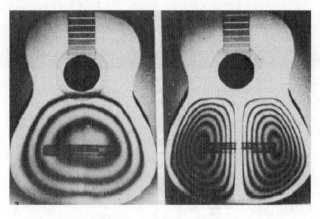

图 11-4 吉他的振动模态

11.3 激光多普勒效应

当波源向着接收器移动时，波源和接收器之间传递的波将发生变化，波长缩短，频率升高；反之，当波源背着接收器移动时，波源和接收器之间传递的波的波长将变长，频率会降低；这一现象是奥地利的物理学家多普勒（J. C. Doppler）于 1842 年首先发现的，称为多普勒效应。发生多普勒效应的波可以是声波，也可以是电磁波。电磁波和声波不同的是，电磁波的传播不需要介质，因此只是光源和接收器的相对速度决定了接收的频率。利用激光多普勒效应，不仅能测量固体的振动速度，而且也能测量流体（液体和气体）的流动速度。

11.3.1 激光多普勒测振原理

如图 11-5 所示，S 为光源，光的频率为 f，光速为 c。O 为光波接收器件（如雪崩式光电二极管），P 为速度为 V 的运动物体，且能反射光波；当波源和接收器保持相对静止时，

假设 n 是沿从光源到接收者光路上的波数或周期数，由图 11-5 可知，在无限小的时间间隔 δt 中，假定 P 移动到 P' 的距离为 $V\delta t$。在光程中周期数将减少为

$$-\delta n = \frac{PN}{\lambda} + \frac{PN'}{\lambda''} \qquad (11\text{-}7)$$

图 11-5　散射多普勒频移

其中 PN 和 PN' 分别是向 SP 和 PO 作的垂线，PP' 为无限小，λ 和 λ'' 是散射前后的波长。式（11-7）可表示为

$$-\delta n = \frac{V\delta t\cos\theta_1}{\lambda} + \frac{V\delta t\cos\theta_2}{\lambda''} \qquad (11\text{-}8)$$

由于 $f\lambda = f''\lambda'' = c$，并且

$$\Delta f_{\mathrm{D}} = f'' - f = -\frac{\mathrm{d}n}{\mathrm{d}t} \qquad (11\text{-}9)$$

则

$$\Delta f_{\mathrm{D}} = \frac{Vf\cos\theta_1}{c} + \frac{Vf''\cos\theta_2}{c} \qquad (11\text{-}10)$$

在一般情况下，不需要区分 λ 和 λ''，这样就得到一级近似的多普勒频移

$$\Delta f_{\mathrm{D}} = \frac{Vf}{c}(\cos\theta_1 + \cos\theta_2) \qquad (11\text{-}11)$$

接收器接收到的光波频率为 $f + \Delta f_{\mathrm{D}}$，频率偏移量为 Δf_{D}，也称多普勒频率，通常又可写成

$$\Delta f_{\mathrm{D}} = \frac{2Vf}{c}\cos\frac{\theta_1 + \theta_2}{2}\cos\frac{\theta_1 - \theta_2}{2} \qquad (11\text{-}12)$$

对于光波沿反向散射时，即光源和光波接收器件为一体时，如图 11-6 所示，$S = O$，$\theta_1 = -\theta_2$。因此，

$$\Delta f_{\mathrm{D}} = \frac{2Vf}{c}\cos\theta = 2\frac{V}{\lambda}\cos\theta \qquad (11\text{-}13)$$

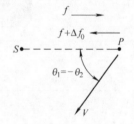

λ 为激光波长，当 $\theta = 0$ 时，

$$\Delta f_{\mathrm{D}} = \frac{2Vf}{c} = \frac{2V}{\lambda} \qquad (11\text{-}14)$$

由此可知，激光多普勒测振原理就是基于测量从物体表面微小区域反射回的相干激光光波的多普勒频率 Δf_{D}，进而确定该测点的振动速度 V。

图 11-6　激光多普勒效应

11.3.2　激光三维测振原理

工程中的许多结构和部件的振动是三维的。即物体表面某一点的振动（速度）可被分解成两个面内分量（V_x，V_y）和一个离面分量 V_z。当进行三维激光振动测量时，需要使用三束激光照射被测点。如图 11-7 所示。在光路布置中，光束 ZZ 沿 z 轴方向，用于测量 V_z，从而可得

$$V_{zx} = V_z\cos\theta + V_x\sin\theta \qquad (11\text{-}15)$$

$$V_{zy} = V_z\cos\psi + V_y\sin\psi \qquad (11\text{-}16)$$

由式（11-15）、式（11-16）解得速度分量为

$$V_x = \frac{V_{zx} - V_z\cos\theta}{\sin\theta} \qquad (11\text{-}17)$$

$$V_y = \frac{V_{zy} - V_z\cos\psi}{\sin\psi} \qquad (11\text{-}18)$$

由多普勒频移测量速度的最直接的方法是利用高分辨率的光谱仪分析来自振动物体的散射光。由于物体实际的振动速度比光速小得多,例如,当波长 λ 为 6328×10^{-10} m/s、振动物体的速度为 10m/s 时,可获得 He – Ne 激光的多普勒频移的最大值,按式(11-14)计算,可得 $\Delta f_D = 31.6$MHz,而激光本身的频率 f 很高(约为 4.74×10^{14}Hz),即 $\Delta f_D/f = 6.67 \times 10^{-8}$。因此,直接测量多普勒频率 Δf_D 是不可能的。而是当多普勒频移足够大时,可以借助于高分辨率的法布里 – 珀罗(Fabry – Perot)干涉仪进行测量。在一般情况下,大多数物体的振动速度所引起的多普勒频移在几十千赫兹至几十兆赫兹,超出了光谱仪的分辨率。这时需要借助于光学差拍及参考光技术来测量。

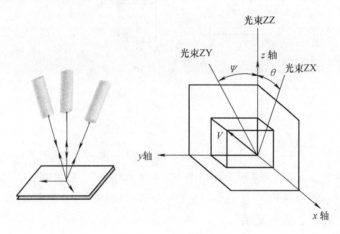

图 11-7　激光三维测振

11.4　激光多普勒光学信息处理

将物体表面的反射光(频率为 $f + \Delta f_D$)和参考光(频率为 f)相混合(相干),利用光探测器件接收相干光强,其拍频率等于 Δf_D。常用的光学干涉装置为迈克耳孙(Michelson)干涉仪,如图 11-8 所示。

激光束经过分光镜 BS 后被分成测量光束和参考光束,分光镜 BS 与参考平晶 M 和物体 O 的距离分别记为 X_R 和 X_M。相对应的光学相位分别为 $\Phi_R = 2kX_R$,$\Phi_M = 2kX_M$。式中 $k = 2\pi/\lambda$。$\Phi(t) = \Phi_R - \Phi_M$。参照激光干涉原理的分析,光探测器接收到的是与时间相干的光强信息,表达式为

$$I(t) = I_R I_M R + 2K\sqrt{I_R I_M R}\cos(2\pi\Delta f_D t + \Phi) \qquad (11\text{-}19)$$

式中,I_R 和 I_M 分别为参考光束和测量光束的光强;K 为合成有效系数;R 为表面反射系数。

$\Phi = 4\pi\Delta L/\lambda$，$\Delta L$ 为物体的振动位移，如果 ΔL 连续变化，光强 $I(t)$ 则呈周期性。ΔL 每变化 $\lambda/2$，Φ 则相应地改变 2π。Φ 的变化率正比于物体表面的振动速度。式（11-19）中包含了一个正比于总光强的直流项和一个正比于振幅 $A_1 A_2$ 或 $\sqrt{I_R I_M}$ 的差拍频率。由于接收器得到的信号具有正弦（余弦）特征，并不能直接确定振动方向。振动方向的确定通常有两种途径：

1）在激光干涉仪的一个干涉臂上引入固定的光学频移，如利用布喇格声光器件引入附加频移，从而得到一个虚拟的速度偏移量。

2）在干涉仪光路中，加入偏振元件和附加的光电接收器，这样，干涉仪就输出与原始输出相差 Φ 的新信号。

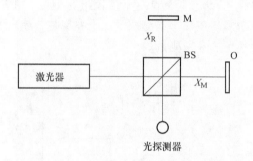

图 11-8 迈克耳孙干涉仪

在大多数情况下，人们更倾向于第一种方案。在干涉仪中通过声光调制器，在 40MHz 或更高的驱动频率下引入载波信号。该信号与"物体频率"相调制后，通过运算，确定出频率偏量相对于中心频率的符号和大小。这种类型的干涉仪称为外差干涉仪，如图 11-9 所示。引入附加频率 f_B 后，光强将变为

$$I(t) = I_R I_M R + 2K \sqrt{I_R I_M R}\cos(2\pi(f_B - \Delta f_D) \cdot t + \Phi)$$

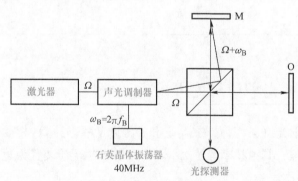

图 11-9 外差干涉仪

通过数字信号处理，可求得多普勒频移 Δf_D。外差方法有一些明显的优点：只有高频的交流信号能被传输，对各种电路环节中引入的噪声、信号预处理、非线性效应等有很好的解决效果，同时不影响激光多普勒成分的完整性。具体的信号分析原理和处理过程可以参考有关资料和文献。

在第二种方案中，如图 11-10 所示。在正交自差干涉仪中使用 $\lambda/8$ 波片、偏振分光器和辅助的光电探测器等。

该干涉仪的激光器发出的激光沿 45°偏振，参考光束臂的激光两次经过了 $\lambda/8$ 波片，这样就使得光返回分光器时成了圆偏振光，圆偏振光可以认为是两个相互垂直的线偏振光的矢量和。偏振分光器放置在光探测器 1 和光探测器 2 的前方，分别输出互相垂直的正弦和余弦信号。读者可以参考有关资料和文献了解具体的信号分析原理和处理过程。

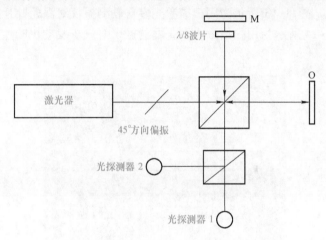

图 11-10　正交自差干涉仪

Polytec 公司的激光多普勒测振仪使用的是外差式干涉仪。在干涉仪的一个臂上使用了声光调制器，如图 11-11 所示。关于解码信号的详细内容，请参阅相关文献。

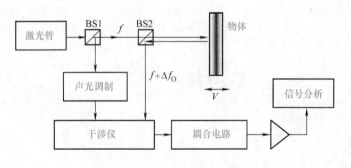

图 11-11　激光多普勒测振装置

11.5　激光多普勒测振仪的工程应用

由于是非接触测量，激光多普勒测振仪在测量过程中对物体的振动形态不产生影响，且动态测量范围很宽。传感头较小，被放置在物体前方某一合理位置，距离一般为 0.04 ~ 5m，如果配备商业化的标准镜头，测量距离可以达到 10m。这样可以实现高温物体振动响应的测量，而不损伤测试系统。

11.5.1　在测试固体振动中的应用

利用激光多普勒测振仪可以进行单点振动测量。通过自动化的扫描技术，实现大到汽车车身，小到微米尺度的微电子机械系统结构或部件表面，从单点到数千点的逐点测量，从而了解和确定物体表面全场的振动信息。图 11-12 所示为用激光多普勒测振仪对轿车车身测振时的扫描测点分布。图 11-13 所示为用扫描激光多普勒测振仪对涡轮叶片在工作状态时的振动测试结果。图 11-14 所示为用扫描激光多普勒测振仪对汽车发动机叶片及其工作时的振动测试结果。

图 11-12　激光多普勒测振仪对轿车车身的扫描测点分布

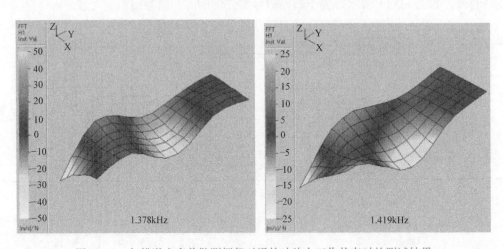

图 11-13　扫描激光多普勒测振仪对涡轮叶片在工作状态时的测试结果

由此可知，在激光干涉测振方法中，激光全息时间平均法、激光多普勒测振方法等，都在科学研究及工程实践中得到了应用，产生了很大的社会效益和经济效益。同时，工程中的振动问题，尤其是现代电子工业和信息工程中的大量问题，具有高频振动、多尺度（宏观、微观、纳观）、多场（温度、湿度、电场、磁场、辐射场）联合作用等特点，也给上述方法提出了更高的技术要求。事实上，振动测量方法正在不断地改进，仪器和设备正在不断地更

 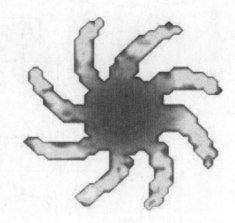

图 11-14　扫描激光多普勒测振仪对汽车发动机叶片及其工作时的测试结果

新。激光振动测量已成为力学、光学、机械电子、计算机等多学科交叉的热门的研究领域。振动测量方法和技术的不断改进，也将会直接推动振动力学等相关学科的科研工作向前发展。

11.5.2　在测试液面振动中的应用

测试流体的振动，最大的问题是无法在液面安装传感器，所以激光测试系统是一种较好的测试设备，下面以龙洗现象为例说明多普勒激光测振仪在测试液面振动中的应用。

龙洗是中国的一种蕴藏着丰富科技信息的古代文物。在艺术和科技两方面都引人入胜。当激振器以 137.5Hz 的简谐力激励龙洗外壁时，龙洗 – 水系统处于共振状态，振动频率也是 137.5Hz。但当激振频率增至 139Hz 时，龙洗内的水却逐渐出现以 2.45Hz 为主的低频大幅驻波。这种储液壳受高频激励引发液体低频波的现象是流 – 固耦合非线性连续系统的一种非线性振动现象。

为了研究比较简单和具有典型性，研究对象选取上面开口、下面封口的圆柱形玻璃壳，内储部分水。圆柱形玻璃壳，如图 11-15 所示，内半径 $a = 103\text{mm}$，内高 $H = 215.5\text{mm}$，壁厚 $\Delta h = 4.5\text{mm}$，弹性模量 $E = 10.2 \times 10^{10} \text{N/m}$，密度为 $2.77 \times 10^3 \text{kg/m}^3$，泊松比为 0.25。玻璃壳内注入水，水的密度为 $1.0 \times 10^3 \text{kg/m}^3$，水深 $d = 135\text{mm}$。实验系统如图 11-16 所示。实验时将盛水圆柱形玻璃壳放置在水平实验台上，将固定在实验台上的电磁激振器的激振头对准壳壁上与水面基本同高的一点进行激励。信号发生器输出信号经过功率放大器驱动激振器。用两套 Polytec 激光测振仪分别测量壳壁一点

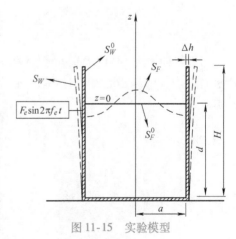

图 11-15　实验模型

和水面的振动速度，运用扫描功能测量水表面的振动速度分布。

当激励频率为 186Hz 时，壳壁的频率为 186Hz，速度为 6.52mm/s。被激发的低频重力波的频率为 3.05Hz 的驻波，如图 11-17 所示，水表面的振型幅值分布测试结果，如图11-18

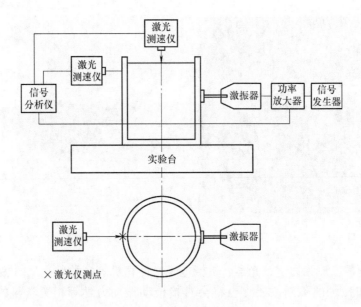

图 11-16　实验装置示意图

所示。

图 11-17　激发的低频（3.05Hz）重力波

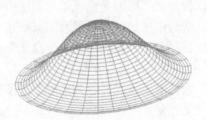

图 11-18　水表面的幅值分布测试结果

当激励频率为 184Hz 时，壳壁的频率为 184Hz，速度为 10.0mm/s。被激发出的重力波频率为 3.5Hz 的驻波，如图 11-19 所示，水表面的振型幅值分布测试结果，如图 11-20 所示。

图 11-19　激发的低频（3.5Hz）重力波

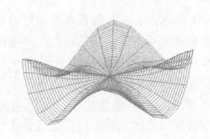

图 11-20　水表面的幅值分布测试结果

由此可知，对于这种现象多发生在弹性储液壳固有频率高很多时，这种非线性现象具有普遍性，也具有工程应用的意义。例如，对于一些储液容器，如果受高频激励产生低频大幅波动，可能引起失稳。相反地，这可能也是高频能量转换为低频能量的一种特殊方式。

习　　题

11-1　激光测振仪的优点是什么？

11-2　简述多普勒激光测振仪的工作原理。

11-3　多普勒激光测振仪主要应用在什么方面？

参考文献

[1] 李方泽，刘馥清，王正. 工程振动测试与分析 [M]. 北京：高等教育出版社，1992.

[2] 杨学山. 工程振动测量仪器和测试技术 [M]. 北京：中国计量出版社，2001.

[3] 王化祥，张淑英. 传感器原理及应用 [M]. 天津：天津大学出版社，1988.

[4] 刘习军，贾启芬，张文德. 工程振动与测试技术 [M]. 天津：天津大学出版社，1999.

[5] 汪菲，刘习军，杨志永. 工程测试技术 [M]. 天津：天津大学出版社，2014.

[6] 刘习军，贾启芬. 工程振动理论与测试技术 [M]. 北京：高等教育出版社，2004.

[7] 丁玉美，高西全. 数字信号处理 [M]. 西安：西安电子科技大学出版社，2001.

[8] 戴诗亮. 随机振动实验技术 [M]. 北京：清华大学出版社，1984.

[9] 卢文祥，杜润生. 机械工程测试·信息·信号分析 [M]. 武汉：华中科技大学出版社，1999.

[10] 周浩敏，王睿. 测试信号处理技术 [M]. 北京：北京航空航天大学出版社，2004.

[11] 李德葆，陆秋海. 实验模态分析及其应用 [M]. 北京：科学出版社，2001.

[12] 管迪华. 模态分析技术 [M]. 北京：清华大学出版社，1996.

[13] 王大钧，王其申，何北昌. 结构力学中的定性理论 [M]. 北京：北京大学出版社，2014.

[14] 杨建国. 小波分析及其工程应用 [M]. 北京：机械工业出版社，2005.

[15] 徐长发，李国宽. 实用小波方法 [M]. 武汉：华中科技大学出版社，2001.

[16] 崔锦泰. 小波分析导论 [M]. 程正兴，译. 西安：西安交通大学出版社，1995.

[17] 刘习军，相林杰，张素侠. 基于小波分析的简支梁桥损伤识别 [J]. 振动·测试与诊断，2015 (5)：866 - 872.

[18] 刘习军，相林杰，张素侠，周安琪. 基于小波分析的跳车对桥梁的振动影响 [J]. 振动·测试与诊断 2015 (6)：
    1123 - 1128.

[19] 刘习军，商开然，张素侠等. 基于小波包变换的梁式结构损伤定位方法 [J]. 实验力学，2015 (3)：305 - 312.

[20] 刘习军，商开然，张素侠. 基于改进小波包能量的梁式结构损伤识别 [J]. 振动与冲击，2016 (13)：179 - 185.

[21] 李德葆，陆秋海. 工程振动试验分析 [M]. 北京：清华大学出版社，2004.

[22] 张素侠，刘习军，贾启芬，等. 矩形弹性壳液耦合系统的模态试验分析 [J]. 机械强度，2004 (6)：615 - 619.

[23] 刘习军，梁臣杰，郭季平，等. 龙洗三维液体表面重力波的动态测量 [J]. 振动与冲击，2009 (6)：168 - 170.

[24] Dajun Wang, Chunyan Zhou, Junbao Li, et al. Nonlinear low frequency water waves in a cylindrical shell subjected to high
    frequency excitations - Part I: Experimental study [J]. Communications in Nonlinear Science & Numerical Scmulation,
    2013, 18 (7): 1710 - 1724.

[25] 王大钧，黄清华，李俊宝. 龙洗的实验模态分析与搓振运动实测 [C] //姚振汉. 力学与工程：杜庆华院士八十寿
    辰贺文集. 北京：清华大学出版社，1999.